ELETROMECÂNICA

Máquinas Elétricas Rotativas
Volume 2

Blucher

AURIO GILBERTO FALCONE

*Professor de Conversão Eletromecânica de Energia e Máquinas Elétricas
da Escola Politécnica da Universidade de São Paulo
Diretor da Equacional Elétrica e Mecânica Ltda.*

ELETROMECÂNICA

Máquinas Elétricas Rotativas
Volume 2

Eletromecânica – vol. 2: Máquinas elétricas rotativas
© 1979 Aurio Gilberto Falcone
10ª reimpressão – 2020
Editora Edgard Blücher Ltda.

Blucher

Rua Pedroso Alvarenga, 1245, 4º andar
04531-934 – São Paulo – SP – Brasil
Tel.: 55 11 3078-5366
contato@blucher.com.br
www.blucher.com.br

É proibida a reprodução total ou parcial por quaisquer meios sem autorização escrita da editora.

Todos os direitos reservados pela Editora Edgard Blücher Ltda.

Dados Internacionais de Catalogação na Publicação (CIP)
(Câmara Brasileira do Livro, SP, Brasil)

F172e   Falcone, Aurio Gilberto
       Eletromecânica : vol. 2: máquinas elétricas rotativas / Aurio Gilberto Falcone – São Paulo : Blucher, 1979.

       Bibliografia.
       ISBN 978-85-212-0024-6

       1. Energia elétrica – Conversão eletromecânica 2. Maquinaria elétrica 3. Transdutores 4. Transformadores elétricos I. Título.

79-340		17. e 18. CDD-621.31
		18. -621.31042
		17. e 18. -621.313
		17. e 18. -621.314

Índices para catálogo sistemático:

1. Conversão eletromecânica : Energia : Engenharia elétrica   621.31 (17. e 18.)

2. Energia elétrica : Conversão eletromecânica : Engenharia elétrica   621.31 (17. e 18.)

3. Máquinas elétricas : Engenharia   621.31 (17.) 621.31042 (18.)

4. Transdutores : Energia elétrica   621.313 (17. e 18.)

5. Transformadores : Energia elétrica   621314 (17. e 18.)

APRESENTAÇÃO

O Autor

O Professor AURIO GILBERTO FALCONE é Engenheiro Mecânico e Eletricista, turma de 1957, pela Escola Politécnica da Universidade de São Paulo.
Iniciou suas atividades didáticas nessa Universidade em 1959, ministrando a disciplina de Máquinas Elétricas. Nos vinte anos subseqüentes esteve sempre ligado profissionalmente a essa área. Assim é que, já em 1969, teve sua tese de doutoramento versando sobre o uso de alumínio nas Máquinas Elétricas Rotativas, aprovada pela Congregação da Escola Politécnica da Universidade de São Paulo. Em 1983 tornou-se Professor Livre Docente com tese sobre Motores Lineares vem ministrando cursos de graduação, especialização e de pós-graduação, e participando de bancas de exame dos corpos discente e docente, na área de Máquinas Elétricas, principalmente.
Suas atividades profissionais foram iniciadas em 1958, como engenheiro projetista na ELETRO MÁQUINAS ANEL S/A, passando depois a encarregado dos Setores de Projeto e Industrialização, chegando a Diretor Técnico daquela Empresa. Em conseqüência do crescente número de pedidos para fabricação de equipamentos para Laboratórios de Ensino Técnico e de Engenharia, foi julgado conveniente a constituição de outras empresas, fundou, em 1974, a EQUACIONAL ELÉTRICA E MECÂNICA LTDA., fabricante de Equipamentos Educacionais e Industriais, da qual é atualmente seu Diretor Geral.
De seu curriculum-vitae consta ainda a publicação de inúmeros trabalhos na área de Conversão Eletromecânica e suas aplicações.

O Livro

Sob o título geral de ELETROMECÂNICA, o professor AURIO GILBERTO FALCONE, consciente da carência de obras técnicas em língua portuguesa, buscou transmitir aos atuais e futuros profissionais de Engenharia Elétrica, principalmente, sua longa e invejável experiência profissional, abordando assuntos relativos a Transformadores e Transdutores, Conversão Eletromecânica de Energia e Máquinas Elétricas.
Alguns aspectos bastante característicos devem ser ressaltados, na análise dessa obra. O primeiro deles diz respeito à perfeita integração dos assuntos, tratados como um conjunto indissociável na prática diária, e usando ferramental matemático apropriado, associado a conceituação física sempre presente. Em segundo lugar, a constante preocupação do autor em apresentar questões objetivas para solução ou temas para meditação do leitor, desafiando sua curiosidade, e ao mesmo tempo forçando a

consolidação dos novos conceitos adquiridos. Por último, e para não nos alongarmos em demasia, o completo relacionamento das muitas e elaboradas experiências de laboratório sugeridas no texto, passíveis de execução com equipamentos de fabricação nacional tais como das marcas ANEL e EQUACIONAL, das mais difundidas nas Instituições de Nível Médio e Superior do País. Isto, a nosso ver, representa mais uma justificativa para recomendar a obra aos meios educacionais e técnicos, bem como para cumprimentar o talentoso autor pelo trabalho paciente e completo que realizou.

Amadeu C. Caminha
Professor Livre Docente
Engenheiro da ELETROBRÁS

Prefácio

Os cursos de engenharia de eletricidade, que não apresentam uma disciplina específica de "Conversão Eletromecânica de Energia", ao atingirem o terceiro ou quarto ano, iniciam diretamente o estudo dos transformadores e das máquinas elétricas rotativas subdivididas nas categorias principais (síncronas, assíncronas e de corrente contínua) fornecendo durante o desenvolvimento teórico de cada uma, as leis e as equações básicas eletromecânicas necessárias ao seu prosseguimento.

Nos últimos anos procedeu-se a introdução, quase generalizada, da disciplina Conversão Eletromecânica de Energia, como matéria de caráter básico que é lecionada precedendo as disciplinas específicas de Máquinas Elétricas nos curriculuns dos cursos de engenharia de eletricidade e também em escolas técnicas de eletrotécnica. Por outro lado, consagrou-se também o hábito de se apresentar a teoria do transformador elétrico dentro da disciplina de conversão eletromecânica de energia, não somente por ser ele um elemento essencial na introdução ao estudo de certos conversores, como por outras fortes razões que estão expostas no início do capítulo 2 deste livro.

Nas nossas escolas, a disciplina Conversão Eletromecânica de Energia foi introduzida na segunda metade da década de 60, com a finalidade de apresentar aos estudantes os princípios e leis fundamentais eletromecânicas e sua aplicação aos transdutores eletromecânicos, além de uma introdução aos transformadores e às máquinas elétricas rotativas, preparando-os não apenas para as posteriores disciplinas de Máquinas Elétricas, que conseqüentemente passaram a ser mais reduzidas, mas também para as disciplinas de Controle e Sistemas Elétricos de Potência, visto que estas são normalmente lecionadas concomitantemente com as de Máquinas Elétricas. Com isto, procurou-se evitar não somente defasagens de aprendizado entre as disciplinas (precedência lógica das matérias lecionadas) como possíveis superposições de alguns pontos similares existentes entre essas disciplinas. Além disso a disciplina de Conversão Eletromecânica de Energia deveria ter a finalidade de fornecer ao estudante uma visão global e unificada dos princípios dos conversores, tanto os do "tipo de sinal" como os do "tipo de potência", o que é de particular interesse, não somente para um melhor aproveitamento das disciplinas de máquinas elétricas particularizadas, como para um futuro prosseguimento na Teoria generalizada das máquinas elétricas.

Como a disciplina de conversão é muitas vezes lecionada no terceiro ano, procuramos desenvolver toda a teoria com um mínimo de complexidade e um máximo de simplicidade, mesmo que em alguns aspectos prejudicasse a elegância da exposição, para que o livro possa ser utilizado por alunos que estejam ingressando nas disciplinas de circuitos elétricos. Com essa mesma finalidade foram acrescentados dois apêndices auxiliares e muitos conceitos básicos foram incorporados no próprio texto central, como, por exemplo, a conceituação de circuito magnético que foi introduzida no capítulo de transformadores. Procuramos também realçar o papel importante das aulas de laboratório nesta disciplina, como fator de criatividade e consolidação de conhecimentos, apresentando, no final de cada capítulo, um parágrafo destinado à prática de laboratório.

A nossa intenção ao elaborar esta obra foi a de compor um livro que servisse como texto para alunos dos cursos de engenharia de eletricidade, opções eletrotécnica e eletrônica. Para os eletrotécnicos, com duração de um ano, seriam apresentados todos os capítulos. Para os eletrônicos, cuja duração é normalmente de um semestre, seriam apresentados com maior ênfase os capítulos 2, 3 e 4, compreendendo transformadores, transdutores de sinal e conversão eletromecânica básica, e, de uma maneira resumida, os capítulos 5, 6 e 7 (compreendendo máquinas elétricas rotativas de potência). Os cursos que não apresentam a disciplina Conversão Eletromecânica de Energia (como alguns cursos de eletricidade e outras modalidades, como mecânica, civil, e outras) podem utilizar os capítulos 4, 5, 6 e 7 como texto para Conversão Básica, Máquinas Síncronas, Máquinas Assíncronas e Máquinas de Corrente Contínua.

Este livro foi o resultado da compilação e ordenação de nossas apostilas, exercícios e notas de aulas lecionadas durante vários anos na EPUSP. Terminado há dois anos, foi novamente submetido ao uso e apreciação por parte dos nossos alunos e colegas que muito colaboraram. No entanto, novas críticas e correções, dirigidas por alunos e professores serão sempre benvindas e nós seremos agradecidos àqueles que as encaminharem a esta editora, em nome do autor.

Devemos registrar nossos agradecimentos aos funcionários e amigos da Escola Politécnica da USP, da Editora Edgard Blücher e das empresas Eletro Máquinas Anel S/A e "Equacional" Equipamentos Educacionais e Industriais Ltda., que nos auxiliaram a desenvolver este trabalho.

Aos nossos alunos de ontem, agradecemos. Aos nossos alunos de hoje, pedimos esforço e dedicação e a eles dirigimos este livro. A Rosa, Marcelo e Marcos dedicamos nosso trabalho.

Dado o sucesso e a boa acolhida desta obra nos meios estudantis e profissionais, elaboramos uma revisão com atualização em alguns aspectos, com o desdobramento em dois volumes, o primeiro contendo Transformadores e Conversão Eletromecânica Básica e o segundo, Máquinas Elétricas Rotativas. Esperamos que tal procedimento, tomado em grande parte para atender a inúmeros pedidos dos nossos leitores, venha satisfazer à grande maioria daqueles que venham a utilizar este livro. Agradecemos a todos os que nos enviaram sugestões e correções e que foram incorporadas nesta segunda edição.

São Paulo, 1985   Aurio Gilberto Falcone

Conteúdo
Volume 2

Capítulo 5
GERADORES E MOTORES SÍNCRONOS POLIFÁSICOS

5.1	Introdução	227
5.2	Princípio de funcionamento	227
5.3	Formas construtivas	227
5.4	F.m.m. intensidade de campo, densidade de fluxo, f.e.m. e fluxo produzidos pelo indutor. Ângulo magnético	228
5.4.1	F.m.m., H e B	228
5.4.2	Fluxo — ângulos magnéticos	229
5.4.3	Fluxo concatenado e f.e.m. do indutor	231
5.5	F.m.m., intensidade de campo, densidade de fluxo, f.e.m. e fluxo produzidos pelo induzido	233
5.5.1	F.m.m., H, B, f.e.m. e fluxo produzidos por um enrolamento monofásico concentrado em uma única bobina de passo pleno	233
5.5.2	Decomposição das distribuições retangulares de H e B em componentes senoidais	235
5.5.3	f.m.m. H, B, f.e.m. e ϕ_a produzidos por um enrolamento trifásico concentrado, com bobinas de passo pleno — campo rotativo	236
5.6	Indutores e induzidos com mais de dois pólos	243
5.7	Geometria dos enrolamentos de induzidos distribuídos: de simples camada com passo pleno, de dupla camada com passo pleno e de dupla camada com passo encurtado	246
5.8	Influência da distribuição e do encurtamento sobre o fluxo concatenado f.m.m., H, B, e f.e.m. produzidos pelo induzido	249
5.8.1	Encurtamento de passo	249
5.8.2	Distribuição das bobinas de cada fase	252
5.8.3	Distribuição e encurtamento	256
5.9	Representação das máquinas síncronas polifásicas	261
5.10	Fluxos da máquina síncrona e seus efeitos	262
5.11	Reatâncias e resistências equivalentes. Circuito equivalente da máquina síncrona de indutor cilíndrico em regime permanente senoidal	264
5.12	Máquina síncrona em um sistema de potência	266
5.13	Máquina síncrona de indutor cilíndrico, com potência mecânica nula e sem perdas, ligada a barramento infinito	268
5.13.1	Excitação normal ($E_0 = V_a$)	269
5.13.2	Superexcitação ($E_0 > V_a$)	270
5.13.3	Subexcitação ($E_0 < V_a$)	273
5.13.4	Excitação nula ($E_0 = 0$)	275
5.13.5	Curto-circuito nos terminais do induzido ($V_a = 0$)	276
5.14	A máquina síncrona de indutor cilíndrico, sem perdas, ligada a barramento infinito e apresentando potência mecânica	276
5.14.1	Funcionamento como gerador síncrono em regime permanente	277

5.14.2	Funcionamento como motor síncrono em regime permanente	280
5.14.3	Métodos de partida dos motores síncronos	282
5.15	Consideração da resistência por fase de armadura	284
5.16	Diagrama geral de fasores da máquina síncrona de indutor cilíndrico, sem perda, em barramento infinito	285
5.17	Máquina síncrona de pólos salientes-introdução à teoria da dupla reação	290
5.17.1	Considerações sobre as f.m.m., fluxos e indutâncias	290
5.17.2	Definição das reatâncias associadas aos eixos, direto e quadratura	293
5.17.3	Equação das tensões e diagrama de fasores para máquinas de pólos salientes	293
5.18	Potência e conjugado desenvolvidos pela máquina síncrona em função do ângulo de potência	295
5.19	Regulação das máquinas síncronas	296
5.20	Rendimento das máquinas síncronas	298
5.21	Fator de potência das máquinas síncronas	298
5.22	Valores nominais das máquinas síncronas	299
5.23	Gerador de tensão alternativa funcionando isolado do sistema de potência e alimentando carga passiva	299
5.24	Alguns fenômenos transitórios das máquinas síncronas	301
5.24.1	Equação dinâmica da máquina síncrona – estabilidade dinâmica	302
5.24.2	Sincronização dos motores síncronos e a perda de sincronização dos motores e geradores	305
5.24.3	Variação da corrente do induzido – solução do problema por subdivisão do tempo de duração do fenômeno – reatâncias transitória e subtransitória	306
5.25	Máquina síncrona como elemento de comando e controle	308
5.26	Efeito da saturação magnética nas máquinas síncronas	310
5.27	Sugestões e questões para laboratório	310
5.27.1	Equipamento básico para ensaios de máquinas rotativas e sua utilização	310
5.27.2	Curva de magnetização da máquina síncrona – efeito de saturação	313
5.27.3	Verificação da influência da natureza da carga	314
5.27.4	Medida da regulação de gerador síncrono	314
5.27.5	Ensaio em curto-circuito – determinação da reatância síncrona	315
5.27.6	Determinação das reatâncias associadas aos eixos direto e quadratura	317
5.27.7	Partida do motor síncrono e perda de estabilidade	318
5.27.8	Observação do ângulo de potência no motor síncrono	319
5.27.9	Observação da corrente transitória de curto-circuito em um alternador	319
5.27.10	Medida direta do rendimento de um motor síncrono – curvas V	319
5.27.11	Observação do gerador síncrono conectado a um sistema de potência	319
5.27.12	Montagem de um enrolamento trifásico e observação do campo rotativo	320
5.28	Exercícios	320

Capítulo 6

MOTORES E GERADORES ASSÍNCRONOS

6.1	Introdução	323
6.2	Princípios de funcionamento	323
6.3	Formas construtivas	324
6.4	f.m.m. H, B, f.e.m. e fluxo produzido por estatores de dois ou mais pólos	325
6.5	Escorregamento das máquinas assíncronas	325
6.6	Previsão qualitativa das curvas de conjugado e corrente	327
6.7	Aspectos qualitativos da influência da tensão e da resistência rotórica sobre as curvas de corrente e conjugado-aplicações	333
6.8	Máquina assíncrona como modificador de freqüência – fluxos de potência	336
6.9	Fluxos magnéticos da máquina assíncrona	338
6.10	f.e.m. e correntes das máquinas assíncronas – resistências e reatâncias para fins de circuito equivalente	339

6.11 Circuito equivalente da máquina assíncrona em regime permanente senoidal, com escorregamento $s = 0$ e $s = 1$ 340
6.12 Circuito equivalente em regime permanente senoidal, com escorregamentos diferentes de 0 e 1 342
6.13 Diagrama de fasores para a máquina de indução 345
6.14 Solução por modelos de circuitos equivalentes aproximados 345
6.15 Equação do conjugado eletromecânico 346
6.16 Fator de potência, perdas e rendimento dos motores de indução 350
6.17 Independência da quantidade de fases do circuito rotórico 352
6.18 Potência mecânica e perda Joule rotórica em função do escorregamento 353
6.19 Motores de indução monofásicos 354
6.19.1 Princípio de funcionamento 354
6.19.2 Métodos de partida 357
6.20 Máquina assíncrona com elemento de comando e controle 359
6.20.1 Servomotor de indução difásico, autofreante 359
6.20.2 Motor de indução de rotor em lâmina 361
6.20.3 Eixos elétricos polifásicos 362
6.20.4 Eixos elétricos monofásicos 365
6.20.5 Sincros de controle como detetores de erro angular 367
6.20.6 Sincro de controle como detetores de erro de velocidade ou de deslocamento angular 368
6.21 Máquina assíncrona como variador de tensão 369
6.22 Máquina assíncrona como acoplamento entre eixos 371
6.23 Máquina assíncrona plana 371
6.24 Sugestões e questões para laboratório... 372
6.24.1 Ensaio em vazio 372
6.24.2 Ensaio com rotor bloqueado 373
6.24.3 Traçado das curvas de conjugado e corrente primária em função de escorregamento, funcionando como motor 373
6.24.4 Verificação da influência da resistência externa secundária sobre o conjugado e a corrente primária de partida 374
6.24.5 Influência da tensão V_1 sobre o conjugado e a corrente de partida 374
6.24.6 Sugestão para medida de escorregamento nominal em motores de anéis 374
6.24.7 Outras questões 374
6.25 Exercícios 375

Capítulo 7
MOTORES E GERADORES DE TENSÃO CONTÍNUA

7.1 Introdução 377
7.2 Princípios de funcionamento 377
7.3 Formas construtivas 377
7.4 f.m.m., intensidade de campo, densidade de fluxo produzido pelo indutor....... 380
7.5 Enrolamentos de induzido com comutador – ação motora e ação geradora – comutação 382
7.5.1 Ação motora e geradora 382
7.5.2 Funcionamento do enrolamento com comutador 384
7.5.3 Comutação – interpolos 386
7.5.4 Influência da posição das escovas 387
7.6 f.m.m. H, B e ϕ produzidas pelo enrolamento induzido 391
7.7 Distribuições resultantes no entreferro e fluxo resultante – efeito de saturação.. 394
7.8 Interpolos e sua excitação 395
7.9 Enrolamento de compensação 396
7.10 Força eletromotriz entre escovas – valor médio 397
7.11 Conjugado desenvolvido – valor médio 399
7.12 Circuito equivalente da máquina de C.C. – resistência de armadura 400

7.13	Máquina de corrente contínua em linha infinita em regime permanente	403
7.14	Demonstração de quantidade do número de derivações em máquinas com mais de dois pólos	407
7.14.1	Enrolamento embricados	407
7.14.2	Enrolamentos ondulados	409
7.15	Magnetização das máquinas de corrente contínua	412
7.16	Regulação dos motores e geradores de C.C.	414
7.17	Rendimento das máquinas C.C.	415
7.18	Modalidades do auto-excitação no eixo direto	415
7.19	Característica externa dos motores C.C.	417
7.19.1	Motores com excitação independente e excitados em derivação	417
7.19.2	Motores com excitação composta	418
7.19.3	Motores com excitação série	421
7.20	Métodos de ajuste de velocidade nos motores de C.C.	422
7.21	Métodos de partida dos motores C.C.	425
7.22	Características externas dos geradores C.C.	426
7.22.1	Geradores com excitação independente	426
7.22.2	Geradores com auto-excitação em derivação	427
7.22.3	Gerador com auto-excitação composta	430
7.22.4	Gerador auto-excitado em série	431
7.23	Operação dinâmica — alguns fenômenos transitórios nas máquinas C.C.	431
7.23.1	Variação de tensão de excitação de um dínamo	432
7.23.2	Auto-escorvamento dos dínamos auto-excitados — resistência crítica — importância do fenômeno de saturação	434
7.23.3	Variação na tensão de armadura de um motor C.C. — aceleração do motor de excitação independente	435
7.23.4	Aceleração do motor C.C. por aplicação de tensão de excitação em degrau	439
7.23.5	Gerador de C.C. como amplificador eletromecânico	442
7.24	Máquina de C.C. segundo a teoria dos dois eixos	444
7.25	Motor de comutador sob tensão alternativa — motores universais	444
7.26	Máquina de C.C. como elemento de comando e controle	445
7.26.1	Gerador tacométrico de C.C.	445
7.26.2	Motores pilotos de C.C.	445
7.26.3	Geradores amplificadores especiais	445
7.27	Sugestões e questões para laboratório	446
7.27.1	Curva de magnetização da máquina de C.C. — observações da resistência crítica	446
7.27.2	Determinação prática dos eixos diretos ou das posições normais das escovas	447
7.27.3	Influência da posição das escovas em funcionamento	448
7.27.4	Observação das formas de distribuição de B no espaço	448
7.27.5	Curvas características externas dos motores C.C.	448
7.27.6	Variação de velocidade do motor C.C. por variação de V_a e I_{exc}	449
7.27.7	Curva característica externa de geradores C.C.	449
7.27.8	Inversão de velocidade e de polaridade	449
7.28	Exercícios	449

Apêndice 1

SOLUÇÃO DO REGIME SENOIDAL PERMANENTE PELO MÉTODO DOS COMPLEXOS

a)	Respostas transitória e permanente para as excitações senoidais	452
b)	Fasores	453
c)	Transformação de uma equação — impedância complexa	455
d)	Diagrama de fasores	457

Apêndice 2
APLICAÇÕES DA TRANSFORMAÇÃO DE LAPLACE – TIPOS DE EXCITAÇÃO DOS SISTEMAS ELETROMECÂNICOS

a) Introdução – definições 459
b) Transformação de uma equação – propriedades 460
c) Transformação das funções de excitação mais importantes 462
d) Expansão em frações parciais – teorema de maior interesse 466
d1) Expansão em frações parciais 466
d2) Teorema do valor final 469
d3) Teorema do valor inicial 469
d4) Teorema da defasagem, ou da translação real 469
d5) Teorema da translação no campo complexo ..., ... 469
e) Tabela de pares para transformação de Laplace 470

Referências 472
Índice 475

Volume 1

Capítulo 1

INTRODUÇÃO À CONVERSÃO ELETROMECÂNICA DE ENERGIA — SISTEMAS ELETROMECÂNICOS

1.1	Transdutores eletromecânicos	1
1.2	Sistemas eletromecânicos	4
1.3	Funções de transferência — sistemas eletromecânicos lineares e não-lineares	5
1.4	Medidas e Sugestões para laboratório	6
1.5	Exercícios	7

Capítulo 2

TRANSFORMADORES E REATORES

2.1	Introdução e utilização	8
2.2	Nomenclatura, símbolos e tipos construtivos	9
2.3	Regulação dos transformadores	13
2.4	Perdas e rendimentos dos transformadores	14
2.4.1	Perdas magnéticas do núcleo	15
2.4.2	Resistência equivalente de perdas no núcleo	18
2.4.3	Perdas Joule e resistência ôhmica dos enrolamentos dos transformadores	20
2.4.4	Perdas suplementares	20
2.4.5	Rendimento	21
2.5	Potência nominal	23
2.6	Magnetização do núcleo ferromagnético	24
2.6.1	Corrente magnetizante e corrente de excitação	27
2.6.2	Reatância equivalente de magnetização	36
2.6.3	Relação entre as indutâncias de magnetização vistas do lado 1 e do lado 2	38
2.7	Relações entre as f.e.m, entre as correntes e entre as potências, primária e secundária	40
2.7.1	Relação entre as f.e.m. provocadas pelo fluxo mútuo	42
2.7.2	Relação entre a corrente secundária e a componente primária de carga	44
2.7.3	Relação entre potências primária e secundária	45
2.8	Relacionamento entre fluxos e f.m.m. do transformador — indutância de dispersão	46
2.8.1	Fluxos de dispersão e fluxo mútuo	47
2.8.2	Indutâncias e reatâncias de dispersão	49
2.9	Circuito equivalente completo e diagrama de fasores	50
2.10	Relação entre impedâncias vistas de um lado e de outro de um transformador	52
2.11	Circuito equivalente e diagrama fasorial completos, referidos a um lado	53
2.12	Transformador em curto-circuito — valores p.u.	57
2.13	Transformador ideal	59
2.14	Transformador ligado como autotransformador	61
2.15	Indutâncias própria e mútua — graus de acoplamento magnético	65
2.16	Transformador analisado segundo as indutâncias própria e mútua	68
2.16.1	Equações de malhas com acoplamento magnético	68
2.16.2	Circuitos equivalentes do transformador com as indutâncias própria e mútua	71
2.16.3	Confronto dos dois métodos e relação entre parâmetros	72
2.17	Operação em freqüência constante e variável — solução por modelos de circuitos equivalentes aproximados	74
2.17.1	Transformadores de força, ou de potência	74
2.17.2	Transformadores com freqüência variável	76
2.18	Respostas transitórias dos transformadores	82
2.19	Transformadores em sistemas polifásicos	86

2.20	Medidas de parâmetros, sugestões e questões para laboratório	89
2.20.1	Equipamento e nosso ponto de vista	89
2.20.2	Ensaio em vazio	90
2.20.3	Ensaio em curto-circuito	92
2.20.4	Influência da disposição dos enrolamentos sobre os parâmetros	93
2.20.5	Observação do fluxo mútuo e da corrente magnetizante em vazio e em carga	94
2.20.6	Outras questões e sugestões de medidas	95
2.21	Exercícios	96

Capítulo 3
RELAÇÕES ELETROMECÂNICAS – EXEMPLOS DE COMPONENTES ELETROMECÂNICOS

3.1	Introdução	99
3.2	Relações elétricas e mecânicas	99
3.3	Analogias	103
3.4	Relações eletromecânicas básicas	110
3.4.1	Lei de Ampère, da força mecânica	110
3.4.2	Lei da força mecânica sobre corrente elétrica	111
3.4.3	Lei da força mecânica sobre carga elétrica	114
3.4.4	Força de Lorenz	114
3.4.5	F.e.m. mocional	115
3.4.6	Outros fenômenos físicos que interessam à eletromecânica – alinhamento magnético – piezoeletricidade – magnetostricção	119
3.5	Transdutores para oscilações mecânicas	123
3.5.1	Cápsula dinâmica	123
3.5.2	Cápsula de relutância	126
3.5.3	Cápsula acelerométrica	128
3.6	Transdutores acústicos	136
3.6.1	Alto-falante magnético	136
3.6.2	Microfone de capacitância	141
3.7	Instrumentos de medidas elétricas como transdutores	145
3.8	Transdutores de velocidade angular	145
3.8.1	Tacômetros de tensão alternativa (C.A.)	146
3.8.2	Tacômetros de tensão contínua (C.C.)	148
3.8.3	Tacômetros de indução	151
3.9	Sensores eletromecânicos	152
3.9.1	Sensores de solicitações mecânicas e acústicas	152
3.9.2	Sensores de deslocamento	155
3.10	Sugestões e questões para laboratório	157
3.10.1	Forma de onda de distribuição de induções no entreferro de um conversor rotativo	157
3.10.2	Determinação da constante de um tacômetro linear	158
3.10.3	Verificação de vibrações em estruturas	158
3.10.4	Verificação de nível de ruído em conversores rotativos	161
3.10.5	Verificação de tensão em uma viga	161
3.11	Exercícios	162

Capítulo 4
RELAÇÕES DE ENERGIA – APLICAÇÕES AO CÁLCULO DE FORÇAS E CONJUGADOS DOS CONVERSORES ELETROMECÂNICOS

4.1	Introdução	164
4.2	Energias armazenadas nas formas: magnética, elétrica e mecânica	164
4.2.1	Energia armazenada em campo magnético	165
4.2.2	Energia armazenada em campo elétrico	166

4.3	Energia dissipada e rendimento dos conversores eletromecânicos	167
4.4	Balanço de conversão eletromecânica de energia	171
4.5	Energia mecânica em função de indutâncias	177
4.6	Equação de força mecânica e conjugado mecânico em função de indutâncias	181
4.7	Aplicação da equação de força a um sistema de excitação simples – relação com o princípio da mínima relutância	185
4.8	Expressões da força e do conjugado desenvolvidos em função de parâmetros do circuito magnético nos sistemas de excitação única	187
4.9	Valores médios e instantâneos da força e do conjugado mecânicos-excitação em C.C. e C.A.	188
4.10	Aplicação da equação do conjugado a um sistema de excitação simples – relação com o princípio do alinhamento	193
4.11	Conjugado de relutância senoidal – o motor síncrono monofásico de relutância	195
4.12	Aplicação da equação de força a um sistema de excitação dupla	197
4.13	Aplicação da equação de conjugado a um sistema de dupla excitação	199
4.13.1	Conjugado exclusivamente de mútua indutância	200
4.13.2	Conjugado de mútua e de relutância concomitantes	205
4.14	Princípio de funcionamento das principais máquinas elétricas rotativas de dupla excitação	206
4.14.1	Máquinas síncronas ou sincrônicas	206
4.14.2	Máquinas assíncronas ou assincrônicas	209
4.14.3	Máquinas de corrente contínua com comutador	212
4.15	Força e conjugado mecânico nos conversores de campo elétrico	214
4.16	Sugestões e questões para laboratório	218
4.16.1	Eletroímã simples	218
4.16.2	Dispositivo de rotação, simples e duplamente excitado	222
4.17	Exercícios	224

SISTEMA INTERNACIONAL DE UNIDADES
– GRANDEZAS UTILIZADAS
NESTE LIVRO

1 ASPECTO LEGAL

As unidades utilizadas neste livro foram as do Sistema Internacional de Unidades (abreviadamente, Unidade SI). Em algumas ocasiões, algumas grandezas foram expressas em Unidade SI, acompanhadas, para esclarecimento, de outra unidade. Isso, porém, foi feito apenas nos casos em que essas unidades de outro sistema eram tradicionalmente utilizadas no nosso meio, ou que ainda aparecem em equipamentos de outras procedências.

As bases para o SI foram estabelecidas na Undécima Conferência Geral de Pesos e Medidas (CGPM) em 1960. No Brasil, o Decreto n.º 62.292 de 22-2-1968 regulamentou a utilização do Sistema Internacional de Unidade que já se tornara obrigatório pelo Decreto-lei n.º 240 de 2-8-1967.

Finalmente após a 12.ª e 13.ª CGPM, veio o Decreto n.º 63.233 de 12-9-1968, assinado pelo então Presidente da República, A. Costa e Silva, que aprovou para utilização em todo território nacional, o "Quadro Geral das Unidade de Medida" contendo as Unidades do SI com seus prefixos decimais (múltiplos e submúltiplos decimais), seus nomes e seus símbolos, bem como os valores das constantes físicas gerais.

A utilização no Brasil, das unidades de medida e da padronização baseadas no Sistema Internacional de Unidades, é, portanto, obrigatória por força de lei, sendo o Instituto Nacional de Pesos e Medidas (INPM) o órgão federal que se incumbe da função de execução, supervisão, orientação, coordenação e fiscalização, no tocante às atividades metrológicas.

2 MÚLTIPLOS E SUBMÚLTIPLOS – OUTRAS UNIDADES PERMITIDAS

O Quadro Geral do referido Decreto contém ainda uma relação das chamadas "Outras Unidades" que, embora não fazendo parte do SI, foram ainda permitidas do ponto de vista legal, devido a grande dificuldade, ou quase impossibilidade, de serem abandonadas no momento, tão corrente é seu uso. Tais unidades são: hora (h), minuto (min), rotações por minuto (rpm), quilowatt hora (kwh), caloria (cal), grau celsius (°C), cavalo-vapor (1 CV = 735,5 W), e algumas outras que não interessam a este livro. Nota: o horse-power (1 HP = 746 W) não faz parte das "Outras Unidades" cuja utilização é ainda legalmente permitida para fins públicos. Foi também padronizada a grafia dos prefixos decimais a serem aplicados aos nomes das unidades bem como seus valores. Os nomes das unidades devem ser escritos com letras minúsculas. Os símbolos das unidades devem ser escritos sem *s* final (singular).

Os prefixos, com os correspondentes múltiplos do SI, são:

deca (símbolo d, valor 10), hecto (h, 10^2), quilo (k, 10^3)
mega (M, 10^6), giga (G, 10^9), tera (T, 10^{12}), peta (P, 10^{15}),
exa (E, 10^{18})

Os prefixos submúltiplos:

deci (d, 10^{-1}), centi (c, 10^{-2}), mili (m, 10^{-3}), micro (μ, 10^{-6})
nano (n, 10^{-9}), pico (p, 10^{-12}), femto (f, 10^{-15}), atto (a, 10^{-18}).

3 UNIDADES FUNDAMENTAIS

Nos decretos já citados o Sistema Internacional de Unidades era baseado em seis unidades fundamentais ou de base: unidade de comprimento, de massa, de tempo, de intensidade de corrente elétrica, de temperatura termodinâmica e de intensidade luminosa. Combinando-se essas unidades fundamentais são formadas as unidades derivadas, e dentre elas, somente as que interessam a este livro, estão tabeladas na Seç. 5. Posteriormente, a 14.ª CGPM (1971) introduziu também a unidade de quantidade de matéria (mol) como unidade de base.

a) *Unidade de Comprimento: metro (m)*. "O metro é o comprimento igual a 1 650 763,73 comprimentos de onda, no vácuo, da radiação correspondente à transição entre os níveis 2 p_{10} e 5 d_5 no átomo de criptônio 86". (11.ª CGPM, 1960). Foi portanto substituída a definição do metro baseada no protótipo internacional de platina iridiada, vigente desde a 1.ª CGPM de 1889.

b) *Unidade de Massa: quilograma (kg)*. "A unidade de massa, quilograma, é a massa do protótipo internacional do quilograma em platina iridiada conservado no Bureau Internacional de Pesos e Medidas". (1.ª CGPM e ratificada pela 3.ª CGPM, 1901). Note-se que pelo fato de conservar a denominação quilograma para a unidade SI de massa, resulta um nome que já contém o prefixo (quilo) que está aplicado ao nome do submúltiplo (grama) da unidade de massa.

c) *Unidade de tempo: segundo (s)*. "O segundo é a duração de 9 192 631 770 períodos de radiação correspondente a transição entre os dois níveis hiperfinos do estado fundamental do átomo de césio 133" (13.ª CGPM, 1967). Anteriormente o "segundo" era definido como a fração 1/86 400 do dia solar médio.

d) *Unidade de Intensidade de Corrente Elétrica: ampère (A)*. "O ampère é a intensidade de uma corrente elétrica constante que, mantida em dois condutores paralelos, retilíneos, de comprimento infinito, de seção circular desprezível, e situados à distância de 1 metro entre si, no vácuo, produz entre estes condutores uma força igual a $2 \cdot 10^{-7}$ newton por metro de comprimento" (9.ª CGPM, 1948).

e) *Unidade de Temperatura Termodinâmica: kellvin (K)*. "O kelvin, unidade de temperatura termodinâmica, é a fração 1/273,16 da tempratura termodinâmica do ponto tríplice da água". (10.ª CGPM, 1954 e 13.ª CGPM, 1967). Além da temperatura termodinâmica (símbolo T) expressa em kelvins, pode-se utilizar também a temperatura Celsius (símbolo t), definida pela equação:

$$t = T - T_0$$

na qual $T_0 = 273,15$ K por definição. A temperatura Celsius é geralmente expressa em graus Celsius (símbolo °C). A unidade "grau Celsius" é conseqüentemente igual à unidade "kelvin", e um intervalo ou uma diferença de temperatura Celsius pode ser expresso em kelvin ou graus Celsius.

f) *Unidade de Intensidade Luminosa: candela (cd)*. "A candela é a intensidade luminosa, na direção perpendicular, de uma superfície de 1/600 000 metro quadrado de um corpo negro à temperatura de solidificação da platina sob pressão de 101 325 newtons por metro quadrado" (13.ª CGPM, 1967).

g) *Unidade de Quantidade de Matéria*: mol (*mol*). "O mol é a quantidade de matéria de um sistema contendo tantas entidades elementares quantos átomos existem em 0,012 quilograma de carbono 12" (14.ª CGPM, 1971).

4 CONSTANTES FÍSICAS

No "Quadrado Geral das Unidades de Medida" consta uma relação completa das "Constantes Físicas Gerais". Dentre elas interessa-nos transcrever o seguinte:

"Para as unidades elétricas o SI é um sistema de unidades racionalizado, para o qual as constantes eletromagnéticas do vácuo: velocidade da luz (c), constante magnética (μ_0), constante elétrica (ε_0) têm os seguintes valores":

- $c = 2{,}997\,925 \cdot 10^8$ m/s (metro por segundo)
- $\mu_0 = 4\pi 10^{-7}$ H/m (henry por metro)
- $\varepsilon_0 = 8{,}854\,19 \cdot 10^{-12}$ F/m (Farad por metro)

Além dessas três constantes, apenas as duas que seguem abaixo interessam a este livro:
- Aceleração normal da gravidade (g_n)
  $g_n = 9{,}806\,65$ m/s² (metro por segundo por segundo)
- Pressão normal da atmosfera (atm)
  atm = 101, 325 N/m² (newton por metro quadrado).

5 RELAÇÃO DAS GRANDEZAS E SÍMBOLOS QUE COMPARECEM NESTE LIVRO

A tabela abaixo foi preparada em ordem alfabética com entrada pelos nomes das grandezas que aparecem com maior freqüência neste livro, acompanhadas das unidades correspondentes.

GRANDEZAS		UNIDADES SI		OBSERVAÇÕES
Nome (1)	Símbolos (2) Utilizados	Nome (3)	Símbolos (4) Padronizados	(5)
Aceleração	a, A	metro por segundo por segundo	m/s²	
Aceleração angular	γ	radiano por segundo por segundo	rad/s²	—
Ângulo plano	$\delta, \alpha, \beta, \theta, \varphi, \phi$	radiano	rad	π rad = 180° elétrico)

(1)	(2)	(3)	(4)	(5)
Ângulo plano magnético (ou elétrico)	θ, δ	não padronizado no SI	—	Na técnica de máquinas elétricas, rad mag = rad/p, onde p é o número de pares de pólos da máquina
Área	S, A	metro quadrado	m^2	—
Calor de massa (calor específico)	c	joule por quilograma e por kelvin	$\dfrac{J}{kg \cdot K}$	a) Coincide com $\dfrac{J}{kg \cdot °C}$ b) $\dfrac{J}{kg \cdot K} = 0{,}2388 \dfrac{cal}{kg \cdot °C}$
Capacitância	c, C	farad	F	—
Condutância	G	siemens	S	a) mesma unidade para admitância e suscetância b) S = mho = $1/\Omega$
Condutividade	σ	siemens por metro	S/m	—
Conjugado (Binário, Momento)	c, C, T	metro-newton (ou newton-metro)	m.N ou N m	a) N m = 1/9,80665 kgf.m b) N m = 0,73756 1bft
Comprimento	l, L, e, x, X	metro	m	a) unidade de base SI b) m = 39,37 inch (polegada) c) m = 3,2808 foot (pé)
Densidade de fluxo magnético	—	—	—	Veja Indução Magnética
Energia	e, E	joule	J	a) Veja observação em Potência b) J = W.s c) kWh = $3{,}6 \cdot 10^6$ J
Fluxo magnético	φ, ϕ	weber	W_b	Wb = 10^{-8} Mx onde Mx = Maxwell
Fluxo Magnético Concatenado	λ	weber	W_b	Veja Fluxo Magnético
Força eletro-motriz	f e m, e, E	volt	V	

(1)	(2)	(3)	(4)	(5)
Força magneto-motriz	fmm, $\mathscr{F}$, $\Delta\,\mathscr{F}$	ampère (ou ampère-espira)	A	Embora não recomendável é freqüente o símbolo A. espira em vez de A
Força mecânica (ou simplesmente força)	f, F	newton	N	a) N = kgf/9,806 65 b) N = 0,2248lbf
Freqüência	f	hertz	Hz	—
Freqüência angular	ω	radiano por segundo	rad/s	mesma unidade para velocidade angular
Freqüência de rotação	n, N	—	—	a) rotação por minuto = rpm b) rotação por segundo = rps c) rps coincide com Hz
Indução magnética	B	tesla	T	a) É freqüente a indicação Wb/m^2 em vez de T b) $T = 10^4 G$ (G = gauss)
Indutância	L (própria) M (mútua)	henry	H	—
Intensidade de campo elétrico	E	volt por metro	V/m	—
Intensidade de campo magnético	H	ampère por metro (ou ampère-espira por metro)	A/m	Veja observação em força magneto-motriz
Intensidade de corrente elétrica	i, I	ampère	A	unidade de base SI
Intervalo (ou faixa) de freqüência	n	oitava	—	a) Oitava é um intervalo de freqüência com relação 2 entre os extremos. b) Usa-se muitas vezes a década (relação 10 entre os extremos).
Massa	m	quilograma	kg	a) Unidade de base SI b) kg = 2,205 pound
Massa específica	d	quilograma por m^3	kg/m^3	—

(1)	(2)	(3)	(4)	(5)
Momento de inércia	J	quilograma-metro quadrado	$kg.m^2$	—
Momento de força	—	—	—	Veja Conjugado
Potência	p, P, Q, S	watt	W	Na técnica de corrente alternada, a unidade de potência recebe os nomes de: volt-ampère (VA) para potência aparente; volt-ampère reativo (VAr) para potência reativa; watt para potência ativa.
Pressão	p, P	newton por m^2	N/m^2	$N/m^2 = 10^{-5}$ bar
Quantidade de eletricidade (carga elétrica)	q, Q	coulomb	C	—
Relutância $\left(\dfrac{1}{\text{Permanência}}\right)$	$\mathscr{R}$	ampère por weber	A/Wb	Também se encontra A. esp/Wb (Permanência: $\dfrac{Wb}{A}$)
Resistência	r, R	ohm	Ω	Mesma unidade para impedância e reatância
Resistividade	ρ	ohm-metro	$\Omega \cdot m$	—
Temperatura (temperatura termodinâmica)	$T, \Delta T$	kelvin	K	a) Unidade de base SI b) Temperatura termodinâmica é também chamada absoluta. c) K = °C
Tempo	$t, \Delta t$	segundo	s	Unidade de base SI
Tensão elétrica	v, V	volt	V	Vale também para diferença de potencial elétrico.
Tensão mecânica	σ, τ	newton/m^2	N/m^2	mesma unidade para pressão
Torque	T	—	—	Veja conjugado
Velocidade (velocidade de translação)	u, U	metro por segundo	m/s	—

(1)	(2)	(3)	(4)	(5)
Velocidade angular (velocidade de rotação)	ω, Ω	radiano por segundo	rad/s	—
Velocidade angular magnética (ou elétrica)	Ω, Ω_s, Ω_r	não padronizada no SI	—	Na técnica de máquinas elétricas, rad mag/s = 1/p rad/s. (Veja ângulo magnético).
Volume	Vol, Volume	metro cúbico	m^3	—

Referências:

1) Decreto-lei n.º 240 de 28-2-1967, Decreto n.º 62.292 de 22-2-1968, Decreto n.º 63.233 de 12-9-1968 – Departamento de Imprensa Nacional, República Federativa do Brasil, 1971.

2) "SI – Sistema Internacional de Unidades" Publicação do Instituto Nacional de Pesos e Medidas, Duque de Caxias, RJ, Brasil, 1971 ampliada em 1978.

CAPÍTULO 5

GERADORES E MOTORES SÍNCRONOS POLIFÁSICOS

5.1 INTRODUÇÃO

Neste capítulo vamos nos ater, com maior ênfase, às máquinas síncronas do tipo de potência com núcleos ferromagnéticos. Além disso, vamos nos preocupar apenas com as de dupla excitação, isto é, aquelas que podem apresentar conjugado de mútua indutância e conjugado de relutância, e não com aquelas que apresentam apenas este último, por já terem sido apresentadas no Cap. 4. Vamos ainda tratar com mais pormenores as que fazem parte de sistemas de tensões polifásicas e, dentre essas, as trifásicas em particular.

5.2 PRINCÍPIO DE FUNCIONAMENTO

Quanto ao princípio de funcionamento das máquinas síncronas, já vimos, no parágrafo 4.14.1., o que acreditamos ser, por ora, suficiente. Seria interessante reler aquele parágrafo antes de prosseguir. O que for necessário acrescentar será feito progressivamente neste capítulo.

5.3 FORMAS CONSTRUTIVAS

As máquinas síncronas polifásicas compõem-se essencialmente de um induzido com enrolamento polifásico, distribuído em ranhuras, excitado com correntes polifásicas e de um indutor com enrolamento que pode ser concentrado em uma única bobina, ou também distribuído, e excitado com corrente contínua (12) (32).

O induzido, também chamado de armadura, pode ser localizado na parte fixa (estator) quando se trata de geradores e motores síncronos de média e grande potência ou na parte rotativa, nos casos de menor potência [Figs. 5.1(a) e 5.1(b)]. Normalmente, acima de algumas dezenas de kVA, o primeiro tipo construtivo é o preferido. É puramente questão de projeto ótimo, quer do ponto de vista de melhor aproveitamento (volume de material empregado) quer do ponto de vista de confiabilidade no funcionamento. É um assunto específico das disciplinas de máquinas elétricas, no qual não podemos nos deter no momento. Uma das razões, que pode ser percebida de imediato, é que nas grandes máquinas, de altas tensões polifásicas, seria dificílimo conseguir acesso aos circuitos induzidos por meio de anéis e escovas se ele fosse rotativo; ao passo que as tensões e correntes contínuas de excitação são relativamente pequenas. As potências envolvidas no circuito indutor não vão além de algumas unidades porcentuais das potências dos induzidos.

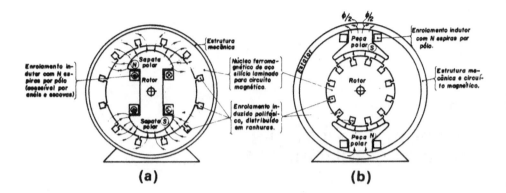

Figura 5.1 Corte esquemático de uma máquina síncrona (a) de induzido fixo e indutor rotativo, (b) de induzido rotativo

Na nossa exposição vamos nos ater às máquinas de induzido fixo e indutor rotativo por serem as mais comuns, embora não haja diferença entre elas, no que diz respeito aos modelos teóricos para efeito de equacionamento eletromecânico.

As partes do núcleo magnético onde existe fluxo magnético alternativo são construídos em aço silício laminado para atenuação das perdas Foucault e histerética (veja o Cap. 2). Onde o fluxo é constante não há essa necessidade, como acontece por exemplo no estator da Fig. 5.1(b).

5.4 f.m.m., INTENSIDADE DE CAMPO, DENSIDADE DE FLUXO, f.e.m. E FLUXO PRODUZIDOS PELO INDUTOR. ÂNGULO MAGNÉTICO

Quanto ao indutor, seja ele do tipo fixo ou rotativo, cabe uma subdivisão. Pode ser do tipo de pólos salientes, como os das Figs. 5.1(a) e (b) ou de pólos lisos (cilíndricos) como o da Fig. 5.3(a).

As máquinas síncronas de induzido rotativo, quando de baixa velocidade e de grande número de pólos (normalmente de quatro ou mais pólos), são preferivelmente de pólos salientes, exceção feita aos motores síncronos tipo *assíncrono-sincronizado* (28). Os geradores síncronos de alta velocidade (normalmente de dois pólos e mais raramente de quatro pólos) são do tipo de indutor de pólos lisos.

5.4.1 f.m.m., H e B

É de todo interesse, como veremos futuramente, que as distribuições espaciais de intensidade de campo e de densidade de fluxo no entreferro sejam senoidais. Quando o indutor é do tipo de pólos salientes consegue-se, através da forma da sapata polar, que ele produza uma distribuição de H e B praticamente senoidais. Tomemos a Fig. 5.2(a). A f.m.m. produzida pela excitação de corrente contínua é aplicada entre as superfícies da sapata polar e do estator. Ela é uma constante desde $\Theta = 0$ até $\Theta =$ passo polar [Fig. 5.2(b)]. Aí teríamos, para $B(\Theta)$ e $H(\Theta)$,

$$B(\Theta) = \mu_0 \, H(\Theta) = \mu_0 \, \frac{\mathscr{F}}{e(\Theta)} = \mu_0 \, \frac{N_p}{e(\Theta)}, \qquad (5.1)$$

Geradores e motores síncronos polifásicos 229

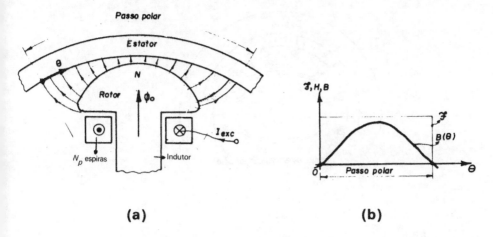

Figura 5.2 (a) Um pólo de um indutor de pólos salientes, mostrando de maneira exagerada, a variação do entreferro; (b) distribuição espacial de f.m.m. e intensidade de campo (ou densidade de fluxo)

onde N_p é a quantidade espiras por pólo do indutor e $N_p I$ é a f.m.m. por pólo.

Se a espessura (e) do entreferro fosse constante ao longo do passo polar, H e B também o seriam. Teoricamente, se $e(\Theta)$ fosse um inverso de seno, teríamos $H(\Theta)$ e $B(\Theta)$ senoidais, com valor máximo no centro da sapata polar. Na prática, as dispersões de fluxo e os espraiamentos nas extremidades, tornam o problema mais difícil de resolver e as melhores soluções são em geral encontradas experimentalmente. Como já vimos, nesse tipo de pólos salientes deve existir conjugado de mútua e conjugado de relutância.

No indutor de pólos lisos da Fig. 5.3(a) o entreferro é constante em todo o perímetro do rotor. Como se conseguir H e B senoidais?

Suponhamos que o número total de espiras por pólo do indutor seja ainda N, como no caso anterior. Porém, se distribuirmos as ranhuras e o número de espiras para cada ranhura, de uma forma programada, de tal modo que a cada ranhura encontrada no percurso de $\Theta = 0$ até $\Theta = $ passo polar, a f.m.m. produzida por pólo vá crescendo em degraus, com contorno senoidal [Fig. 5.3(b)], teremos resolvido o problema de forma aproximada. Assim, a expressão (5.1) ficaria

$$B(\Theta) = \mu_0 H(\Theta) = \mu_0 \frac{\mathscr{F}(\Theta)}{e}. \tag{5.2}$$

Neste tipo existirá apenas conjugado de mútua indutância.

5.4.2 FLUXO – ÂNGULOS MAGNÉTICOS

O fluxo de cada pólo da distribuição espacial de densidade de fluxo (B) é normalmente simbolizada por ϕ_0 e chamado de fluxo do indutor por pólo da máquina síncrona.

Suponhamos uma máquina de p pares de pólos. Um passo polar corresponde a um ângulo central, geométrico, dado por

$$\alpha_{polar} = \frac{2\pi}{2p} = \frac{\pi}{p} \text{ (radianos geométricos)} \tag{5.3}$$

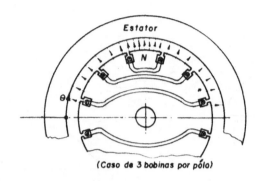

(a)

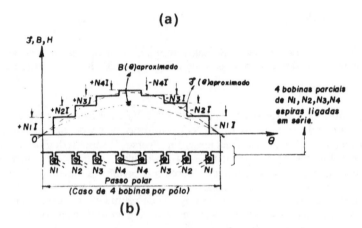

(b)

Figura 5.3 (a) Indutor de pólos lisos com enrolamento de excitação em corrente contínua, distribuído em ranhuras; (b) distribuição espacial de $\mathscr{F}$ e B, produzida por pólo, de um desses enrolamentos, com adequado número de espiras em cada par de ranhuras

ou

$$\alpha_{polar} = \frac{360°}{2p} = \frac{180°}{p} \quad \text{(graus geométricos).} \tag{5.4}$$

Esse passo polar, por sua vez, confina uma área geométrica S sobre a superfície interna do cilindro

$$S = \frac{\pi}{p} r\ell = \alpha_{polar} r\ell, \tag{5.5}$$

onde r e ℓ são o raio interno e o comprimento do cilindro.

O fluxo por pólo, sendo um caso de campo perpendicular à superfície em todos os pontos, vem

$$\phi_0 = \int_s B(\Theta) \, dS. \tag{5.6}$$

Geradores e motores síncronos polifásicos

Nota-se, no entanto, que as ondas senoidais das distribuições espaciais, tanto de $\mathscr{F}$ como de H e B completam um ciclo (correspondente a um pólo magnético) num ângulo geométrico correspondente ao passo polar. Mas o ângulo correspondente a um ciclo de uma senóide é 180° ou π radianos, que, nesse caso, é chamado de *ângulo magnético* (ou *ângulo elétrico*). Portanto o passo polar em ângulo magnético é sempre igual a 180° magnéticos ou π radianos magnéticos. No caso de termos dois pólos ocupando todo o perímetro do cilindro, a cada 180° magnéticos correspondem 180° geométricos. No caso de quatro pólos, a cada 180° magnéticos correspondem 90° geométricos. No caso de $2p$ pólos, a cada 180° **magnéticos correspondem** 180°/p geométricos. Logo,

$$\Theta = p\alpha, \qquad (5.7)$$

onde Θ é o ângulo em graus magnéticos e α o ângulo em graus geométricos.

Em particular,

$$\Theta_{polar} = p\alpha_{polar} = 180° \text{ magnéticos.} \qquad (5.8)$$

Concluindo, qualquer ângulo medido na escala da senóide da distribuição de H ou B é p vezes maior que o ângulo geométrico correspondente, e as unidades grau magnético e radiano magnético são p vezes menores que as unidades grau geométrico e radiano geométrico.

Suponhamos $B(\Theta)$ uma função senoidal do ângulo magnético Θ, ou seja,

$$B(\Theta) = B_{pico} \operatorname{sen} \Theta, \qquad (5.9)$$

onde B_{pico} é o valor máximo espacial da distribuição de B. A razão de chamarmos *valor de pico* a esse valor máximo no espaço é pelo fato de esse máximo espacial poder, em muitos casos, variar no tempo. Bastaria para isso que a corrente de excitação variasse no tempo e teríamos um valor de pico que poderia ser máximo, mínimo, e mesmo nulo no tempo.

Para determinação do fluxo, a integração da (5.6) tem que ser efetuada sobre uma área geométrica. O elemento de área geométrica dS, em função do ângulo magnético, será

$$dS = \ell r \, d\alpha = \ell r \, d(\Theta/p). \qquad (5.10)$$

Substituindo a (5.9) e a (5.10) na (5.6), teremos

$$\phi_0 = \frac{1}{p} B_{pico} \ell r \int_0^{\Theta \, polar} \operatorname{sen} \Theta \, d\Theta.$$

Como $\Theta_{polar} = 180°$ magnéticos, vem

$$\phi_0 = 2 \frac{B_{pico} \ell r}{p}. \qquad (5.11)$$

Para o caso de dois pólos ($p = 1$), o fluxo por pólo será

$$\phi_0 = 2 B_{pico} \ell r, \qquad (5.12)$$

que é a mesma expressão já deduzida no exemplo 3.4 do Cap. 3.

5.4.3 FLUXO CONCATENADO E f.e.m. DO INDUTOR.

Se a máquina síncrona está em regime permanente de excitação, não haverá indução de f.e.m. variacional nem mocional no enrolamento indutor, quer estejam os pólos parados ou em movimento. Isso se deve ao fato de não haver variação no tempo do fluxo concatenado e nem movimento relativo entre os condutores do indutor e o campo magnético. Se os pólos estivessem em movimento e se existisse um enrolamento estacionário no induzido, então haveria f.e.m. induzida nesse rolamento. Quanto ao fluxo concatenado, com o enrolamento do indutor, este sim existe, e é constante no regime permanente. Na máquina de pólos salientes vale

$$\lambda_0 = N\phi_0, \qquad (5.13)$$

sendo N o número de espiras por pólo e supondo que todo o fluxo ϕ_0 esteja confinado ao corpo da peça polar.

Na máquina de indutor cilíndrico já não é tão simples seu cálculo. Nota-se pelas Figs. 5.3(a) e (b) que o fluxo ϕ_0 está quase inteiramente concatenado com as N_1 espiras da bobina lateral, mas está parcialmente concatenado com as N_2, N_3 e N_4 espiras das bobinas centrais. Não é difícil concluir que existirá um número de espiras equivalente, N_{eq}, que, multiplicado por ϕ_0, produz um fluxo concatenado igual à soma dos fluxos concatenados parciais, ou seja,

$$\lambda_0 = N_{eq}\,\phi_0 = \sum_{i=1}^{n} N_i\,\phi_i. \qquad (5.14)$$

Para $B(\Theta)$ senoidal, calcula-se com facilidade os fluxos parciais ϕ_i concatenados com as bobinas parciais N_i (procure resolver os exercícios 2 e 3) e conclui-se também que $N_{eq}\,\phi_0 < \phi_0 \Sigma\,N_i$.

Exemplo 5.1. Para um indutor de seis pólos, de comprimento 1 000 mm e diâmetro de 1 400 mm, um valor razoável de B_{pico} é 0,8 Wb/m² (T).

Vamos calcular o fluxo por pólo do indutor e depois verificar que o valor médio de B, aplicado à área polar, produz o mesmo resultado no cálculo do fluxo.

Solução.

a) Pela expressão (5.11) aplicada para três pares de pólos, vem

$$\phi_0 = \frac{2 \times 0{,}8 \times 1 \times 1{,}4/2}{3} = 0{,}375 \text{ Wb}.$$

b) Para se obter o valor médio da densidade de fluxo no entreferro com $B(\Theta)$ senoidal basta integrar de 0 a π radianos magnéticos, ou seja,

$$B_{médio} = \frac{1}{\pi} \int_0^\pi B_{pico}\,\text{sen}\,\Theta\,d\Theta = \frac{2}{\pi} B_{pico} = 0{,}51 \text{ Wb/m}^2.$$

O valor médio é, às vezes, utilizado como um valor característico de máquinas rotativas, em vez do valor máximo, B_{pico}.

A área polar, geométrica, é

$$S = \frac{\pi}{p}\,r\ell.$$

O produto dessa área por $B_{médio}$ fornece:

$$SB_{médio} = \frac{2B_{pico}\,\ell r}{p},$$

que coincide com a expressão (5.11).

5.5 f.m.m., INTENSIDADE DE CAMPO, DENSIDADE DE FLUXO, f.e.m. E FLUXO PRODUZIDOS PELO INDUZIDO

Aqui, ao contrário do que frizamos na seção anterior, vamos supor somente o induzido excitado. Como já dissemos estamos tratando sempre do caso de induzido fixo e, portanto, vamos supor neste parágrafo que o rotor seja um simples cilindro ferromagnético sem enrolamento. Vamos dividir esta seção em duas partes: o caso monofásico elementar e o caso trifásico elementar.

5.5.1 f.m.m., H, B, f.e.m. E FLUXO PRODUZIDOS POR UM ENROLAMENTO MONOFÁSICO CONCENTRADO EM UMA ÚNICA BOBINA DE PASSO PLENO

Passo de bobina é a distância angular (em graus ou radianos magnéticos) entre o lado inicial e final da bobina. Na Fig. 5.4(a) está representado um caso de dois pólos com distância angular entre o lado inicial (a) e o final (a') igual a 180° magnéticos, e nesse caso a bobina é dita de passo pleno ou passo inteiro. Como temos apenas duas ranhuras é um caso de uma ranhura por pólo. Qualquer bobina com passo menor que 180° magnéticos (180°/p graus geométricos no caso do induzido possuir p pares de pólos) será dita de passo encurtado ou de passo fracionário, pelo fato de ser uma fração do passo polar.

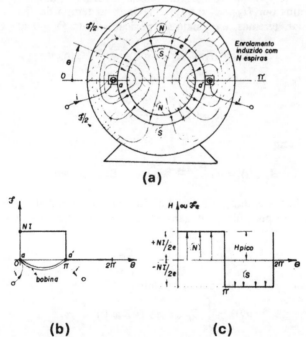

Figura 5.4 (a) Corte transversal de um induzido com enrolamento monofásico de dois pólos, concentrado e de passo pleno; (b) representação da distribuição de f.m.m.; (c) idem da intensidade de campo ao longo do perímetro

Imaginemos por hora que a corrente seja contínua, constante, na bobina de N espiras. Sobre qualquer linha de força, a circuitação de H será a mesma [Fig. 5.4(a)] e será igual à soma das correntes concatenadas NI. Essa fonte de f.m.m, $NI = \mathscr{F}$, teria então amplitude constante no tempo e no espaço e poderia ser representada, de maneira retificada, na Fig. 5.4(b).

Com entreferros simétricos em relação à linha de simétria $0 - \pi$, a cada metade de linha de força corresponde metade da f.m.m. total, ou seja, $\mathscr{F}_e = 1/2\mathscr{F}$, que será a queda de potencial magnético através do entreferro. Dizemos também que $\mathscr{F}_e$ é a f.m.m. por polo.

Dessa maneira, se considerarmos permeabilidade infinita no material ferromagnético, a intensidade de campo H, no entreferro de espessura e, será

$$H = \frac{\mathscr{F}_e}{e} = \frac{\mathscr{F}}{2}\frac{1}{e} = \frac{NI}{2e}. \tag{5.15}$$

Observando a Fig. 5.4(a) notamos que toda a porção superior da superfície interna do induzido é um pólo N e a inferior é um pólo S. Se atribuirmos sinais a $\mathscr{F}_e$ e H (positivos no pólo N e negativos no pólo S) podemos fazer uma representação de $\mathscr{F}_e(\Theta)$ e $H(\Theta)$ como a da Fig. 5.4(c), que é uma forma retangular de distribuição de H, estacionária no espaço.

Se a corrente na bobina for alternativa senoidal, o valor de H na distribuição espacial variará no tempo, mas conservará ainda a forma retangular, fixa no espaço.

Se designarmos por $H_{pico\ max}$ o valor máximo no tempo de H_{pico} da distribuição espacial retangular, teremos, em qualquer posição, desde $\Theta = 0$ até $\Theta = \pi$,

$$H_{pico}(t) = H_{pico\ max}\ \text{sen}\ \omega t = \frac{NI_{max}}{2e}\ \text{sen}\ \omega t \tag{5.16}$$

e de $\Theta = \pi$ até $\Theta = 2\pi$,

$$H_{pico}(t) = \frac{NI_{max}}{2e}\ \text{sen}\ \omega t;$$

sendo $B = \mu_0 H$, vem

$$B_{pico}(t) = \mu_0 \frac{NI_{max}}{2e}\ \text{sen}\ \omega t = B_{pico\ max}\ \text{sen}\ \omega t \tag{5.17}$$

Se, em cada instante, $B_{pico}(t)$ da distribuição retangular é radial e constante ao longo do entreferro, o fluxo por pólo produzido por esse enrolamento do induzido, será, para este caso de dois pólos,

$$\phi_a(t) = B_{pico}(t)S = B_{pico}(t)\pi r\ell.$$

Se fosse feito para p pares de pólos, teríamos

$$\phi_a(t) = \int_S B_{pico}(t)\ dS = B_{pico}(t)\ \frac{\pi}{p}\ r\ell. \tag{5.18}$$

Substituindo $B_{pico}(t)$, dado pela (5.17), temos

$$\phi_a(t) = B_{pico\ max} \frac{\pi r\ell}{p}\ \text{sen}\ \omega t = \phi_a\ \text{sen}\ \omega t. \tag{5.19}$$

Onde ϕ_a é o valor máximo, no tempo, do fluxo por pólo.

A designação ϕ_a para esse fluxo por pólo é devida ao fato de o induzido ser também chamado de armadura.

Como, neste caso, o fluxo concatenado (produzido pela própria corrente na bobina) varia no tempo, ele induzirá na própria bobina uma f.e.m. variacional, como se fosse um transformador em vazio. Aplicando a (5.18) ou (5.19), vem

$$e(t) = \frac{d\lambda a(t)}{dt} = N\omega \left(\frac{\pi}{p} r\ell B_{pico\ max} \right) \cos \omega t \qquad (5.20)$$

o valor eficaz será dado por

$$E = \frac{E_{max}}{\sqrt{2}} = \frac{\omega N \phi_a}{\sqrt{2}} = 4{,}44 f N \phi_a. \qquad (5.21)$$

Nota-se que, se houvesse um enrolamento no cilindro do indutor e se o fluxo $\phi_a(t)$ se concatenasse com ele, haveria uma indução de f.e.m. nesse enrolamento. Antes, porém, de examinarmos o caso trifásico (parágrafo 5.5.3.) vamos focalizar, no parágrafo seguinte, o tratamento usual dado às distribuições retangulares.

5.5.2 DECOMPOSIÇÃO DAS DISTRIBUIÇÕES RETANGULARES DE H E B EM COMPONENTES SENOIDAIS

Na prática é desejável que as distribuições espaciais de f.m.m., H e B sejam senoidais. Mais adiante será visto como consegui-las (pelo menos aproximadamente) por meio da chamada distribuição do enrolamento e encurtamento de passo das bobinas. Se futuramente vamos utilizar essas distribuições espaciais senoidais, vamos por hora fazer o tratamento daquela distribuição retangular através das suas componentes harmônicas. Se a onda da Fig. 5.5 é alternativa, simétrica de meio-período, comporta apenas termos ímpares, como já tivemos oportunidade de ver em outros capítulos. Na Fig. 5.5 pode ser observado que o passo polar da harmônica de ordem h é $1/h$ do passo polar da fundamental, pois elas apresentam um número de pólos h vezes maior. A partir daí o aluno pode concluir uma relação simples entre os ângulos magnéticos medidos na escala da harmônica e os medidos na escala da fundamental.

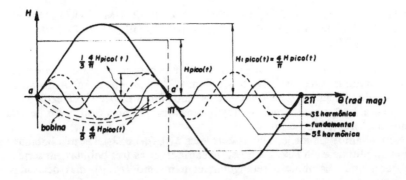

Figura 5.5 Decomposição gráfica da distribuição espacial retangular em componentes senoidais, mostrando até a quinta harmônica

A amplitude da senóide fundamental de uma onda espacial retangular é dada por

$$H_{1\,pico}(t) = \frac{4}{\pi} H_{pico}(t) = \frac{4}{\pi} \frac{Ni(t)}{2e}. \qquad (5.22)$$

Com $i(t)$ senoidal (ou co-senoidal) no tempo, teremos

$$H_{1\,pico}(t) = \frac{4}{\pi} \frac{NI_{max}}{2e} \text{ sen } \omega t = H_{1pico\,max} \text{ sen } \omega t. \qquad (5.23)$$

A amplitude da harmônica de ordem h, para distribuição retangular, é uma fração $1/h$ da fundamental. Logo,

$$H_{h\,pico}(t) = \frac{1}{h} \frac{4}{\pi} H_{pico}(t) = \frac{1}{h} \frac{4}{\pi} \frac{Ni(t)}{2e}. \qquad (5.24)$$

Para a densidade de fluxo no entreferro, vale genericamente

$$B_h(t) = \mu_0 \frac{1}{h} \frac{4}{\pi} \frac{Ni(t)}{2e}, \qquad (5.25)$$

com $h = 1, 3, 5, 7...$

Todas elas são componentes senoidais no espaço com amplitude variável senoidalmente no tempo.

O fluxo por pólo, variável no tempo, e correspondente a cada componente espacial senoidal de ordem h é calculado da mesma maneira como foi feito na Seç. 5.4 e no Exemplo 3.4. Não vamos repetir. No nosso sistema vale a superposição, e o fluxo por pólo será a soma dos fluxos das componentes

$$\phi_a(t) = \sum_{h=1}^{\infty} \phi_{ah}(t). \qquad (5.26)$$

Costuma-se considerar até a quinta, sétima ou nona harmônica, dependendo da precisão desejada. De posse dos $\phi_{ah}(t)$, obtém-se a f.e.m. $e(t)$, também como uma soma das componentes harmônicas $e_h(t)$, e o valor eficaz é a raiz quadrada da soma dos quadrados dos valores eficazes das componentes.

5.5.3 f.m.m., H, B, f.e.m. E ϕ_a PRODUZIDOS POR UM ENROLAMENTO TRIFÁSICO CONCENTRADO, COM BOBINAS DE PASSO PLENO — CAMPO ROTATIVO

Tomemos a Fig. 5.6(a). A nossa intensão é constituir aí um enrolamento trifásico. Em seis ranhuras estão alojadas três bobinas: $a-a'$, $b-b'$, $c-c'$. A distância angular entre os lados iniciais a, b e c (ou entre os lados finais a', b' e c') de cada uma delas foi feito igual a 120°, ou $2\pi/3$ rad. As três bobinas foram feitas com passo de πrad, e com mesmo número (N) de espiras.

Suponhamos, de início, que as correntes $i_a(t)$, $i_b(t)$ e $i_c(t)$ das três bobinas sejam de mesma amplitude e em fase. Para isso bastaria ligar as três bobinas em série. Cada bobina daria uma distribuição retangular, com mesmo $H_{pico}(t)$, mas defasadas entre si no espaço, de $2\pi/3$ rad.

O leitor interessado pode fazer graficamente a composição dessas três distribuições $H_{a\,pico}(t)$, $H_{b\,pico}(t)$ e $H_{c\,pico}(t)$, mas verá que o resultado é uma distribuição de $H(t)$ retangular com período $\pi/3$, que não constitui uma configuração de dois pólos magnéticos.

Geradores e motores síncronos polifásicos **237**

De nada vale para os nossos propósitos.

Se, porém, injetarmos três correntes senoidais defasadas no tempo (120°) com mesmo valor máximo, constituindo um sistema simétrico equilibrado de correntes trifásicas, a configuração espacial resultante de f.m.m., H e B será rotativa. Estávamos devendo, desde o capítulo anterior a justificativa de que esse enrolamento, embora estacionário, produz campo rotativo. O enrolamento da Fig. 5.6 é um enrolamento trifásico elementar com bobinas de passo pleno, e também concentrado, pelo fato de todas as N espiras de cada fase estarem concentradas em uma única bobina. Como temos seis ranhuras e dois pólos, é um caso de uma ranhura por pólo e por fase.

Vejamos. Sejam i_a, i_b e i_c correntes de cada fase do induzido. Essas correntes tanto podem ser correntes absorvidas por um motor síncrono, como emitidas por um gerador síncrono. Vamos supô-las co-senoidais e defasadas de 120° uma da outra, ou seja,

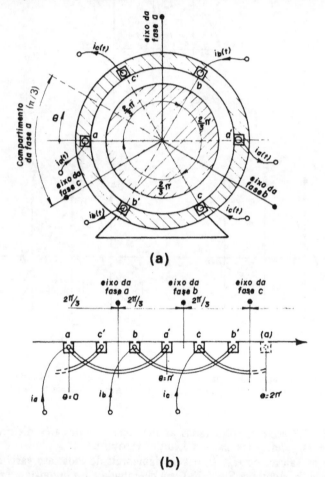

Figura 5.6 (a) Representação esquemática, em corte, de um induzido com enrolamento trifásico, onde as N espiras de cada fase estão concentradas numa única bobina; (b) a mesma representação, porém retificada (ou desenvolvida), onde se nota que a seqüência de condutores resultou *ac'*, *ba'*, *cb'* e que o compartimento ocupado por cada fase, em cada pólo é 60°

$$\left. \begin{array}{l} i_a(t) = I_{max} \cos \omega t \\ i_b(t) = I_{max} \cos (\omega t - 2\pi/3) \\ i_c(t) = I_{max} \cos (\omega t - 4\pi/3) \end{array} \right\} . \tag{5.27}$$

Cada uma dessas três correntes produzirá na bobina correspondente uma distribuição espacial retangular de $\mathscr{F}(t)$, de $H(t)$ e de $B(t)$. Como dissemos na seção anterior, vamos tratar das componentes senoidais dessas distribuições. Como o tratamento para todas as componentes, é semelhante, vamos fazê-lo apenas para a fundamental.

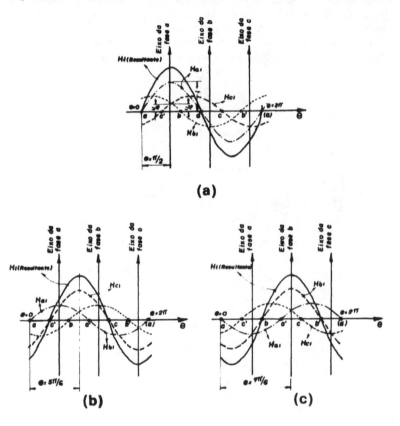

Figura 5.7 (a) Composição gráfica das fundamentais das distribuições especiais de H produzidas por correntes co-senoidais em cada fase, no instante $t_1 = 0$; (b) idem no instante $t_2 = \pi/3/\omega$ (c) idem para $_3 = 2\pi/3/\omega$.

Na Fig. 5.7 estão representadas as fundamentais das três distribuições espaciais H_{a1}, H_{b1} e H_{c1} defasadas $2\pi/3$ rad, uma da outra.

Como os valores de $H_{pico}(t)$ das fundamentais de cada fase variam no tempo com a variação das correntes, a Fig. 5.7(a) está desenhada para um instante particular $t_1 = 0$, no qual, de acordo com as expressões de (5.27), vem

$$i_a = I_{max} ; \quad i_b = -\frac{I_{max}}{2} ; \quad i_c = -\frac{I_{max}}{2} .$$

Se na Fig. 5.7(a) fizermos a soma gráfica das três parcelas H_{a1}, H_{b1} e H_{c1}, teremos a resultante das fundamentais (H_1) também senoidal e com dois pólos magnéticos, o que justifica o nome de enrolamento trifásico de dois pólos para esse caso.

Nota-se que a distribuição resultante H_1 tem amplitude $H_{1\ pico}$ igual a 3/2 do valor de pico máximo da distribuição da fase a: $1 + 1/4 + 1/4$. A fase a é aquela, que nesse instante $(t_1 = 0)$, tem o valor máximo de corrente e, portanto, apresenta H de pico máximo. Além disso, a distribuição resultante, aconteceu centrada com a distribuição da fase a, isto é, com valor de pico no eixo da fase a.

Vamos repetir a construção gráfica para outros instantes. Escolhamos, por facilidade, o instante $t_2 = \pi/3/\omega$, quando i_a tem valor $I_{max}/2$ e resulta, através das expressões de (5.27),

$$i_a = \frac{I_{max}}{2} \quad i_b = \frac{I_{max}}{2} \quad i_c = -I_{max}$$

e o instante $t_3 = 2\pi/3/\omega$ para o qual i_a tem valor $-I_{max}/2$, e resulta, através das expressões de (5.27),

$$i_a = -\frac{I_{max}}{2} \quad i_b = I_{max} \quad i_c = -\frac{I_{max}}{2}.$$

Como se pode apreciar nas Figs. 5.7(b) e (c) a amplitude da resultante H_1 conserva-se, também nestes dois casos, com valor 3/2 do valor de pico máximo de fase, e torna-se para esses instantes, centrada com a distribuição de H da fase que está com o valor máximo de corrente. Em outros instantes, para os quais se faça essa composição gráfica, a resultante das fundamentais continuará com esse valor de pico constante e igual a 3/2 do valor de pico máximo de cada fase, ou seja,

$$H_{1\ pico} = \frac{3}{2} H_{a1\ pico\ max} = \frac{3}{2} H_{b1\ pico\ max} = \frac{3}{2} H_{c1\ pico\ max} \tag{5.28}$$

Substituindo os $H_{pico\ max}$, de cada fase, pelo que vimos no parágrafo anterior resulta

$$H_{1\ pico} = \frac{3}{2} \cdot \frac{4}{\pi} \cdot \frac{NI_{max}}{2e}. \tag{5.29}$$

Ainda se nota, observando a seqüência das Figs. 5.7(a), 5.7(b) e 5.7(c), que a distribuição resultante das fundamentais (H_1) desloca seu valor de pico de um ângulo igual a 2/3 do passo polar $(7/6\pi - \pi/2 = 2/3\pi$ rad), enquanto a corrente perfaz 1/3 do período $(t_3 - t_1 = 2\pi/3/\omega)$. Qual a velocidade angular de deslocamento? Se fôssemos repetindo a construção gráfica até a corrente perfazer um período $(T = 2\pi/\omega)$ concluiríamos que o pico de H_1 cumpriria um deslocamento de dois passos polares $(2\pi$ rad). Logo, a velocidade (chamada velocidade síncrona do campo rotativo de dois pólos) é

$$\Omega_s = \frac{2\pi}{T},$$

que coincide, nesse caso de dois pólos, com a freqüência angular $(\omega = 2\pi/T)$ das correntes de excitação.

Essa é uma demonstração gráfica da existência de um campo magnético cuja amplitude manifesta-se progressivamente de um ponto para o outro, quando se excita um enrolamento trifásico, adequado, com um sistema simétrico e equilibrado de correntes trifásicas. É como se fosse rotativo. Como esse enrolamento é estacionário e cria campo rotativo, poderemos chamá-lo de enrolamento pseudo-rotativo por produzir o mesmo efeito de um enrolamento que fosse excitado por uma corrente contínua e ao qual se impusesse um movimento de rotação.

Nota. Se as amplitudes $I_{1\,max}$, $I_{2\,max}$ e $I_{3\,max}$ das correntes de excitação não forem iguais, e os ângulos de fase entre as três correntes não forem iguais a 120°, o campo rotativo produzido também não será simétrico, isto é, terá valor de pico não constante durante o trajeto. Porém esse assunto foge ao nosso objetivo e deve ser visto em disciplinas específicas, com a utilização de outros recursos como a técnica dos componentes simétricos aplicada aos sistemas trifásicos.

Fluxo por pólo

Assim sendo teremos um fluxo por pólo ϕ_a, também rotativo, mas de valor constante no tempo, e não variável como tínhamos para o $\phi_a(t)$ no caso de uma só bobina alimentada com uma corrente alternativa. Sendo senoidais as distribuições fundamentais resultantes de f.m.m., de H e de B, é fácil calcular o fluxo. Para $B_{1\,pico}$ vale

$$B_{1\,pico} = \mu_0 \, H_{1\,pico} = \mu_0 \cdot \frac{3}{2} \cdot \frac{4}{\pi} \cdot \frac{NI_{max}}{2e}. \qquad (5.30)$$

Para esse caso de dois pólos, teremos, para o fluxo da componente fundamental,

$$\phi_{a1} = 2B_{1\,pico}\,\ell r. \qquad (5.31)$$

F.e.m. e fluxo concatenado

Sendo B_1 senoidal e rotativa em relação às bobinas $a-a'$, $b-b'$ e $c-c'$, vale para efeito de computar fluxos concatenados e f.e.m., a suposição que B_1 seja estacionária e as bobinas sejam girantes com velocidade angular Ω_s. Assim os fluxos concatenados com as bobinas serão variáveis no tempo e haverá f.e.m. que tanto podem ser computadas do ponto de vista variacional como mocional. Desse modo vale todo o exposto no Exemplo 3.4 para a componente fundamental da distribuição de B. Daí decorre a importância daquele exemplo, conforme afirmamos no seu enunciado.

Assim sendo, considerando a bobina $a-a'$, o fluxo concatenado para a fundamental (λ) na fase a, será

$$\lambda_a(t) = N(2B_{1\,pico}\,\ell r)\cos\Omega_s t = N\phi_{a1}\cos\Omega_s t. \qquad (5.32)$$

Onde $\qquad N\phi_{a1} = \lambda_{a\,max}$

E para a f.e.m. na fase a, derivando $\lambda_a(t)$

$$e_a(t) = N\phi_{a1}\Omega_s\,\text{sen}\,\Omega_s t = N\phi_{a1}\,\omega\,\text{sen}\,\omega t. \qquad (5.33)$$

Sendo para o caso de dois pólos

$$\Omega_s = \frac{2\pi}{T} = 2\pi f = 2\pi n_s.$$

Note-se, no entanto, que o máximo fluxo concatenado (e conseqüentemente o zero de f.e.m.) acontece para $t = 0$ na fase a. Nas fases b e c acontecem depois, ou seja para $t = (2/3\pi)/\Omega_s$ e $t = (4/3\pi)\Omega_s$, respectivamente. As f.e.m. induzidas em cada fase estão, portanto, defasadas 120° uma da outra, assim como as correntes e as tensões nos terminais das bobinas. Assim os fluxos concatenados para as fases b e c serão

Geradores e motores síncronos polifásicos

$$\left.\begin{array}{l}\lambda_b(t) = N\phi_{a1}\cos(\Omega_s t - 2/3\pi) \\ \lambda_c(t) = N\phi_{a1}\cos(\Omega_s t - 4/3\pi)\end{array}\right\} \quad (5.34)$$

E as f.e.m.:

$$\left.\begin{array}{l}e_b(t) = N\Phi_{a1}\omega\,\text{sen}\,(\omega t - 2\pi/3) \\ e_c(t) = N\Phi_{a1}\omega\,\text{sen}\,(\omega t - 4\pi/3)\end{array}\right\} \quad (5.35)$$

onde o valor eficaz da f.e.m. induzida por fase do induzido é

$$E_{fase} = \frac{E_{max}}{\sqrt{2}} = \frac{N}{\sqrt{2}}\phi_{a1}\omega = 4{,}44\,f\,N\phi_{a1}. \quad (5.36)$$

Na representação por complexos, teremos, com referência a $\dot{E}_a$,

$$\dot{E}_a = E_1\,\underline{|0°}\,;\quad \dot{E}_b = E_1\,\underline{|-120°}\,;\quad \dot{E}_c = E_1\,\underline{|-240°}\,.$$

A expressão (5.36) coincide com a expressão das f.e.m. dos enrolamentos dos transformadores. O fluxo por pólo (ϕ_a) corresponde ao máximo fluxo temporal (ϕ_{max}) nos enrolamentos de um transformador.

Se o induzido tiver as três fases ligadas em estrela, teremos, nos terminais,

$$E_{linha} = \sqrt{3}\,E_{fase}\,;\quad I_{linha} = I_{fase}.$$

Se ligadas em triângulo, teremos

$$E_{linha} = E_{fase}\,;\quad I_{linha} = \sqrt{3}\,I_{fase}.$$

Num exemplo que virá mais à frente (exemplo 5.4) essas tensões serão calculadas numericamente.

Exemplo 5.2. Existe uma demonstração analítica clássica da criação do campo girante por enrolamentos de induzido polifásicos. Vamos apresentá-la, a seguir, para a senóide fundamental de H (ou de B) produzido por enrolamento concentrado de passo pleno. De posse do resultado vamos comentar os problemas das harmônicas espaciais dessa distribuição, do número de fases do enrolamento, e do sentido de rotação do campo.

Solução. Tomemos novamente as Figs. 5.7(a). Fixemos uma posição Θ, a partir da origem $\Theta = 0$ que coincide com o lado a da bobina $a-a'$. A fundamental $H_1(\Theta)$, nessa posição, é a soma das contribuições das fundamentais produzidas pelas bobinas das fases a, b e c, ou seja,

$$H_1(\Theta) = H_{a1}(\Theta) + H_{b1}(\Theta) + H_{c1}(\Theta). \quad (5.37)$$

Cada uma dessas fundamentais é senoidal no espaço, mas defasadas $2\pi/3$ rad, ou 120°, no espaço, ou seja,

$$\left.\begin{array}{l}H_{a1}(\Theta) = H_{a1\,pico}\,\text{sen}\,\Theta \\ H_{b1}(\Theta) = H_{b1\,pico}\,\text{sen}\,(\Theta - 120°) \\ H_{c1}(\Theta) = H_{c1\,pico}\,\text{sen}\,(\Theta - 240°)\end{array}\right. \quad (5.38)$$

Onde $H_{a1\,pico}$, $H_{b1\,pico}$ e $H_{c1\,pico}$ são dados pela expressão (5.22). Como as correntes $i(t)$ são co-senoidais, e dadas pela expressão (5.27), teremos, substituindo,

$$H_{a1}(\Theta, t) = \frac{4}{\pi}\cdot\frac{N_s}{2e}\,I_{max}\cos\omega t\,\text{sen}\,\Theta$$

$$H_{b1}(\Theta, t) = \frac{4}{\pi} \frac{N}{2e} I_{max} \cos(\omega t - 120°) \operatorname{sen}(\Theta - 120°) \qquad (5.39)$$

$$H_{c1}(\Theta, t) = \frac{4}{\pi} \frac{N}{2e} I_{max} \cos(\omega t - 240°) \operatorname{sen}(\Theta - 240°)$$

Somando os primeiros e segundos membros das expressões de (5.39), teremos, de acordo com a expressão (5.37),

$$H_1(\Theta, t) = \frac{4}{\pi} \frac{N}{2e} I_{max} [\cos \omega t \operatorname{sen} \Theta + \cos(\omega t - 120°) \operatorname{sen}(\Theta - 120°) +$$
$$+ \cos(\omega t - 240°) \operatorname{sen}(\Theta - 240°)]. \qquad (5.40)$$

Substituindo os produtos co-senos · seno pela semi-soma dos senos da soma e da diferença dos ângulos, veremos que aparecem três parcelas de senos defasadas 120°, cuja soma é nula em qualquer instante e três parcelas iguais $1/2 \operatorname{sen}(\Theta - \omega t)$, cuja soma é $3/2 \operatorname{sen}(\Theta - \omega t)$.

Assim sendo, resulta

$$H_1(\Theta, t) = \frac{4}{\pi} \frac{N}{2e} I_{max} \left[\frac{3}{2} \operatorname{sen}(\Theta - \omega t)\right] = \frac{3}{2} H_{1\,pico\,max} \operatorname{sen}(\Theta - \omega t). \qquad (5.41)$$

Comentários

a) Essa equação é de uma onda senoidal, rotativa, com velocidade angular ω. Para um instante t determinado, $H_1(\Theta)$ é uma distribuição senoidal no espaço. Para uma posição Θ determinada, $H_1(t)$ varia senoidalmente no tempo com freqüência angular ω. Um observador móvel, deslocando-se sobre o eixo Θ com velocidade angular ω, $[\Theta(t) = \omega t]$, observará sempre o mesmo valor de H_1, isto é, o campo rotativo de dois pólos desloca-se com velocidade angular $\Omega_s = \omega$.

b) Se fôssemos repetir o processo dedutivo para as terceiras harmônicas espaciais das distribuições retangulares de cada fase, bastaria considerar os ângulos Θ multiplicados por 3. (Os ângulos magnéticos medidos na escala de uma harmônica espacial de ordem h, são h vezes maiores que os medidos na escala da fundamental, e isso pode ser justificado na Fig. 5.5, e também pela definição do ângulo magnético da Seç. 5.4). O processo resultaria numa soma de senos que é nula em qualquer instante. Logo, para o enrolamento trifásico considerado, há uma compensação das terceiras harmônicas produzidas pelas bobinas de cada fase, não aparecendo no campo rotativo resultante. O mesmo sucede para todas as harmônicas múltiplas ímpares de 3. As pares já são naturalmente inexistentes. Para as quintas harmônicas a soma resultará numa amplitude H_5 igual a $1/5$ de H_1, mas com velocidade angular $-\omega/5$. Para a sétimas harmônicas resultará campo rotativo com velocidade angular $\omega/7$ e amplitude $1/7$ de H_1. Note-se que essas harmônicas H e B com h vezes mais pólos, girando a uma velocidade h vezes menor, induzirão no enrolamento f.e.m. de mesma freqüência f que a fundamental.

c) Se o processo dedutivo fosse feito para um enrolamento de dois pólos, difásico, concentrado, simétrico e equilibrado (duas bobinas idênticas defasadas 90° no espaço) e alimentado com um sistema de correntes difásicas simétrico e equilibrado (correntes senoidais de freqüência angular ω com mesma amplitude e defasadas de 90° no tempo), o resultado também seria um campo rotativo, com velocidade angular ω, mas com o coeficiente de $H_{1\,pico\,max}$ igual a $2/2$ em vez de $3/2$. Para seis fases seria $6/2$. Para o caso geral de m fases seria $m/2$.

d) Se fizéssemos uma inversão de seqüência de fases, isto é, se aplicássemos a corrente i_b na fase c do enrolamento e i_c na fase b, resultaria num campo girante com velocidade contrária àquela já encontrada. Esse método é utilizado, na prática, para inversão de velocidade de motores síncronos e assíncronos.

5.6 INDUTORES E INDUZIDOS COM MAIS DE DOIS PÓLOS

Quanto aos indutores, que podem ser do tipo de pólos lisos ou de pólos salientes, a quantidade de espiras e a corrente que interessam para a f.m.m. produzida por pólo é o número N de espiras por pólo e a corrente nessas espiras. A Fig. 5.8 mostra um exemplo de indutor de quatro pólos salientes, com N espiras por pólo.

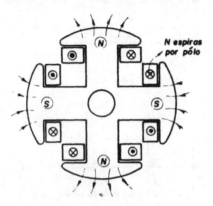

Figura 5.8 Indutor de quatro pólos salientes

Caso de induzido monofásico

Na Fig. 5.4(a) apresentamos um caso de induzido de dois pólos construído com uma única bobina de N espiras com corrente $i(t)$. A f.m.m. por pólo era estacionária e valia $Ni(t)/2$. A intensidade de campo (valor de pico por pólo) resultou $Ni(t)/2e$. A f.e.m. induzida pelo campo estacionário no espaço, nas pulsante no tempo, resultava em valor eficaz: $4,44 f N \phi_a$. É o caso de um par de pólos.

A Fig. 5.9 mostra uma maneira de se conseguir um induzido monofásico, elementar, de quatro pólos, com duas bobinas. Nota-se que agora o passo polar é 90° geométricos ou 180° magnéticos. O passo pleno da bobina também será 90° geométricos ou 180° magnéticos. É o caso de 2 pares de pólos.

F.m.m. e H

A quantidade total de espiras do induzido, englobando as duas bobinas, é N. O número de espiras por par de pólos é $N/2$, e a corrente nas duas bobinas é i. Logo, a f.m.m. produzida por pólo (diferença de potencial magnético entre as superfícies do entreferro de cada pólo) será, utilizando a expressão (5.15),

$$\mathscr{F}_e = \frac{1}{2} \left[\frac{N}{2} i(t) \right].$$

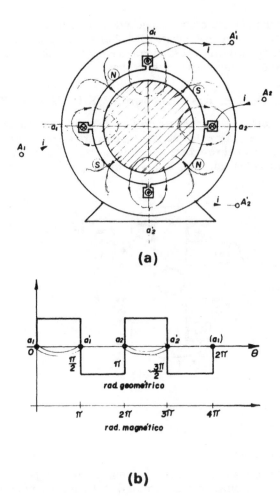

Figura 5.9 Induzido de quatro pólos, monofásico, concentrado (uma ranhura por pólo) e de passo pleno, constituído de 2 bobinas

A intensidade de campo (valor de pico por pólo) será, ainda lembrando a expressão (5.15),

$$H_{pico}(t) = \frac{1}{2e}\left[\frac{N}{2}i(t)\right].$$

Se tivéssemos p pares de pólos, teríamos

$$H_{pico}(t) = \frac{1}{2e}\left[\frac{N}{p}i(t)\right].$$

Geradores e motores síncronos polifásicos **245**

F.e.m.

A f.e.m. induzida em cada bobina é, lembrando a expressão (5.21), $4{,}44fN/2\,\phi_a$. Se, porém, as bobinas estiverem ligadas em série, como as da Fig. 5.9, teremos, nos terminais A_1 e A'_2 (terminais A'_1 e A_2 interligados):

$$E = 4{,}44\,fN\phi_a.$$

Se as bobinas estivessem em paralelo (terminais A_1 com A_2 e A'_1 com A'_2) teríamos, para um mesmo fluxo por pólo ϕ_a, metade da f.e.m. anterior, ou seja, a própria f.e.m. de uma bobina,

$$\frac{E}{2} = 4{,}44\,f\,\frac{N}{2}\,\phi_a. \tag{5.42}$$

Por outro lado, na ligação em paralelo, a corrente em cada bobina será metade da corrente de linha. Para produzir o mesmo fluxo por pólo ϕ_a, teríamos que provocar a mesma f.m.m. por pólo, e, se o número de espiras por par de pólos é o mesmo $N/2$, então a corrente de linha teria que ser o dobro da anterior. Não será difícil ao aluno generalizar para p pares de pólos com a ligação de cada fase em série ou em duas vias paralelas, ou outro número de vias em paralelo.

Caso do induzido trifásico

O caso trifásico é análogo ao anterior. Basta fazer com que o enrolamento da Fig. 5.6(a) ocupe 180° geométricos em vez de 360°. O enrolamento será alojado em doze ranhuras e não em 6, mas continuará do tipo concentrado, isto é, com uma ranhura por pólo e por fase. O compartimento de cada fase em cada pólo será agora 30° geométricos, ou ainda 60° magnéticos. Podemos dizer que, para qualquer número de pólos, se considerarmos todos os ângulos em graus magnéticos, os valores não mudam com o número de pólos.

Quanto ao valor de pico da senóide fundamental da f.m.m. por pólo de campo rotativo, lembramos que ele vale 3/2 do valor de pico máximo de cada fase. Para o caso de quatro pólos, teremos N/p para $2p$ polos:

$$H_{1\,pico} = \frac{3}{2}\,\frac{4}{\pi}\left(\frac{1}{2e}\cdot\frac{N}{2}\cdot I_{max}\right) \tag{5.43}$$

Onde N é o número total de espiras por fase e $N/2$ é o número de espiras de uma fase sob um par de pólos. I_{max} é o valor máximo da corrente senoidal de fase.

Quanto à f.e.m. induzida em cada uma das duas bobinas de cada fase, para um fluxo por pólo ϕ_{a1}, será, da mesma maneira que vimos para o monofásico,

$$\frac{E}{2} = 4{,}44\,f\,\frac{N}{2}\,\phi_{a1}. \tag{5.44}$$

Essa será a tensão nos terminais de cada fase, se as bobinas estiverem ligadas em paralelo. Se as duas bobinas estiverem ligadas em série, teremos, novamente, a expressão (5.36),

$$E_{fase} = 4{,}44\,fN\phi_{a1}. \tag{5.36}$$

Exemplo 5.3. Mostrar, através da velocidade angular do campo rotativo de $2p$ pólos, que a freqüência da f.e.m. induzida pelo campo produzido pela própria corrente da bobina não é afetada pelo número de pólos.

Solução

O motivo é simples. Se fizéssemos a dedução, gráfica ou analítica, do campo rotativo produzido por um enrolamento de $2p$ pólos, alimentado apenas com freqüência f, chegaríamos à conclusão de que o campo se desloca também de um duplo passo polar no intervalo de tempo T correspondente a um período da corrente. Como temos uma distribuição espacial de f.m.m. de p duplos passos polares ao longo do perímetro do induzido, o campo girante completará uma volta em p períodos da corrente. Assim sendo, Ω_s não será mais igual a f, mas sim

$$\Omega_s = \frac{2\pi}{pT} = \frac{1}{p} 2\pi f = \frac{\omega}{p} = 2\pi n_s. \tag{5.45}$$

Com f em hertz teremos Ω_s em radianos geométricos por segundo.

Pela expressão (5.45) conclui-se que a freqüência de rotação síncrona de um campo girante de p pares de pólos, em rotações por segundo, será

$$n_s = \frac{f}{p} \tag{5.46}$$

e, em rotação por minuto,

$$n_s = 60 \frac{f}{p}. \tag{5.47}$$

No caso de $f = 60\,\text{Hz}$ e quatro pólos, teremos $n_s = 1\,800\,\text{rpm}$; com seis pólos, 1 200 rpm; com oito pólos, 900 rpm, e assim por diante.

Como uma distribuição espacial de dois pólos magnéticos, com fluxo por pólo ϕ_a, forma, em cada volta, um ciclo completo de fluxo concatenado, uma distribuição de $2p$ pólos formará p ciclos de fluxo concatenados, em uma volta. E como ele gira com f/p rotações por segundo, ele dará f ciclos por segundo de fluxo concatenado e, conseqüentemente, também de f.e.m.

5.7 GEOMETRIA DOS ENROLAMENTOS DE INDUZIDO DISTRIBUÍDOS – DE SIMPLES CAMADA COM PASSO PLENO, DE DUPLA CAMADA COM PASSO PLENO E DE DUPLA CAMADA COM PASSO ENCURTADO

Até agora nos limitamos aos enrolamentos de induzido elementares com uma correspondência de uma ranhura por pólo e por fase, quer fossem trifásicos ou monofásicos. Na prática isso é pouco comum e limita-se aos casos de pequenos motores e geradores, em geral do tipo de sinal. Normalmente tanto os enrolamentos monofásicos como trifásicos são do tipo distribuído em várias ranhuras por pólo e por fase. O enrolamento concentrado, além de ser antieconômico – necessita uma grande ranhura em cada pólo para abrigar as N espiras, obrigando a um aumento de diâmetro no projeto da máquina – apresenta características de funcionamento inferiores aos enrolamentos distribuídos em mais de uma ranhura por pólo e por fase. Esse é um assunto longo demais e especializado, objeto de disciplinas e obras dedicadas às máquinas elétricas (12)(11). Não podemos, porém, deixar de apresentar o mínimo necessário ao prosseguimento do estudo das máquinas síncronas, principalmente tendo em vista o aluno de determinadas especializações que, certamente, não têm ou não terão essas disciplinas nos seus programas. Quanto à melhoria na forma de onda das distribuições espaciais, provocada pelas bobinas de cada fase, a mesma é evidente. Se no enrolamento concentrado as distribuições de f.m.m. são retangulares, no enrolamento distribuído elas são escalonadas, com um menor conteúdo de amplitude de harmônicas. A Fig. 5.10(b) ilustra essa afirmação. Mais adiante, pela expressão do *fator de distribuição*, poderemos calcular a atenuação de cada harmônica relativamente à amplitude que ela possuiria se o enrolamento fosse concentrado. O encurtamento de passo, além de provocar uma economia no comprimento de condutores, pode também atenuar a amplitude das harmônicas espaciais e até eliminar alguma delas, relativamente ao enrolamento com bobinas de passo pleno. Se, em cada fase, há uma melhora da distribuição, conseqüentemente, também haverá no campo rotativo resultante.

Distribuição com passo pleno, simples camada

Iniciemos com o enrolamento da Fig. 5.10(a), que para maior facilidade é um caso de dois pólos. Temos $p = 1$ par de pólos, $m_1 = 3$ fases, com $Q = 12$ ranhuras, o que resulta num enrolamento distribuído em $q = 2$ ranhuras por pólo e por fase. Cada bobina

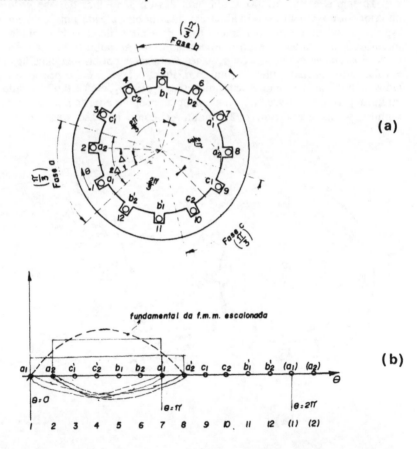

Figura 5.10 (a) Corte esquemático de um enrolamento de induzido, de dois pólos, com passo pleno e simples camada, distribuído em $q = 2$ ranhuras/pólo/fase; (b) distribuição de f.m.m. para uma das fases. [Compare com a Fig. 5.4(b) e conclua a distribuição de H, para uma fase]

de cada fase ficou subdividida em duas bobinas parciais, com $N/2$ espiras. O compartimento de cada fase, em cada pólo, continua medindo 60° magnéticos, que, neste caso de dois pólos, coincide com 60° geométricos. E, se nesse compartimento existem $q = 2$ ranhuras, o ângulo entre elas (chamado *passo de ranhura*) é $\Delta = 60/q = 30°$ magnéticos. Na prática, as distribuições raramente vão além de $q = 5$. Nota-se também pela Fig. 5.10(a) que a distância angular entre os centros de cada fase continua sendo $2\pi/3$ rad magnéticos e que agora existem apenas $N/2$ condutores para cada ranhura.

Distribuição com passo pleno e dupla camada

Esse tipo, na verdade, não tem vantagens práticas. É apenas um degrau intermediário, por nós imaginado, introdutório ao caso de dupla camada com passo encurtado que é o caso freqüente em máquinas assíncronas e síncronas de baixa tensão.

Tomemos a Fig. 5.11(a). Cada uma das duas bobinas da fase a do enrolamento anterior foi novamente subdividida em duas bobinas, cada uma com metade das $N/2$ espiras, de tal modo que o número total de espiras, de cada fase, ainda permanece o mesmo do caso anterior e do caso concentrado. As bobinas parciais são, para a fase a: $a_1 - a'_1, a_2 - a'_2, a_3 - a'_3$ e $a_4 - a'_4$. Com essas bobinas parciais ligadas em série o enrolamento em nada difere do anterior. Para as fases b e c o processo é idêntico. Os lados de bobinas designados sem linhas (a_1, a_2, a_3, b_2, etc.) estão colocados no topo da ranhura, já os com linhas (a'_1, a'_2, a'_3, b'_2, etc.) ocupam a parte inferior da ranhura. Cada ranhura permanecerá com $N/2$ condutores, como no caso anterior.

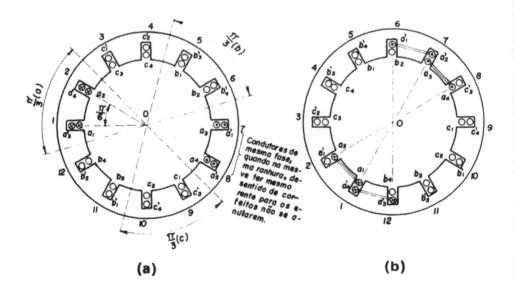

Figura 5.11 Corte esquemático de enrolamentos induzidos de dois pólos, com $q = 2$, de dupla camada. (a) Com bobinas de passo pleno, (b) com bobinas de passo encurtado de um passo de ranhura (passo das bobinas igual a cinco passos de ranhura, e não a seis).

Distribuição com dupla camada e passo fracionário

Se no enrolamento da Fig. 5.11(a) o passo da bobina parcial $a_1 - a'_1$ fosse da ranhura 1 até a 6, em vez de ir até a ranhura 7, teríamos um passo de bobina fracionário e igual a 5/6 do passo polar. Em outras palavras, teríamos um encurtamento de um passo de ranhura, ou Δ graus magnéticos, em relação ao passo pleno. Na prática os passos encurtados raramente estão aquém de 2/3 do passo polar (que significa encurtamento de 1/3 do passo polar).

Se fizermos todas as outras bobinas com passos igualmente encurtados, a disposição final será a mostrada na Fig. 5.11(b). Nota-se que as distâncias angulares entre os eixos de cada fase, bem como entre os lados iniciais de cada fase, continuam sendo 120° magnéticos, como nos casos anteriores. Nota-se ainda que se tentássemos fazer o encurtamento de passo sem aquela segunda subdivisão de bobinas em dupla camada [Fig. 5.11(a)] não teríamos conseguido, pois o lado a'_1, com $N/2$ condutores, teria caído sobre o lado b_2, que também tem $N/2$ condutores. Por isso esse tipo de enrolamento com todas as bobinas de passo igualmente encurtadas só é possível em dupla camada e por esse motivo é que fizemos aquela passagem intermediária. O fato de ocorrerem camadas de fases diferentes na mesma ranhura não traz problemas, pois são condutores percorridos por correntes defasadas 120°. Costuma-se também empregar um outro tipo de enrolamento, de simples camada, com encurtamentos de passo diferente em cada uma das bobinas de cada fase. Esse enrolamento é possível e chama-se *de bobinas concêntricas*. Não vamos tratá-lo aqui.

5.8 INFLUÊNCIA DA DISTRIBUIÇÃO E DO ENCURTAMENTO SOBRE O FLUXO CONCATENADO f.m.m., H, B, E f.e.m., PRODUZIDOS PELO INDUZIDO

A verificação desta influência é quase uma repetição do que foi exposto em 5.5.1 (caso monofásico elementar). Por isso vamos diretamente ao caso trifásico distribuído em q ranhuras por pólo e por fase. Tomemos, por exemplo, a fase a. Tudo se repete para as outras fases nos enrolamentos polifásicos simétricos e equilibrados.

5.8.1 ENCURTAMENTO DE PASSO

Na Fig. 5.12 está representada uma bobina qualquer [por exemplo, a bobina $a_1 - a'_1$ da Fig. 5.11(b)], porém de duas maneiras, com passo pleno (π rad magnético) e com passo encurtado ($\pi - \delta$ rad magnético). Aí se nota bem a diminuição do comprimento das "cabeças de bobina" (parte não-útil da bobina) que o encurtamento de passo proporciona. Nessa figura ainda se nota que, para a mesma corrente de excitação e um mesmo número de espiras N_1, ambas as bobinas apresentam o mesmo valor de pico (f.m.m., H ou B) retangular, mas a componente fundamental terá o valor de pico senoidal atenuado, podendo atenuar também as harmônicas. E como serão atenuados? É o que iremos verificar.

Devemos lembrar que as amplitudes das componentes harmônicas das distribuições de f.m.m. H e B retangulares, com base igual ao período, eram dadas pelas expressões (5.24) e (5.25).

Demonstra-se matematicamente, na análise harmônica de Fourier, que para as ondas retangulares com base menor que o período ($\pi - \delta$) as amplitudes das componentes são afetadas por um fator que é o co-seno da metade do ângulo δ. Assim, para a fundamental, teremos

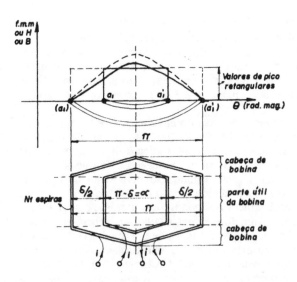

Figura 5.12 Representação, em corte retificado e em vista planificada, de duas bobinas: $a_1 - a'_1$ com passo encurtado e $(a_1) - (a'_1)$ com passo pleno

$$H_{1\,pico} = \frac{4}{\pi} H_{1\,pico\,retangular} \cdot \cos\frac{\delta}{2}.$$

E, de um modo geral, para todas as componentes harmônicas, vem

$$H_{h\,pico}(t) = \left[\frac{4}{h\pi} H_{pico\,retangular}(t)\right] \cos h \cdot \frac{\delta}{2} =$$
$$= \frac{1}{h} \frac{4}{\pi} \frac{N_1 i(t)}{2e} \cos\frac{h\delta}{2}, \qquad (5.48)$$

onde h, para nós, é igual a 1, 3, 5, 7...

Conclui-se que, para se obter os valores de pico de H, com bobinas de passo encurtado, basta aplicar o fator $\cos h\,\delta/2$ nos valores de pico produzidos por bobinas de passo inteiro. Vale o mesmo para a f.m.m. e para B.

Esse fator pode ser chamado de fator de passo, fator de encurtamento, ou fator de corda das bobinas, e é designado normalmente por k_c.

$$k_{ch} = \cos h\frac{\delta}{2} \qquad (5.49)$$

Se utilizarmos o encurtamento δ como uma fração a do passo pleno, ou seja,

$$\frac{\delta}{2} = a\,\frac{\pi}{2},$$

teremos, em particular, para a fundamental,

$$k_{c1} = \cos\frac{\delta}{2} = \cos a\frac{\pi}{2} = \text{sen}(1-a)\frac{\pi}{2} = \text{sen}\frac{\alpha}{2}, \qquad (5.50)$$

onde α é o passo angular da bobina.

Um campo girante, sendo o resultado da composição dos campos estacionários produzidos pelas fases, terá sua amplitude também afetada pelo mesmo fator k_c.

Para fluxo concatenado e f.e.m. produzidos por bobinas de passo fracionário, podemos também verificar o efeito do encurtamento de uma maneira simples e objetiva como a anterior. Tomemos a mesma bobina, uma vez com passo pleno e outra vez encurtada de δ rad, magnético. Na Fig. 5.13 está representada uma distribuição espacial de B senoidal, que pode ser tanto a fundamental de um campo rotativo de amplitude constante como a de um campo estacionário com amplitude variável no tempo. Em qualquer dos casos haverá f.e.m. induzida nas bobinas. Na de passo encurtado, porém, ela será atenuada por um fator menor que 1. E esse fator, como veremos, será o mesmo $\cos h\delta/2$. Vejamos o fluxo por pólo dessa distribuição espacial de B com p pares de pólos. É dado por

$$\phi_{a1} = \int_0^\pi B_{1\,pico} \cdot \text{sen}\,\Theta \ell r\,\frac{d\Theta}{p},$$

resultando

$$\phi_{a1} = 2\,\frac{B_{1\,pico}\ell r}{p}.$$

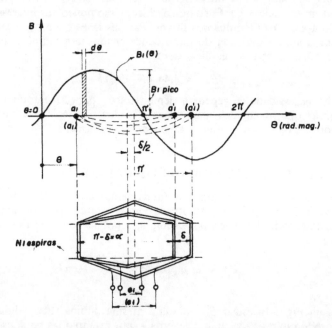

Figura 5.13 Representação, em corte retificado e em vista planificada, das bobinas de passo pleno e passo encurtado de δ rad magnético, para efeito de cômputo do fluxo concatenado e f.e.m

Na Fig. 5.13, os lados iniciais das bobinas estão a Θ rad da origem de B. O fluxo concatenado com a bobina de passo pleno será

$$\lambda_{(a1)}(\Theta) = N_1 \int_{\Theta}^{\Theta+\pi} d\phi_{a1}(\Theta) = N_1 \int_{\Theta}^{\Theta+\pi} B_{1\,pico}\,\mathrm{sen}\,\Theta\ell r\,\frac{d\Theta}{p}$$

ou

$$\lambda_{(a1)}(\Theta) = N_1 \left[2\,\frac{B_{1\,pico}\ell r}{p} \right] \cos\Theta = (N_1 \phi_{a1})\cos\Theta = \lambda_{max} \cos\Theta \quad (5.51)$$

Porém, na bobina de passo fracionário, será

$$\lambda_{a1}(\Theta) = N_1 \int_{\Theta}^{\Theta+\pi-\delta} B_{1\,pico}\,\mathrm{sen}\,\Theta\ell r\,\frac{d\Theta}{p} = N_1\,\frac{B_{1\,pico}\ell r}{p}\,[\cos(\Theta-\delta) + \cos\Theta],$$

substituindo a soma de co-senos, dada por conhecida identidade trigonométrica, vem

$$\lambda_{a1}(\Theta) = N_1\,\frac{B_{1\,pico}\ell r}{p}\left[2\cos\frac{\delta}{2}\cos\left(\Theta - \frac{\delta}{2}\right) \right]$$

$$\lambda_{a1}(\Theta) = \left(N_1 \phi_{a1} \cos\frac{\delta}{2} \right) \cos\left(\Theta - \frac{\delta}{2}\right). \quad (5.52)$$

Comparando-se (5.51) com (5.52), conclui-se que a amplitude do fluxo concatenado é atenuado do mesmo fator k_{c1} que a f.m.m., H e B. Além disso, observa-se que o fluxo concatenado com a bobina de passo encurtado, no que diz respeito à sua variação com Θ, está defasado $\delta/2$, relativamente ao da bobina com passo pleno, pois temos $\cos(\Theta - \delta)$ em um deles e $\cos\Theta$ no outro. Porém isso pouco nos interessa, pois estamos procurando apenas os módulos dos fluxos. Para as fases b e c o processo é o mesmo.

A f.e.m., sendo a derivada do fluxo concatenado, terá também seu valor afetado de $k_{c1} = \cos\delta/2$. O seu valor eficaz será:

$$E_{a1} = (4,44\,f N_1\,\phi_{a1})\,k_{c1}. \quad (5.53)$$

Não há necessidade de repetir a demonstração para as harmônicas de ordem h. Basta lembrar que os ângulos magnéticos medidos na escala das harmônicas, são h vezes maiores. Logo, aqui também teremos $k_{ch} = \cos h\,\delta/2$.

5.8.2 DISTRIBUIÇÃO DAS BOBINAS DE CADA FASE

Na Fig. 5.14 está representada a fundamental espacial da onda retangular de f.m.m., H ou B, de uma bobina concentrada com N espiras e considerada de passo pleno para maior facilidade. Pode ser, por exemplo, a bobina $a-a'$ da Fig. 5.6(a), onde H_{a1} é dado por

$$H_{a1}(\Theta) = H_{1\,pico}\,\mathrm{sen}\,\Theta = \frac{4}{\pi}\,\frac{Ni}{2e}\,\mathrm{sen}\,\Theta. \quad (5.54)$$

Ainda na Fig. 5.14 está representada a mesma bobina subdividida em q bobinas parciais de N/q espiras cada uma. Podem ser, por exemplo, as bobinas da fase a, ocupando as suas q ranhuras por pólo dentro de um compartimento igual a $q\Delta$. As bobinas estão consideradas com passo pleno. Temos aí q senóides fundamentais de f.m.m., H,

Geradores e motores síncronos polifásicos

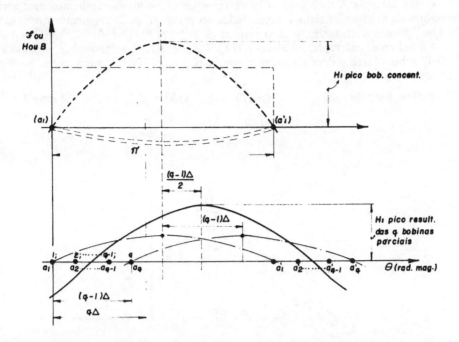

Figura 5.14 Representação em corte retificado de uma fase (primeiramente concentrada em uma única bobina e depois distribuída em q ranhuras) com os respectivos $H(\Theta)$ fundamentais

ou B, com valores de pico q vezes menor que no caso concentrado e defasadas uma da outra Δ rad magnéticos (Δ é o ângulo entre duas ranhuras). O valor de pico da resultante dessas q senoidais não em fase, logicamente será menor que a soma algébrica dos valores de pico, o que significa dizer que será menor que a senóide fundamental do caso concentrado. E quanto menor? É esse novo fator de atenuação que iremos procurar a seguir.

Façamos a soma das q senoidais fundamentais de H, conforme estão dispostas na Fig. 5.14, ou seja,

$$H_{1\ pico\ resultante}(\Theta) = H_{a1} \operatorname{sen} \Theta + H_{a2} \operatorname{sen}(\Theta + \Delta) + \ldots + H_{aq} \operatorname{sen}[\Theta + (q-1)\Delta].$$

Sendo

$$H_{a1} = H_{a2} = \ldots = H_{aq},$$

vem

$$H_{1\ pico\ resultante}(\Theta) = \frac{4}{\pi} \times \frac{N}{q} \times \frac{i}{2e} \sum_{n=0}^{q-1} \operatorname{sen}(\Theta + n\Delta). \tag{5.55}$$

Lembrando a expressão (5.54)

$$H_{1\ pico\ resultante}(\Theta) = H_{1\ pico} \left[\frac{1}{q} \sum_{n=0}^{q-1} \operatorname{sen}(\Theta + n\Delta) \right]. \tag{5.56}$$

Vamos interpretar esse somatório de senos de outra forma. Tomemos uma série de vetores de módulo unitário, representados no plano xy, pelos segmentos orientados da Fig. 5.15 e apresentando, com o eixo x, os ângulos Θ, $\Theta + \Delta$, ..., $\Theta + (q-1)\Delta$.

A resultante está representada por OA_q. Pelo teorema das projeções, a projeção de OA_q sobre o eixo y deve ser igual à soma das projeções das componentes. Na Fig. 5.15 temos

$$1 \operatorname{sen} \Theta + 1 \operatorname{sen}(\Theta + \Delta) + \ldots + 1 \operatorname{sen}[\Theta + (q-1)\Delta] = \overline{OA_q} \operatorname{sen} \alpha = \overline{OA} \operatorname{sen}(\Theta + \beta). \tag{5.57}$$

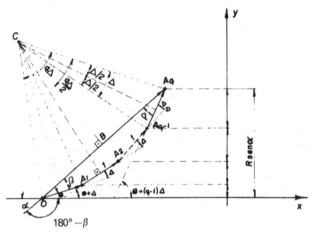

Figura 5.15 Representação gráfica auxiliar para demonstração do fator de distribuição

Sendo 360° o somatório dos ângulos externos do polígono, conclui-se facilmente que

$$\beta = (q-1) \frac{\Delta}{2}. \tag{5.58}$$

Ainda na Fig. 5.15, nos triângulos retângulos CBA_q e $CA_{q-1} A_q$, temos

$$\frac{\overline{BA_q}}{\operatorname{sen} q\Delta/2} = \overline{CA_q} = \frac{\overline{DA_q}}{\operatorname{sen} \Delta/2}.$$

Como

$$\overline{BA_q} = \frac{\overline{OA_q}}{2} \quad \text{e} \quad \overline{DA_q} = \frac{1}{2}$$

vem

$$\overline{OA_q} = \frac{\operatorname{sen} q\Delta/2}{\operatorname{sen} \Delta/2}. \tag{5.59}$$

Substituindo β e $\overline{OA_q}$ dados pelas expressões (5.58) e (5.59) na (5.57), teremos

$$\sum_{n=0}^{q-1} \operatorname{sen}(\Theta + n\Delta) = \frac{\operatorname{sen} q\Delta/2}{\operatorname{sen} \Delta/2} \times \operatorname{sen}\left[\Theta + (q-1)\frac{\Delta}{2}\right]. \tag{5.60}$$

Finalmente, levando esse resultado à expressão (5.56), teremos

$$H_{1\ pico\ resultante}(\Theta) = H_{1\ pico} \times \frac{\operatorname{sen} q\,\Delta/2}{q\operatorname{sen}\Delta/2} \times \operatorname{sen}[\Theta + (q-1)\Delta/2]. \qquad (5.61)$$

O fator k_{d1}, menor que 1, chamado fator de distribuição da fundamental, constante para um dado q, é dado por

$$k_{d1} = \frac{\operatorname{sen} q\,\Delta/2}{q\operatorname{sen}\Delta/2}. \qquad (5.62)$$

Por outro lado, o termo senoidal função de Θ, dá a defasagem espacial da onda fundamental de H produzida pelo enrolamento distribuído, em relação à produzida pelo enrolamento concentrado. Isso pode ser concluído comparando-se (5.61) com (5.54), mas não apresenta interesse no momento.

A expressão (5.62) pode ser apresentada em formas particulares para enrolamentos monofásicos e polifásicos. Para o caso trifásico é fácil concluir que, sendo o compartimento de cada fase igual a 60° magnéticos e estando aí contidas as q ranhuras por pólo por fase, teremos $q\Delta = 60°$ magnéticos e, conseqüentemente,

$$k_{d1} = \frac{\operatorname{sen} 60/2}{q \operatorname{sen} 60/2q} = \frac{1}{2q \operatorname{sen} 30/q}. \qquad (5.63)$$

A generalização para as harmônicas é simples. Basta lembrar que os ângulos magnéticos, medidos nas escalas das harmônicas, são h vezes maiores, logo,

$$k_{dh} = \frac{\operatorname{sen} qh\,\Delta/2}{q \operatorname{sen} h\,\Delta/2}. \qquad (5.64)$$

Sendo o campo rotativo (caso dos enrolamentos polifásicos) uma composição das ondas estacionárias produzidas pelas fases, fica claro que seu valor de pico será também atenuado por k_d, quando o enrolamento for distribuído.

Quanto ao fluxo concatenado com as q bobinas por pólo de cada fase, é fácil verificar que será também atenuado em relação ao enrolamento concentrado. Não vemos necessidade de pormenorizações na demonstração. O fluxo concatenado resultante, tomado em relação à fundamental de uma distribuição espacial de $B(\Theta)$, será, para a fase a,

$$\lambda_a(\Theta) = \lambda_{a1}(\Theta) + \lambda_{a2}(\Theta) + \ldots + \lambda_{aq-1}(\Theta) + \lambda_{aq}(\Theta). \qquad (5.65)$$

De uma maneira análoga à do parágrafo anterior, os fluxos parciais serão

$$\lambda_{a1}(\Theta) = \frac{N}{q} \int_{\Theta}^{\Theta + \pi} B_{1\ pico} \operatorname{sen}\Theta \ell r\, \frac{d\Theta}{p} = \frac{N}{q}\phi_{a1}\cos\Theta$$

$$\lambda_{a2}(\Theta) = \frac{N}{q} \int_{\Theta + \Delta}^{\Theta + \Delta + \pi} B_{1\ pico} \operatorname{sen}\Theta \ell r\, \frac{d\Theta}{p} = \frac{N}{q}\phi_{a1}\cos(\Theta + \Delta)$$

$$\lambda_{aq}(\Theta) = \frac{N}{q} \int_{\Theta + (q-1)\Delta}^{\Theta + (q-1)\Delta + \pi} B_{1\ pico} \operatorname{sen}\Theta \ell r\, \frac{d\Theta}{p} = \frac{N}{q}\phi_{a1}\cos[\Theta + (q-1)\Delta].$$

Substituindo esses λ na expressão (5.65), vem

$$\lambda_a(\Theta) = \frac{N}{q} \phi_{a1} \sum_{n=0}^{q-1} \cos(\Theta + n\Delta) = \lambda_{max} \left[\frac{1}{q} \sum_{n=0}^{q-1} \cos(\Theta + n\Delta) \right], \quad (5.66)$$

onde λ_{max} é o máximo fluxo concatenado com a fase a, como se ela fosse concentrada numa única bobina. O termo entre parênteses é análogo ao da expressão (5.56), e, se aplicarmos um processo dedutivo análogo ao anterior (projetando-se no eixo x em vez y), chegaremos a

$$\lambda_a(\Theta) = \lambda_{max} \frac{\operatorname{sen} q \Delta/2}{q \operatorname{sen} \Delta/2} \cos[\Theta + (q-1)\Delta/2], \quad (5.67)$$

e valem os mesmos comentários anteriores.

Para as fases b e c tudo se repete, e, no cálculo da f.e.m. de cada fase, teremos um valor eficaz dado por

$$E_{a1} = E_{b1} = E_{c1} = (4{,}44 f N \phi_a) k_{d1}. \quad (5.68)$$

5.8.3 DISTRIBUIÇÃO E ENCURTAMENTO

Verificamos que o cálculo de enrolamentos, monofásico e polifásico, distribuídos ou encurtados, podem ser conduzidos como se fossem enrolamentos concentrados ou de passo pleno, aplicando-se aos valores numéricos encontrados os fatores de distribuição ou de corda.

Acreditamos ser desnecessário repetir as demonstrações para o caso distribuído e encurtado. Seria quase uma repetição e teríamos como resultado que todas as grandezas, como f.m.m., H, B, λ, E, apresentam valores numéricos dos enrolamentos concentrados e de passo pleno multiplicados pelos fatores de distribuição e de corda, cujo produto é convencionalmente chamado de *fator de enrolamento* (k_e).

$$k_{eh} = k_{ch} \cdot k_{dh}. \quad (5.69)$$

Em particular, para a fundamental,

$$k_{e1} = k_{c1} \cdot k_{d1}.$$

Exemplo 5.4. De uma pequena máquina síncrona de 3 kVA, trifásica, de quatro pólos rotativos, são conhecidos os seguintes valores: a distribuição espacial de induções produzida pelo indutor é quase senoidal, com um pequeno conteúdo de harmônicas. Com plena excitação de C.C. no rotor e com o induzido em vazio, o fluxo por pólo da fundamental é $\phi_{01} = 1{,}8 \times 10^{-3}$ Wb. Os fluxos por pólo, devidos a terceira e quinta harmônicas de B, valem 1/30 do fluxo da fundamental. O enrolamento do induzido é trifásico, de dupla camada, com 24 ranhuras e passo fracionário igual a 5/6. A quantidade de condutores para cada ranhura é igual a 246. Assim sendo,

1) vamos fazer os diagramas do enrolamento do induzido;
2) funcionando como alternador em vazio, vamos calcular
2a) a freqüência da fundamental de f.e.m. induzida no enrolamento do estator com o rotor girando a 1 800 rpm,
2b) a tensão nos terminais de cada fase para todas as bobinas de uma fase ligadas em série e para as bobinas ligadas em duas vias em paralelo,
2c) as tensões de linha possíveis com as fases dispostas em triângulo e em estrela;
3) funcionando como alternador com 440 V nos terminais e em carga nominal, vamos calcular o valor de pico das f.m.m. rotativas provocadas pelo enrolamento de armadura (induzido).

Geradores e motores síncronos polifásicos

Solução

1. A Fig. 5.16 é uma outra maneira de representar um enrolamento de induzido trifásico. A Fig. 5.17 é ainda outra maneira de representá-lo, esta, aliás, comum nas oficinas de enrolamento. Procure seguir cada fase para inteirar-se da construção desse enrolamento. Compare as duas formas de representação, a da Fig. 5.16 com a da Fig. 5.17.

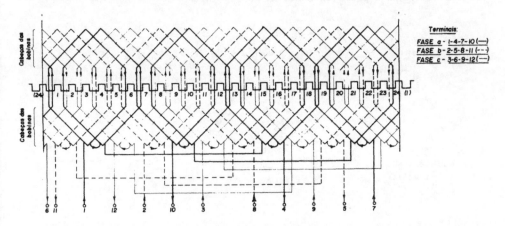

Figura 5.16 Diagrama planificado de um enrolamento trifásico simétrico de quatro pólos, com duas ranhuras por pólos e por fase, de dupla camada, passo de bobina de 1 a 6. Aí se nota bem a ocorrência de condutores de fases diferentes na mesma ranhura

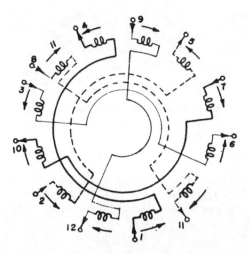

Figura 5.17 Representação circular, por grupos, do mesmo enrolamento de quatro pólos da Fig. 5.16. São doze grupos de bobinas, com duas bobinas cada grupo, pertencendo quatro grupos a cada fase. Aí se nota bem a possibilidade de ligação em série-paralelo, em cada fase

Na Fig. 5.16 foram colocadas setas nos condutores da fase *a* desde o terminal 1 até o terminal 4, e do terminal 7 até o terminal 10 para se notar a configuração de 4 pólos magnéticos. Se conectarmos 4 com 7, teremos a fase *a* em ligação em série. Se conectarmos 1 com 7 e 4 com 10, teremos a fase *a* com duas vias, ou ramos, em paralelo. Vale o mesmo para as fases *b* e *c*. Com as possibilidades em triângulo e em estrela resultam quatro ligações possíveis, como as da Fig. 5.18.

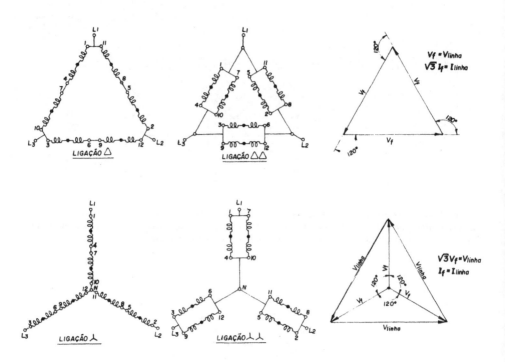

Figura 5.18 Disposição das fases em triângulo, em série e paralelo, e estrela, em série e paralelo, que, com os valores numéricos deste exemplo, resultarão em tensões de linha, respectivamente, de 440 V, 220 V, 760 V e 380 V

2a) Quando o rotor de quatro pólos girar, ele induzirá dois ciclos de f.e.m. nos condutores do induzido em cada volta completa. Logo, com *n* rotações por segundo ele induzirá 2*n* ciclos por segundo. Se fizermos o raciocínio para 2*p* pólos, chegaremos à expressão

$$f = pn, \tag{5.70}$$

que coincide com a (5.46).

Como 1 800 rpm corresponde a 30 rps, temos

$$f = 2 \times 30 = 60 \text{ Hz}.$$

Geradores e motores síncronos polifásicos

2b) Em vazio, temos $E = V$ (ausência de qualquer queda de tensão interna). Então, pela expressão (5.42), teremos a tensão em cada fase com ligação, em dois ramos, em paralelo. Além disso, pelo exposto em 5.8.3, temos

$$\frac{E}{2} = \frac{V_0}{2} = 4,44 f \frac{N}{2} \phi_0 k_e.$$

Calculemos antes os fatores de enrolamento para a fundamental e para a terceira e quinta harmônicas.

Com $Q = 24$ ranhuras, $2p = 4$ pólos e $m = 3$ fases, teremos

$$q = \frac{24}{4 \times 3} = 2 \text{ ranhuras/pólo/fase}.$$

O passo de ranhuras (para $q = 2$) e o ângulo de encurtamento são

$$\Delta = \frac{2p \times 180° \text{ magnéticos}}{Q} = \frac{60}{q} = \frac{60}{2} = 30° \text{ magnéticos}$$

$$\delta = (1 - 5/6) 180° = 30° \text{ magnéticos}.$$

Pelas expressões (5.49), (5.64) e (5.69), temos para $h = 1$,

$$k_{e1} = 0,966 \times 0,966 = 0,933;$$

para $h = 3$,

$$k_{e3} = 0,707 \times 0,707 = 0,500;$$

para $h = 5$,

$$k_{e5} = 0,259 \times 0,259 = 0,067.$$

Calculemos o número de espiras por fase, ou seja,

$$N = \frac{\text{número de ranhuras} \times \text{número de espiras para cada ranhura}}{\text{número de fases}}.$$

Como o número de espiras para cada ranhura é metade do número de condutores, vem

$$N = \frac{24 \times 246/2}{3} = 984 \text{ espiras por fase}.$$

Como as f.e.m. que vamos calcular são induzidas pelo fluxo indutor (fundamental e harmônicas), elas terão freqüências da fundamental e das harmônicas do fluxo indutor.

Logo, para $h = 1$, $h = 3$ e $h = 5$, teremos, para cada fase ligada em duas vias em paralelo,

$$\frac{V_{01}}{2} = 4,44 \times 60 \times \frac{984}{2} \times 1,8 \times 10^{-3} \times 0,933 = 220,1 \text{ V}$$

A freqüência para as f.e.m. de terceira e quinta harmônicas, induzidas pelos fluxos de terceira e quinta, produzidos pelo indutor, são três e cinco vezes maior que a freqüência da fundamental, porque essa distribuição de três e cinco vezes o número de pólos da fundamental é arrastada na mesma rotação dos pólos da fundamental. Vimos, no exemplo 5.2, que isso não acontecia quando as harmônicas de fluxo eram produzidas pelo próprio induzido, pois as distribuições de campo de três e cinco vezes mais pólos giravam com 1/3 e 1/5 da velocidade fundamental.

$$\frac{V_{03}}{2} = 4{,}44\,(3 \times 60)\,\frac{984}{2} \times \frac{1}{30}\,1{,}8 \times 10^{-3} \times 0{,}500 = 11{,}8\,\text{V},$$

$$\frac{V_{05}}{2} = 4{,}44\,(5 \times 60)\,\frac{984}{2} \times \frac{1}{30}\,1{,}8 \times 10^{-3} \times 0{,}067 = 2{,}63\,\text{V}.$$

Como se vê, as harmônicas de f.e.m. foram bastante atenuadas, enquanto que a fundamental foi pouco atenuada pelo fator de enrolamento.

Nota-se que existem outros passos de bobina que podem produzir $k_c = 0$. Por exemplo, 2/3 de 180° = 120°, que resultaria $k_{c3} = 0$ para a terceira harmônica. Isso anularia a f.e.m. induzida pela terceira harmônica de fluxo do indutor.

Como o valor eficaz da resultante é dado por

$$\frac{V_0}{2} = \sqrt{\left(\frac{V_{01}}{2}\right)^2 + \left(\frac{V_{03}}{2}\right)^2 + \left(\frac{V_{05}}{2}\right)^2}, \tag{5.70a}$$

teremos os quadrados de V_{03} e V_{05} desprezíveis em face de V_{01}^2. Para todos os efeitos práticos, teremos apenas o valor eficaz da fundamental, ou seja,

$$\frac{V_0}{2} = 220\,\text{V}.$$

Para as bobinas ligadas em série teremos, por fase, o dobro do valor anterior, isto é,

$$V_0 = E_a = E_b = E_c = 440\,\text{V}.$$

2c) Pelas Figs. 5.18 deduzimos as tensões de linha ou seja:
para Δ em série,

$$V_{linha}\Delta = V_{fase} = V_0 = 440\,\text{V};$$

para Δ paralelo (ΔΔ),

$$V_{linha}\Delta\Delta = \frac{V_0}{2} = 220\,\text{V};$$

para 人 série teremos,

$$V_{linha}人 = \sqrt{3}\,V_{linha}\Delta = 760\,\text{V};$$

para 人 paralelo (人人),

$$V_{linha}人人 = \sqrt{3}\,V_{linha}\Delta\Delta = 380\,\text{V}.$$

Notas. Nas ligações 人 é possível utilizar-se o neutro (*N*) como quarto condutor do sistema trifásico. Nos sistemas simétricos, a tensão de linha para neutro, será a própria V_{fase}.

2. Nas disposições trifásicas, as terceiras harmônicas de f.e.m., na realidade, não comparecem na tensão de linha, embora possam existir nas tensões de fase, pois são três f.e.m. defasadas entre si 3 × 120° (360° ≡ 0°) e não 120° ou 5 × 120° como acontece com as três f.e.m. de fundamental e de quinta harmônica. Assim sendo, se tomássemos dois terminais de linha da disposição 人, teríamos duas fontes de f.e.m. em fase, mas dispostas em oposição, dando tensão resultante nula para a terceira harmônica. Se tomássemos a disposição Δ, teríamos três f.e.m. em fase, dispostas em série, que podem fazer circular corrente de terceira harmônica internamente ao Δ, consumindo-as totalmente em queda de tensão na impedância interna, não aparecendo, portanto, nos terminais de linha. Dessa maneira, num processo mais rigoroso, o termo V_{03} deve ser omitido na (5.70a), quando se calcular a tensão de linha.

Geradores e motores síncronos polifásicos 261

3. Para essa questão não interessa o tipo de ligação. No enunciado foi escolhida a ligação triângulo-série, supondo-se que a tensão nos terminais do alternador em carga fosse 440 V. Pode ficar a cargo do aluno mostrar que, para as outras ligações, não se altera o pico da f.m.m., desde que a tensão nos terminais, em carga, acompanhe as relações próprias das ligações da Fig. 5.18.

Como a potência nominal é dada em valor aparente, vem

$$S = \sqrt{3}\, V_{linha}\, I_{linha} = (V_{fase}\, I_{fase})\, 3$$

A corrente nas bobinas é I_{fase}, isto é,

$$I_f = \frac{3\,000}{3 \times 440} = 2{,}28 \text{ A.}$$

Podemos tomar a expressão (5.43) e generalizá-la para p pares de pólos, ou seja,

$$H_{1\,pico} = \frac{3}{2}\, \frac{4}{\pi} \left(\frac{1}{2e}\, \frac{N}{p}\, I_{f\,max} \right). \tag{5.71}$$

Para a f.m.m. por pólo aplicada ao entreferro (diferença de potencial magnético no entreferro), basta multiplicar $H_{1\,pico}$ por e. Temos, então,

$$\mathscr{F}_{e1} = \frac{3}{2}\, \frac{4}{\pi} \left(\frac{1}{2}\, \frac{N}{p}\, I_{max} \right). \tag{5.72}$$

$$\mathscr{F}_{e1} = \frac{3}{2}\, \frac{4}{\pi} \left[\frac{1}{2}\, \frac{984}{2}\, (\sqrt{2} \times 2{,}28) \right] = 1\,506 \text{ Ae.}$$

Essa seria, porém, a f.m.m. se o enrolamento fosse concentrado e de passo pleno. No caso presente, teremos para a fundamental, de acordo com 5.8.3, o mesmo fator de enrolamento da f.e.m. Logo,

$$\mathscr{F}_{e1} = 1\,506 \times 0{,}933 = 1\,403 \text{ Ae.}$$

A terceira harmônica de f.m.m. será naturalmente nula no campo resultante rotativo do induzido (veja o item b dos comentários do Exemplo 5.2).
Para a quinta harmônica de f.m.m., vem

$$\mathscr{F}_{e5} = \frac{1}{5}\, \mathscr{F}_{e1}\, K_{e5}, \tag{5.73}$$

$$\mathscr{F}_{e5} = \frac{1}{5} \times 1\,506 \times 0{,}067 = 18{,}8 \text{ Ae.}$$

De posse das f.m.m., poderíamos calcular os H, B e fluxo ϕ_a se o enunciado do problema tivesse fornecido o valor da espessura do entreferro, o comprimento e o diâmetro interno do estator.

Aqui cabem duas perguntas: se em carga aparece a f.m.m. do induzido, como ela interagirá com a f.m.m. do indutor? A mesma f.m.m. do indutor que provocava $V_0 = 440$ V nos terminais seria suficiente para provocar $V_{carga} = 440$ V? É o que veremos a seguir.

5.9 REPRESENTAÇÃO DAS MÁQUINAS SÍNCRONAS POLIFÁSICAS

O caso mais freqüente é o trifásico e a representação é a da Fig. 5.19(a). É claro que o induzido pode eventualmente ser disposto em triângulo, mas é possível procurar o enrolamento em estrela equivalente. O caso difásico está representado na Fig. 5.19(b),

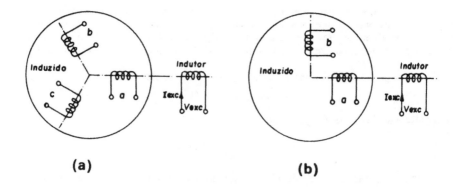

Figura 5.19 Representação simbólica: (a) máquina síncrona trifásica, (b) máquina síncrona difásica

embora a máquina síncrona difásica seja rara. O maior interesse da representação difásica está na transformação da máquina trifásica em difásica, pois é possível também transformar um enrolamento trifásico em um difásico equivalente. Isso é de interesse na teoria geral das máquinas elétricas (3) (29) onde uma das mais importantes transformações é a *transformação de Park*, nas máquinas síncronas.

5.10 OS FLUXOS DA MÁQUINA SÍNCRONA E SEUS EFEITOS

Na máquina síncrona, funcionando em carga, seja como gerador ou como motor, existe um fluxo magnético resultante das ações das várias f.m.m. Porém, para efeito de desenvolvimento teórico, podemos tratar cada componente de fluxo e seus efeitos, como se agissem isoladamente. As estruturas magnéticas serão consideradas, por ora, lineares, e as distribuições espaciais de $\mathcal{F}$, H e B, senoidais.

A Fig. 5.20 procura mostrar de maneira esquemática as várias componentes de fluxo. Suponhamos que exista uma situação de funcionamento como gerador síncrono em que o induzido lança (ou emite), as correntes trifásicas I_a, I_b e I_c, e que os fluxos sejam os representados na Fig. 5.20. Nessa figura estão representadas apenas as ranhuras da fase a, que estão mais ou menos em frente de uma peça polar do indutor. Embora no desenho o rotor seja do tipo de pólos salientes, ele poderia ser também do tipo cilíndrico. Para as outras fases existirão situações semelhantes em outros instantes, mas tudo o que ocorrer na fase a, ocorrerá nas fases b e c.

Se a corrente contínua de excitação agisse isoladamente, teríamos apenas a f.m.m. $\mathcal{F}_0$ e o fluxo ϕ_0 por pólo do indutor, chamado também de *fluxo de excitação*. Se as correntes polifásicas do induzido, seja de um gerador ou um motor síncrono em carga, agissem isoladamente, teríamos uma f.m.m. $\mathcal{F}_a$ suposta distribuída senoidalmente no entreferro, e um fluxo por pólo do induzido, chamado *fluxo de reação da armadura* (ϕ_a). Esse fluxo apresenta uma parcela que irá concatenar-se com o próprio enrolamento induzido e com o enrolamento indutor, a essa parcela denominaremos *fluxo mútuo da reação da armadura* (ϕ_{ma}). Apresenta outra parcela, que irá concatenar-se apenas com o enrolamento induzido, a qual chamaremos de *fluxo de dispersão da reação da armadura* ou simplesmente *fluxo de dispersão* (ϕ_d). Esse fluxo pode apresentar o trajeto de suas linhas em parte no ar e em parte no material ferromagnético em volta das ranhuras

Geradores e motores síncronos polifásicos **263**

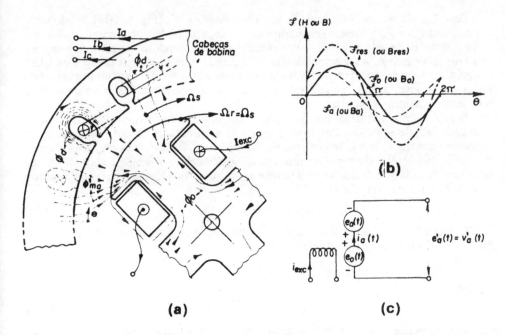

Figura 5.20 (a) Representação esquemática, transversal, de um trecho de uma máquina síncrona de quatro pólos, mostrando as linhas das componentes de fluxo numa determinada condição de funcionamento, (b) Representação retificada, para essa condição de funcionamento, das distribuições de $\mathscr{F}$ (H ou B) produzidas no entreferro pelo indutor ($\mathscr{F}_0$), pelo induzido ($\mathscr{F}_a$) e resultante ($\mathscr{F}_{res}$). (c) Circuito mostrando composição das f.e.m

(veja a Fig. 5.20); ou inteiramente no ar, em volta das cabeças de bobinas. O cálculo e a configuração dos fluxos de dispersão das máquinas síncronas e assíncronas são mais ou menos complexos, e são vistos nas obras especializadas em projeto de máquinas elétricas, como, por exemplo, (12).

Suponhamos que não haja variação da corrente contínua do indutor e nem do valor eficaz das correntes polifásicas do induzido, logo, não haverá variação das amplitudes dos fluxos rotativos ϕ_a e ϕ_0 e não haverá indução de f.e.m. variacionais nos enrolamentos. Porém, tanto o fluxo rotativo da reação do induzido, como o fluxo rotativo de excitação (indutor girando com velocidade síncrona) induzem f.e.m. mocionais nas espiras de cada fase do enrolamento induzido. Porém, em relação ao enrolamento indutor, os dois fluxos são estacionários e, portanto, não têm efeito sobre ele.

Seja e_0 a f.e.m. induzida, por fase, pelo fluxo concatenado com o induzido ($\lambda_0 = N\phi_0$) e cujo cálculo, para regime senoidal, já conhecemos das seções e capítulos anteriores. Essa f.e.m. depende da corrente de excitação (I_{exc}) e não da corrente de induzido (I_a). Ela será encarada com uma fonte ($e_0 = -d\lambda_0/dt$) e, portanto, atrasada 90° em relação a λ_0. É a tensão que irá se manifestar nos terminais da máquina síncrona com o induzido em circuito aberto.

Seja e_a a f.e.m. induzida por fase, pelo fluxo concatenado ($\lambda_a = N\phi_a$) da reação de armadura. Como depende da corrente I_a, ela será encarada como uma queda de tensão ($e_a = d\lambda_a/dt$) provocada pela corrente I_a, por motivos que serão melhor apreciados na Seç. 5.11. Será portanto avançada 90° em relação a λ_a.

Seja $\mathscr{F}_{res}$ a f.m.m. resultante da composição de $\mathscr{F}_0$ e $\mathscr{F}_a$ [Fig. 5.20(b)]. Sendo essas f.m.m. rotativas e distribuídas senoidalmente no espaço, podem ser representadas por vetores girantes de velocidade Ω_s e de módulos iguais aos valores de pico. A composição vetorial determina a f.m.m. resultante, $\mathscr{F}_{res}$ e será apresentada nos parágrafos 5.13.1 e seguintes. A f.m.m. resultante provoca o fluxo resultante. Sendo a estrutura magnética linear a composição será válida também para os fluxos parciais. Assim sendo o fluxo resultante ϕ_{res} será composição de ϕ_0 com ϕ_a.

Seja e'_a a f.e.m. induzida, por fase, pelo fluxo resultante concatenado ($\lambda_{res} = N\phi_{res}$) com cada fase do induzido, Portanto e'_a será a f.e.m. resultante de cada fase, quando a máquina síncrona estiver com corrente no induzido. Se não levarmos em conta o efeito da resistência ôhmica do enrolamento, essa e'_a aparecerá com tensão resultante v'_a nos terminais de cada fase. Sendo e_0 uma fonte e e_a uma queda de tensão, teremos, de acordo com o circuito da Fig. 5.20(c),

$$v'_a(t) = e'_a(t) = e_0(t) - e_a(t) \tag{5.74}$$

Como o fluxo ϕ_a é a soma de ϕ_{ma} e ϕ_d, teremos e_a como uma soma da f.e.m. do fluxo mútuo e da f.e.m. do fluxo de dispersão:

$$e_a(t) = e_{ma}(t) + e_{da}(t). \tag{5.75}$$

Portanto

$$v'_a(t) = e_0(t) - [e_{ma}(t) + e_{da}(t)]. \tag{5.76}$$

Para o regime permanente senoidal basta transformar a expressão (5.76) para fasores (veja Apêndice 1), ou seja,

$$\dot{V}'_a = \dot{E}'_a = \dot{E}_0 - [\dot{E}_{ma} + \dot{E}_{da}] = \dot{E}_0 - \dot{E}_a. \tag{5.77}$$

Escrevendo (5.77) de outra forma, podemos dizer que o valor eficaz da tensão V_0 que irá se manifestar em vazio, quando se abrir o circuito do induzido de uma máquina síncrona que está com tensão $\dot{V}'_a$ nos terminais, será

$$|\dot{V}_0| = |\dot{E}_0| = |\dot{V}'_a + \dot{E}_a|. \tag{5.78}$$

Nota. Em módulo, a tensão V_0 que ocorrerá em vazio, nem sempre será maior do que a V'_a que ocorre em carga. Poderá ser igual ou mesmo menor, dependendo das relações de módulo e fase da corrente do induzido com a tensão V'_a. Nos próximos parágrafos esse problema será devidamente examinado.

5.11 REATÂNCIAS E RESISTÊNCIAS EQUIVALENTES. CIRCUITO EQUIVALENTE DA MÁQUINA SÍNCRONA DE INDUTOR CILÍNDRICO EM REGIME PERMANENTE SENOIDAL

Tomemos uma máquina síncrona de indutor cilíndrico (liso) para que não haja direções preferenciais de relutância oferecida aos fluxos magnéticos e, conseqüentemente, não haja variação das indutâncias próprias dos enrolamentos segundo qualquer eixo.

Como na teoria do transformador, aqui também é muito conveniente encarar as f.e.m.: $\dot{E}_{ma}$ e $\dot{E}_{da}$ como quedas de tensão em parâmetros reativos indutivos. Tomemos os valores de f.e.m. e corrente por fase. Ora, se e_{ma} e e_{da} são induzidas pelos fluxos de reação da armadura ϕ_{ma} e ϕ_d, elas são defasadas 90° com relação a esses fluxos, e como fasores, elas podem ser escritas em função dos fluxos concatenados que variam com freqüência angular ω:

$$\dot{E}_{ma} = j\omega\dot{\lambda}_{ma}; \quad \dot{E}_{da} = j\omega\dot{\lambda}_{d}; \quad \dot{E}_{a} = j\omega\lambda_{a} \tag{5.79}$$

Sendo I_a a corrente por fase do induzido, os fluxos concatenados, $N\phi_{ma}$ e $N\phi_d$, serão proporcionais (estrutura magnética suposta linear) à corrente I_a. Se chamarmos essas constantes de proporcionalidade de *indutância de magnetização do induzido* (ou indutância de magnetização da reação de armadura) e *indutância de dispersão do induzido* (ou indutância de dispersão da reação da armadura), teremos, por (5.79),

$$\dot{E}_{ma} = j\omega L_{ma} \dot{I}_a = jX_{ma}\dot{I}_a, \tag{5.80}$$

$$\dot{E}_{da} = j\omega L_{da} \dot{I}_a = jX_{da}\dot{I}_a. \tag{5.81}$$

Conseqüentemente, para a soma de $\dot{E}_{ma}$ e $\dot{E}_{da}$, teremos

$$\dot{E}_a = j(X_{ma} + X_{da})\dot{I}_a = jX_s\dot{I}_a. \tag{5.82}$$

A reatância equivalente $X_s = \omega L_s$ recebe, na técnica de máquinas elétricas, o nome de reatância síncrona, por fase, da máquina síncrona de indutor cilíndrico. L_s é a indutância síncrona.

Assim sendo, a expressão (5.77) pode ser escrita como

$$\dot{E}_0 = \dot{V}'_a + jX_{ma}\dot{I}_a + jX_{da}\dot{I}_a = \dot{V}'_a + jX_s\dot{I}_a. \tag{5.83}$$

Normalmente a reatância X_{ma} tem um valor muito maior que X_{da}, e como primeira aproximação costuma-se fazer

$$X_s \cong X_{ma}. \tag{5.84}$$

Como ordem de grandeza, X_s é cinco a dez vezes maior que X_{da}. Se tomarmos como base a impedância Z_b que resulta da relação entre a tensão nominal e a corrente nominal por fase da máquina, teremos; nos casos mais comuns, X_s da ordem de 0,9 a 1,2 p.u. e X_{da} da ordem de 0,1 a 0,2 p.u., ou seja, X_s é da ordem de Z_b ao passo que X_{da} é da ordem de 15 % de Z_b (veja valores p.u. na Seç. 2.12).

Devemos notar, entretanto, que cada fase do induzido apresenta uma resistência ôhmica R_a (valor efetivo) que produz uma queda de tensão ΔV_R devido à corrente I_a. Logo, a tensão final nos terminais da máquina síncrona com corrente de fase I_a, não será V'_a, mas sim V_a

$$\dot{V}_a = \dot{V}'_a - R_a\dot{I}_a, \tag{5.85}$$

que, substituída em (5.83), produz

$$\dot{E}_0 = \dot{V}_a + (R_a + jX_s)\dot{I}_a. \tag{5.86}$$

A expressão (5.86) sugere o circuito da Fig. 5.21(a), que será, então, chamado de circuito equivalente, por fase, da máquina síncrona de indutor liso em regime senoidal permanente. A f.e.m. comparece no circuito como uma tensão que lança, ou emite, corrente I_a para os terminais A, B.

Nas máquinas síncronas de pequena potência, a resistência R_a já é normalmente pequena relativamente a X_s, porém, nas máquinas médias e grandes, a diferença se acentua, podendo ser cem vezes menor. Assim sendo, pode-se usar para muitas finalidades o circuito equivalente aproximado da Fig. 5.21(b), onde V'_a se confunde com V_a.

Costuma-se ainda caracterizar mais uma tensão V_e no circuito equivalente da Fig. 5.21(a), chamada *tensão de entreferro* (ou tensão dos fluxos do entreferro). Ela é uma tensão resultante das f.e.m dos fluxos que atravessam o entreferro (E_0 e E_{ma}), visto que o fluxo de dispersão praticamente não ultrapassa o entreferro.

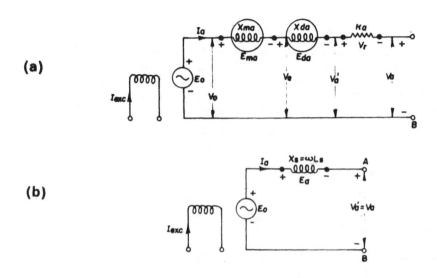

Figura 5.21 (a) Circuito equivalente, por fase, da máquina síncrona de indutor cilíndrico, em regime permanente senoidal; (b) circuito equivalente aproximado, omitindo-se a resistência R_a.

Como já foi devidamente exposto no Cap. 2, referente ao circuito equivalente do transformador, analogamente para a máquina síncrona (e para a máquina assíncrona que veremos no próximo capítulo) esses circuitos são de parâmetros concentrados e servem para traduzir, ou simular, do ponto de vista elétrico, o funcionamento da máquina vista de seus terminais.

Na realidade física da máquina, tanto a f.e.m. E_0 como a f.e.m. E_a (que foi interpretada como *queda de tensão* em uma reatância equivalente X_s) estão distribuídas no enrolamento do induzido em carga, e o que aparece nos terminais é a composição das duas f.e.m. Esses circuitos equivalentes envolvem tensões, correntes e potências, por fase, de uma máquina síncrona simétrica, equilibrada, em regime permanente senoidal. Os casos com assimetrias são tratados com a técnica dos componentes simétricos [veja a referência (16)]. Alguns fenômenos transitórios mais importantes serão citados neste capítulo, mas para um tratamento específico de máquinas elétricas, sugerimos a referência (32).

5.12 A MÁQUINA SÍNCRONA EM UM SISTEMA DE POTÊNCIA

A máquina síncrona na verdadeira acepção da palavra, só tem significado quando ligada a uma fonte de tensão que imponha à máquina uma tensão de valor eficaz constante e freqüência constante, isto é, uma fonte que praticamente desconheça a presença da máquina em estudo, quanto às suas variações de carga. Na prática um sistema de grande potência que possua grandes geradores, motores e cargas variadas, pode ser considerado infinito [barramento infinito na Fig. 5.22(a)] em relação a uma das máquinas consideradas. Uma máquina com indutor excitado com C.C., funcionando como gerador, alimentando uma carga passiva, completamente isolada de um sistema que

Geradores e motores síncronos polifásicos **267**

imponha tensão e freqüência, não corresponde plenamente àquilo que temos chamado de máquina síncrona. Vejamos os dois casos. Se a freqüência de um sistema infinito for designada por f, uma máquina síncrona de p pares de pólos a ela ligada, quer esteja funcionando como motor quer como gerador, somente apresentará conjugado médio não-nulo se a freqüência de rotação do rotor for

$$n_r = \frac{f}{p} = n_s.$$

Por outro lado um gerador alimentando uma carga passiva e acoplado, por exemplo a um motor diesel [Fig. 5.22(b)] apresentará conjugado médio em qualquer velocidade que o motor lhe imponha. A freqüência da tensão de saída do gerador é que será ditada pela freqüência de rotação do rotor.

$$f = pn_r.$$

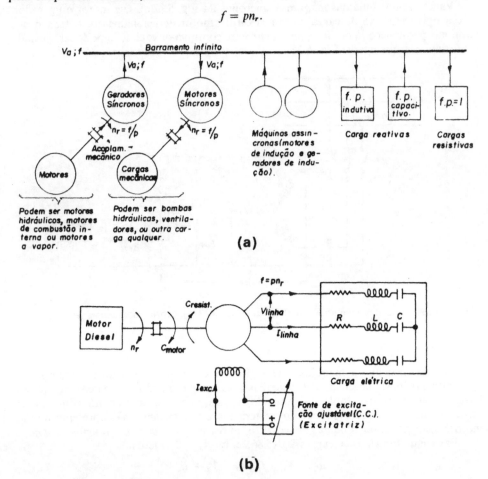

Figura 5.22 (a) Representação unifilar de um sistema de potência simplificado; (b) uma máquina síncrona alimentando uma carga isolada do sistema de potência

É claro que, em cada velocidade, a interação entre os campos rotativos, a qual produz o conjugado, é idêntica ao caso da máquina ligada a um sistema, valendo o mesmo princípio de funcionamento.

Com a finalidade de diferenciar os dois casos, reservaremos para esse funcionamento a denominação de *gerador de tensão alternativa*, ou simplesmente *alternador*, visto que aí não há possibilidade de ser motor. Para o funcionamento ligado à linha infinita, reservaremos as denominações de *motor síncrono* e *gerador síncrono* (máquina síncrona) e serão examinados a partir da próxima seção.

5.13 A MÁQUINA SÍNCRONA DE INDUTOR CILÍNDRICO, COM POTÊNCIA MECÂNICA NULA E SEM PERDAS, LIGADA A BARRAMENTO INFINITO

Vamos tomar uma das máquinas síncronas da Fig. 5.22(a), seja motor ou gerador, e desacoplar seu eixo da carga mecânica ou do motor de acionamento. A tensão nos terminais permanece V_a por fase, mas a corrente contínua de excitação pode ser ajustada conforme o esquema da Fig. 5.23.

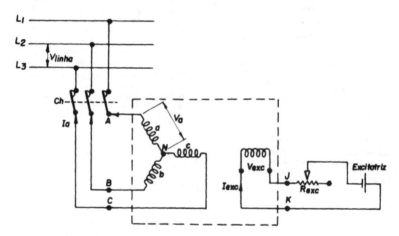

Figura 5.23 Uma das máquinas síncronas da Fig. 5.22 (a) considerada separadamente

Suponhamos que a máquina esteja girando em regime permanente. Como não apresenta potência mecânica útil e nem perdas (perdas mecânicas, perdas no núcleo ferromagnético, perdas Joule no induzido) a máquina não apresentará componente ativa na corrente do induzido, não converterá energia e, portanto, não apresentará ação motora nem geradora. Poderá, no entanto, apresentar corrente puramente reativa.

Para isso tomemos a expressão (5.86) com $R_a = 0$ e teremos

$$\dot{E}_0 = \dot{V}_a + jX_s \dot{I}_a = \dot{V}_a + \dot{E}_a.$$

A partir daí, teremos, para a corrente de fase do induzido,

$$\dot{I}_a = \frac{\dot{E}_0 - \dot{V}_a}{jX_s} = -j\frac{\dot{E}_0 - \dot{V}_a}{X_s} = -j\frac{\dot{E}_a}{X_s}. \tag{5.87}$$

Geradores e motores síncronos polifásicos

Como se nota a corrente é provocada pela diferença $\dot{E}_0 - \dot{V}_a$ e está dela atrasada por um ângulo de 90°. Essa diferença pode ser positiva, nula ou negativa. Como a corrente I_a, no caso desta seção, não tem componente ativa, ela será também defasada 90° de $\dot{V}_a$ e $\dot{E}_0$, donde se conclui que $\dot{E}_0$ e $\dot{V}_a$ estão em fase. Para que houvesse componente ativa na corrente $\dot{I}_a$, as tensões $\dot{E}_0$ e $\dot{V}_a$ não poderiam estar em fase. Vejamos o que acontece com vários graus de excitação neste caso de $\dot{E}_a$ e $\dot{V}_0$ em fase.

5.13.1 EXCITAÇÃO NORMAL ($E_0 = V_a$)

Suponhamos inicialmente que se acerte a corrente de excitação num valor que produza uma f.m.m. $\mathscr{F}_0$, um fluxo por pólo ϕ_0 e um fluxo concatenado $N\phi_0$ em cada fase, suficiente para provocar uma f.e.m. E_0 igual à tensão da linha V_a [Figs. 5.24(a) e (b)]. Isso significa que, se abrirmos a chave Ch da Fig. 5.23, a máquina continuará com tensões nos terminais ABC, iguais às da linha L_1, L_2 e L_3.

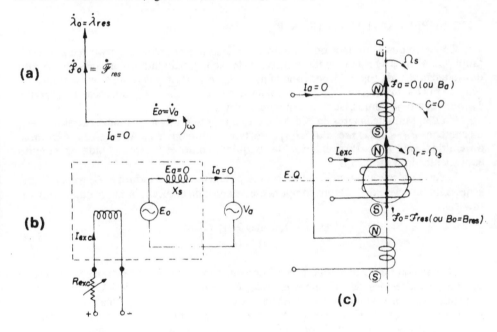

Figura 5.24 Máquina síncrona em flutuação no sistema. (a) Diagrama de fasores, (b) circuito equivalente sem R_a, (c) posição relativa dos campos rotativos, que neste caso se resume a apenas B_o e ϕ_o.

Nessa situação, conclui-se pela expressão (5.87) que $E_a = 0$ e, portanto, $\lambda_a = 0$, ou seja, o fluxo concatenado resultante será o próprio λ_0. A corrente I_a é nula e diz-se estar a máquina "flutuando na linha", ou em "flutuação". O estabelecimento das densidades de fluxo, no ferro e no entreferro, que resultam em ϕ_0, é inteiramente obtido pela f.m.m. $\mathscr{F}_0$, ou seja, pela corrente contínua de magnetização extraída da fonte de excitação. A máquina está totalmente em vazio, tanto do ponto de vista de potência ativa como de reativa, ou seja, $P = 0$ e $Q = 0$.

Como sabemos, o diagrama de fasores [Fig. 5.24(a)] é uma representação gráfica dos módulos e dos ângulos de fases, no tempo, das f.e.m., fluxos, correntes, etc. Uma representação espacial simples e interessante, é a do confronto entre as f.m.m. relativas apresentadas como vetores que caracterizam suas direções e sentidos no espaço (veja seç. 5.10). A representação é a da Fig. 5.24(c). Como o sistema é considerado linear, a composição pode ser estendida para os B e os ϕ. Essa representação nada mais é que a simulação da máquina síncrona por meio de dois enrolamentos rotativos (indutor e induzido), girando a mesma velocidade e, portanto, estacionários um relativamente ao outro, como foi apresentado no *princípio de funcionamento* da máquina síncrona no final do Cap. 4. Para este parágrafo essa representação não apresenta grande interesse, mas, nos próximos parágrafos ela será muito útil, principalmente para caracterizar as condições de motor e gerador síncronos. Nessa figura estão designados por E.D. e E.Q. o eixo direto e o eixo quadratura, que são, respectivamente, o eixo segundo a linha central do enrolamento indutor e o eixo transversal a essa linha.

5.13.2 SUPEREXCITAÇÃO ($E_0 > V_a$)

Conservemos V_a no mesmo valor anterior. Isso importa em conservar o fluxo resultante ϕ_{res}. Vamos agora aumentar a corrente de excitação do indutor, através do reostato de excitação R_{exc} da Fig. 5.23, para que a f.m.m. $\mathscr{F}_0$, e, portanto, ϕ_0 aumentem e produzam uma f.e.m. E_0 maior que V_a. Agora existe a diferença $\dot{E}_0 - \dot{V}_a$, provocando corrente $\dot{I}_a$, que, como já vimos, será puramente reativa.

No diagrama de fasores da Fig. 5.25(a) está representada a corrente $\dot{I}_a$ atrasada $(-j)$ da diferença $\dot{E}_0 - \dot{V}_a$ [expressão (5.87)] e, portanto, também de $\dot{V}_a$. A corrente $\dot{I}_a$ é lançada, ou emitida, por $\dot{E}_0$ para o exterior da máquina, como está representada no circuito equivalente da Fig. 5.25(b).

Portanto a máquina está emitindo uma potência reativa indutiva (Q) para a linha, e, nessa linha, deve existir algum componente receptor de natureza indutiva que a absorva, ou seja,

$$\left. \begin{array}{l} Q = V_a I_a \operatorname{sen} \varphi = V_a I_a \\ P = 0 \end{array} \right\}. \qquad (5.88)$$

Nessas condições a máquina está funcionando como *emissor de potência reativa indutiva*, e na técnica de máquinas elétricas é chamada emissor de kVAr indutivo. O induzido está em vazio, quanto à potência ativa, mas está em carga reativa. É como se fosse um gerador de C.A. sem perdas, alimentando uma carga puramente indutiva.

Nota-se que a quantidade de potência reativa emitida pode ser regulada pela corrente contínua de excitação. Quanto maior for I_{exc}, maior será E_0, como também Q. Essa condição é, às vezes, chamada de *capacitor síncrono*, pelo motivo de que se fizermos a corrente lançada, ou emitida, para a linha, como o negativo da corrente absorvida [trocar o sentido de I_a no circuito da Fig. 5.25(b)], teríamos uma corrente adiantada $(+j)$ na expressão (5.87), em vez de atrasada $(-j)$. Ou seja, se a máquina está emitindo corrente (ou potência) indutiva, está absorvendo ou recebendo corrente (ou potência) capacitiva, como se fosse um capacitor. As máquinas síncronas que funcionam continuamente nessa condição exigem uma maior quantidade de excitação, exigindo maior volume do indutor e maior custo. Nessa situação a f.m.m. $\mathscr{F}_a$ e o fluxo ϕ_a não são nulos, mas pelo contrário, eles são realmente uma reação contra $\mathscr{F}_0$ e ϕ_0 para que as diferenças $\mathscr{F}_0 - \mathscr{F}_a$ e $\lambda_0 - \lambda_a$ sejam respectivamente iguais a $\mathscr{F}_{res}$ e λ_{res}, que é o fluxo concatenado correspondente a V_a. A f.m.m. de reação da armadura $\mathscr{F}_a$, provocada por I_a, chama-se

Geradores e motores síncronos polifásicos

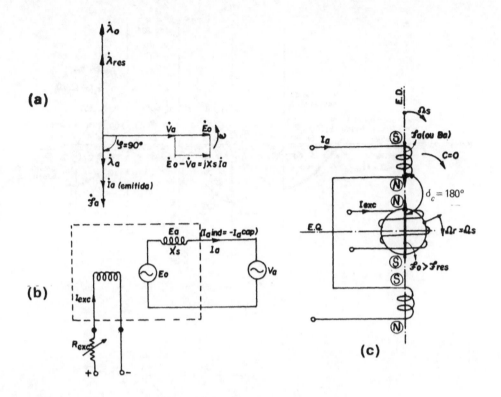

Figura 5.25 Máquina síncrona superexcitada, sem potência ativa. (a) Diagrama de fasores; (b) circuito equivalente em R_n; (c) posição relativa dos campos rotativos, que neste caso apresenta $\mathscr{F}_0$, $\mathscr{F}_a$ e $\mathscr{F}_{res}$.

neste caso, reação de armadura desmagnetizante. Isso pode ser visualizado na Fig. 5.25(c), que mostra $\mathscr{F}_0$ alinhada, mas em oposição com $\mathscr{F}_a$, e ambas agindo segundo o eixo direto (*ED*). O ângulo de conjugado (δ_c) entre as direções de $\mathscr{F}_0$ e $\mathscr{F}_a$ no espaço é, portanto, 180°, como era de se esperar nesta situação onde não existe potência mecânica (veja ângulo δ em 4.13.1 e 4.13.2, onde foi mostrado que, para os valores 0° e 180°, não havia conjugado desenvolvido). Fisicamente é simples verificar que, nesse caso, há uma oposição das f.m.m. $\mathscr{F}_0$ e $\mathscr{F}_a$ no espaço. Verifiquemos as Figs. 5.26(a) e (b). Nelas está representada a f.m.m. $\mathscr{F}_0$ e a conseqüente densidade de fluxo B_0 provocadas pelo indutor, como sendo distribuições senoidais espaciais rotativas com velocidade angular $\Omega_r = \Omega_s$, que, no caso de dois polos, coincide com a freqüência angular ω da corrente I_a. Essa f.m.m. poderia ser imaginada, no caso do indutor cilíndrico, como provocada por uma distribuição espacial de infinitos condutores cujas correntes fossem variando continuamente e senoidalmente ao longo da superfície do cilindro. Essas correntes do indutor estão representadas por um número finito de pequenos círculos com diâmetro variável ao longo do entreferro. A essa representação podemos chamar de representação pictórica da corrente do indutor.

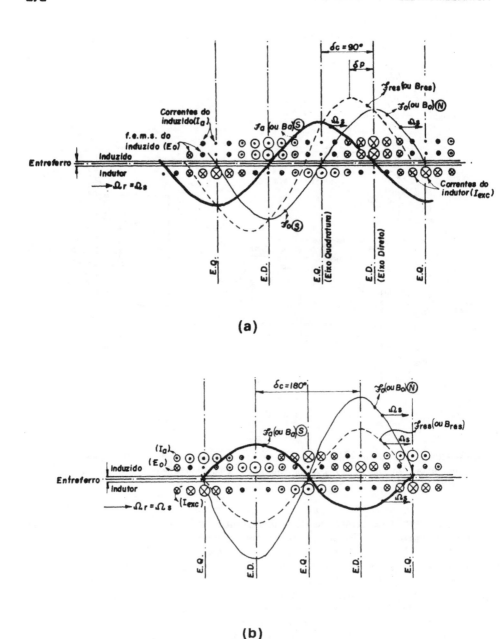

Figura 5.26 Representação retificada das distribuições espaciais de f.m.m., correntes e f.e.m. de uma máquina síncrona: (a) caso em que a corrente do induzido está em fase com a f.e.m. induzida por $\mathscr{F}_o$; (b) caso em que a corrente do induzido está atrasada da f.e.m. As letras N e S aplicadas a $\mathscr{F}_o$ significam pólos magnéticos N e S da superfície do cilindro indutor e quando aplicadas a $\mathscr{F}_a$ significam polaridades magnéticas da superfície do induzido

Vamos simular o enrolamento polifásico da armadura (enrolamento esse que produz distribuições espaciais de $\mathscr{F}_a$ e B_a rotativas e praticamente senoidais) a uma série de condutores distribuídos ao longo da superfície do cilindro do induzido. Se representarmos as correntes do induzido que produzem essa distribuição senoidal de $\mathscr{F}_a$ por pequenos círculos com diâmetro variando ao longo do cilindro, teremos a representação pictórica da corrente do induzido. Por outro lado, a distribuição de B_0, provocada por $\mathscr{F}_0$, induz f.e.m. no induzido que são máximas sob o valor máximo de B_0. Nessas figuras estão também as representações pictóricas da f.e.m. do induzido. Os sentidos (polaridades) dessas f.e.m. (marcadas com cruz e ponto) podem ser obtidos pelo produto $\overrightarrow{qu} \wedge \overrightarrow{B}$, considerando B_0 parada e os condutores movimentando-se da direita para a esquerda. Suponhamos agora que a Fig. 5.26(a) fosse de um caso em que a corrente do induzido estivesse em fase com a f.e.m. A distribuição de $\mathscr{F}_a$, como se conclui facilmente, estará centrada no eixo quadratura (E.Q.) e defasada de 90° do eixo direto (E.D.) que é a linha central de ação de $\mathscr{F}_0$. Mas a figura que interessa no momento é a Fig. 5.26(b). A 5.26(a) interessará posteriormente, quando estivermos considerando funcionamento com potência ativa.

Na Fig. 5.26(b) a distribuição de corrente está representada atrasada em 90° da distribuição de f.e.m. A corrente do induzido provoca uma distribuição de $\mathscr{F}_a$ agindo no eixo direto, centrada com $\mathscr{F}_0$ mas em oposição. É exatamente o caso focalizado neste parágrafo.

Na Fig. 5.26(b) pode-se apreciar a f.m.m. resultante. É ela que está relacionada com B_{res} e, portanto, com o fluxo resultante ϕ_{res}.

5.13.3 SUBEXCITAÇÃO ($E_0 < V_a$)

Conservando ainda V_a e, portanto, ϕ_{res}, vamos diminuir a corrente $\dot{I}_{exc}$ (Fig. 5.23) para que resulte numa E_0 menor que V_a. Assim sendo, a diferença $\dot{E}_0 - \dot{V}_a$ terá agora, no diagrama de fasores da Fig. 5.27(a), uma orientação contrária à do caso anterior. A corrente $\dot{I}_a$, que continuará atrasada $(-j)$ de $\dot{E}_0 - \dot{V}_a$, agora será logicamente avançada de $\dot{E}_0$ e de $\dot{V}_a$ e a máquina emite para a linha uma corrente capacitiva com ângulo de fase igual a 90° e uma potência reativa capacitiva que deve ser absorvida por algum componente do sistema. Equivale a estar absorvendo corrente (ou potência) reativa indutiva e essa situação pode ser chamada de *indutor síncrono* como se a máquina fosse um indutor ligado à linha. Pode ser chamada também de receptor de kVAr indutivo.

A carga reativa será portanto

$$Q = V_a I_a \operatorname{sen} \psi = V_a I_a, \qquad (5.89)$$
$$P = 0.$$

A quantidade de potência reativa indutiva absorvida depende da corrente I_{exc}. Na condição de subexcitação, quanto menor I_{exc} menor será E_0 e maior a potência indutiva absorvida.

Nas Figs. 5.27(c) e 5.28 nota-se que $\mathscr{F}_0$ e $\mathscr{F}_a$ continuam alinhadas, mas agora em concordância ($\delta_c = 0$). Isso significa que a f.m.m. $\mathscr{F}_0$, produzida pela corrente contínua é insuficiente para produzir a magnetização necessária para obtenção de ϕ_{res} que é o fluxo correspondente a V_a.

Então a máquina é obrigada a absorver uma corrente magnetizante (corrente reativa indutiva) para produzir uma $\mathscr{F}_a$ que somada a $\mathscr{F}_0$ resulte em $\mathscr{F}_{res}$ e ϕ_{res}. Nesse caso reação da armadura é dita magnetizante.

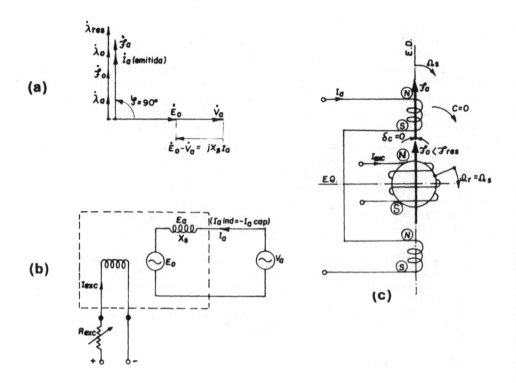

Figura 5.27 Máquina síncrona subexcitada sem potência ativa. (a) Diagrama de fasores; (b) circuito equivalente sem R_a; (c) posição relativa dos campos rotativos

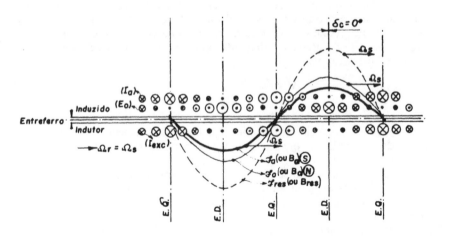

Figura 5.28 Representação análoga à da Fig. 5.26(b), porém com corrente do induzido avançada em relação a f.e.m

5.13.4 EXCITAÇÃO NULA ($E_0 = 0$)

Abrindo-se o circuito de excitação de corrente contínua, toda a magnetização tem que ser feita às custas de corrente magnetizante absorvida da linha. A máquina comporta-se, em cada fase, como um transformador monofásico em vazio (veja o Cap. 2). A reatância X_s confunde-se com a soma de $X_{1\,mag}$ e X_{d1} definidas para o transformador. No próximo capítulo será focalizada a máquina assíncrona e lá verificaremos que essa máquina, considerada sem perdas e girando em vazio, também tem o mesmo comportamento, oferecendo à linha uma reatância que é a soma da reatância de magnetização e de dispersão, e que nada mais é do que $X_s = X_{ma} + X_{da}$.

A máquina síncrona nesta condição será também um receptor de potência reativa indutiva. Dispensamos maiores comentários e apresentamos a Fig. 5.29. A representação espacial retificada das f.m.m., das correntes e f.e.m. é análoga à da Fig. 5.28, desde que se faça $\phi_0 = 0$.

A corrente emitida pela armadura será capacitiva. Fazendo $E_a = 0$ na (5.87), vem

$$\dot{I}_a = j\,\frac{\dot{V}_a}{X_s}. \qquad (5.90)$$

Essa corrente coincide com a corrente indutiva absorvida, $I_{1\,mag}$ (magnetizante).

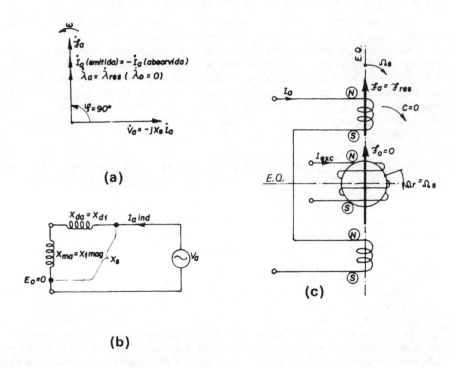

Figura 5.29 Máquina síncrona sem excitação e sem potência ativa. (a) Diagrama de fasores; (b) circuito equivalente sem R_a; (c) posição relativa dos campos rotativos, que, neste caso, se reduz a $\mathcal{F}_a$ e ϕ_a.

5.13.5 CURTO-CIRCUITO NOS TERMINAIS DO INDUZIDO ($V_a = 0$)

Suponhamos que a máquina esteja com excitação que produza E_0 e que aconteça um curto-circuito simétrico, isto é, um curto-circuito simultâneo nos três terminais A, B e C da Fig. 5.23. Certamente no sistema de potência, ao qual pertence a máquina em questão, deve haver elementos de proteção que façam desligar a máquina se o curto--circuito perdurar por um intervalo de tempo determinado. Imediatamente após a ocorrência do curto-circuito, verificam-se fenômenos transitórios que não serão focalizados por ora. Porém, após decorrer um certo intervalo de tempo (em geral menor que 1/5 de segundo), teremos um regime permanente, senoidal, em curto-circuito, ou seja, um curto-circuito permanente na máquina.

Nesse caso, a corrente I_a por fase, de acordo com (5.87), será

$$\dot{I}_a = \dot{I}_{acc} = -j \frac{E_0}{X_s}. \tag{5.91}$$

A intensidade dessa corrente de curto-circuito depende de E_0, ou seja, de I_{exc}. Para a excitação normal, que produz $E_0 = V_a$ nominal ($E_0 = 1$ p. u.) numa máquina que apresenta, por exemplo, $X_s = 0,9$ p. u., a corrente de curto-circuito permanente será $1/0,9 \cong 1,1$ p.u., ou seja, 1,1 vezes a corrente nominal. Se estivesse superecitada, tal que E_0 fosse 1,6 p.u., a corrente de curto-circuito seria 1,76 p.u.

Isso tudo sugere um método de medida do parâmetro X_s, chamado ensaio de curto--circuito, que será focalizado no final deste capítulo.

A corrente I_a é, então, uma corrente indutiva emitida para os terminais e sustentada por E_0. Como esse caso é na verdade uma particularização de 5.13.1 e 5.13.2, para $V_a = 0$, é fácil concluir o circuito equivalente, o diagrama de fasores e a confrontação entre os campos rotativos. Neste caso também teremos $\delta_c = 0$, e $\mathscr{F}_a$ agindo no eixo direto, em oposição a $\mathscr{F}_0$, ou seja, francamente desmagnetizante. Se desprezarmos as dispersões o fluxo resultante será nulo, isto é, o fluxo ϕ_a do induzido compensa totalmente o fluxo do indutor.

5.14 A MÁQUINA SÍNCRONA DE INDUTOR CILÍNDRICO, SEM PERDAS, LIGADA A BARRAMENTO INFINITO E APRESENTANDO POTÊNCIA MECÂNICA

Na Seç. 5.13, verificamos como a máquina síncrona, sem potência ativa, podia regular o fluxo de potência elétrica reativa no induzido (indutiva ou capacitiva) desde que se agisse no ajuste da corrente contínua de excitação. Agora vamos verificar como se pode regular o fluxo de potência elétrica ativa no induzido controlando-se a potência mecânica ativa no eixo da máquina síncrona.

Vamos tomar novamente a máquina síncrona utilizada no parágrafo anterior, conservando-a ligada à linha de tensão V_a e freqüência f, e vamos acoplar seu eixo a um dispositivo mecânico reversível (por exemplo, uma turbina hidráulica tipo Kaplan) que pode funcionar como motor hidráulico (turbina) ou como gerador hidráulico (bomba). Suponhamos que existam elementos elétricos ligados à linha que possam absorver ou emitir potência elétrica ativa para a máquina em questão. Se a máquina hidráulica estiver funcionando como motor, a máquina síncrona terá potência mecânica entrando pelo seu eixo e potência elétrica saindo pelos terminais do induzido e será um gerador síncrono: O conjugado desenvolvido pela máquina síncrona será um conjugado resistente manifestado no sentido contrário ao da rotação Ω_r.

Assim sendo o campo indutor girará adiantado por um ângulo δ_c, em relação ao campo do induzido, no sentido da rotação [Fig. 5.30(b)]. Em outras palavras, cada pólo do indutor é atraído por um pólo do induzido, no sentido de haver uma oposição ao movimento dos pólos do indutor.

A potência mecânica entrando na máquina síncrona será o produto do seu conjugado desenvolvido resistente pela velocidade angular $\Omega_r = \Omega_s$.

Quanto maior for o conjugado motor aplicado ao eixo do gerador síncrono, maior será o ângulo δ_c e maior a potência elétrica ativa transmitida para a linha. Esse aumento de conjugado motor, consegue-se, por exemplo, agindo-se sobre a admissão de água da turbina ou sobre a vazão de combustível nos motores de combustão.

Se a máquina hidráulica estiver funcionando como receptor mecânico (bomba hidráulica), a máquina elétrica será um motor síncrono e absorverá potência elétrica ativa da linha. O conjugado desenvolvido será um conjugado motor manifestado no mesmo sentido da rotação. Assim sendo, os pólos do induzido produzidos pela corrente I_a caminham à frente dos pólos do indutor, atraindo-os no seu sentido de rotação. Os pólos do induzido giram agora adiantados por um ângulo δ_c, em relação aos pólos do indutor [Fig. 5.32(b)]. A potência mecânica, saindo pelo eixo da máquina síncrona, será o produto do seu conjugado motor desenvolvido pela velocidade angular $\Omega_r = \Omega_s$. O motor síncrono aplicará um conjugado motor tanto maior quanto maior for o conjugado resistente da carga, ou em outras palavras, o motor síncrono responde com aumentos do ângulo δ_c aos aumentos do conjugado resistente da carga.

Vamos, em seguida, focalizar com mais pormenores o funcionamento como gerador síncrono e como motor síncrono.

5.14.1 FUNCIONAMENTO COMO GERADOR SÍNCRONO EM REGIME PERMANENTE

a) *Superexcitação*. Vamos de início supor uma superexcitação de C.C. de tal ordem que o gerador, além de fornecer a potência ativa à linha, emita potência reativa indutiva, isto é, que a corrente I_a enviada à linha tenha componente em fase ou ativa ($I_{a\,at}$), e componente reativa ($I_{a\,reat}$) atrasada de 90° relativamente a $\dot{V}_a$.

O circuito equivalente é o mesmo da Fig. 5.25(b), desde que não estamos considerando a resistência de armadura R_a. A única diferença é que agora I_a não é mais uma corrente puramente reativa. A equação da corrente por fase da armadura permanece sendo (5.87), isto é, a corrente ainda é provocada pela diferença $\dot{E}_0 - \dot{V}_a$ e como $\dot{I}_a$ tem componente em fase com $\dot{V}_a$, é fácil de concluir que $\dot{E}_0$ e $\dot{V}_a$ não mais estarão em fase. O diagrama fasorial é o da Fig. 5.30(a).

As potências elétricas, ativa, reativa e aparente, fornecidas à linha serão

$$P = V_a I_a \cos \varphi_G = V_a I_{a\,at},$$
$$Q = V_a I_a \operatorname{sen} \varphi_G = V_a I_{a\,reat}, \quad (5.92)$$
$$S = \sqrt{P^2 + Q^2} = V_a I_a.$$

A potência mecânica (sem perdas) será

$$\cdot \; P_{mec} = P = C_{des}\Omega_s = C_{aplic}\Omega_r. \quad (5.93)$$

Na Fig. 5.30(b) está representado o confronto espacial das f.m.m. com $\mathscr{F}_0$ girando adiantada de $\mathscr{F}_a$, por um ângulo $\delta_c > 90°$, que chamamos de *ângulo de conjugado*. A composição vetorial de $\mathscr{F}_0$ e $\mathscr{F}_a$ resulta em $\mathscr{F}_{res}$, agora não mais alinhada com $\mathscr{F}_0$ e $\mathscr{F}_a$. Nota-se também que $\mathscr{F}_a$ não age mais no eixo direto, mas é fácil concluir, pela

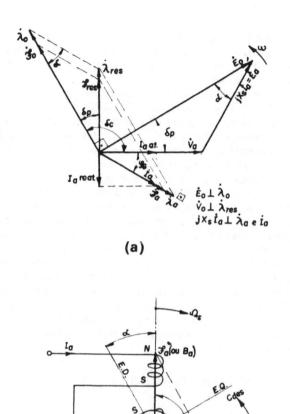

Figura 5.30 Gerador síncrono em barramento infinito fornecendo potências ativa e reativa indutiva. (a) Diagrama de fasores sem considerar R_a; (b) confronto entre as f.m.m. rotativas

Fig. 5.30(b), que ela está apresentando componente desmagnetizante (contrária a $\mathscr{F}_0$), bastando para isso decompô-la segundo o eixo direto e o eixo quadratura.

Disso resulta o aparecimento de um novo ângulo δ_p que chamaremos de *ângulo de potência* ou *ângulo de carga*. É o ângulo entre $\mathscr{F}_0$ e $\mathscr{F}_{res}$. Note-se que $\mathscr{F}_0$ gira no espaço, adiantada de $\mathscr{F}_{res}$ de um ângulo igual a δ_p.

Geradores e motores síncronos polifásicos **279**

Vejamos a importância desse ângulo. Do princípio do alinhamento, visto em 3.4.5, sabe-se que a força ou conjugado que tende a atrair dois pólos *N* e *S* (ou repelir dois pólos *N*) é proporcional às f.m.m. desses pólos ou à f.m.m. ($\mathscr{F}$) de um deles e a densidade de fluxo (*B*) do outro, bem como ao seno do ângulo entre as suas linhas centrais. Logo, é proporcional ao produto, e podemos escrever

$$C = K \mathscr{F}_0 B_a \operatorname{sen} \delta_c.$$

É fácil, porém, demonstrar (deixamos ao encargo do leitor), pela Fig. 5.30(b), que

$$\mathscr{F}_0 B_a \operatorname{sen} \delta_c = \mathscr{F}_0 B_{res} \operatorname{sen} \delta_p.$$

Dessa maneira o conjugado pode também ser encarado como a interação entre o campo indutor e o campo resultante. Essa forma é realmente a preferida, justamente pelo fato de $\mathscr{F}_0$ e B_{res} serem grandezas relacionadas com E_0 e V_a. Além disso, no diagrama de fasores da Fig. 5.30(a), é fácil de notar que o ângulo δ_p aparece como o ângulo de fase, no tempo, entre a f.e.m. $\dot{E}_0$ e a tensão resultante $\dot{V}_a$. Basta para isso notar que a f.m.m. $\mathscr{F}_0$ é a causa de B_0 e de λ_0, e gira avançada de $\mathscr{F}_{res}$ (que determina λ_{res}) por um ângulo magnético δ_p. Teremos, então, em cada fase do induzido o fluxo λ_0 concatenando-se δ_p graus em avanço no tempo, relativamente a λ_{res}. Sendo 90° o ângulo, no tempo, entre as f.e.m. e os fluxos concatenados, teremos na Fig. 5.30(a), $\dot{E}_0$ adiantado δ_p em relação a $\dot{V}_a$.

b) *Subexcitação*. Suponhamos agora que se subexcitasse o gerador de tal forma que ele passasse a ser emissor de potência reativa capacitiva (ou receptor de indutiva), mas continuasse a emitir potência ativa para a linha, com a mesma tensão V_a. As expressões das potências continuariam formalmente iguais às de (5.92), apenas o ângulo φ_G mudaria, passando a ser um ângulo em avanço relativamente a V_a, como mostra o diagrama de fasores da Fig. 5.31(a). O. circuito equivalente permanece válido ao da Fig. 5.25(b) com omissão de R_a e com uma corrente I_a não puramente reativa.

As conclusões são tiradas da mesma forma que o caso anterior, com as diferenças que agora $\delta_c < 90°$ e que a f.m.m. $\mathscr{F}_0$, embora ainda adiantada relativamente a $\mathscr{F}_{res}$, tornou-se menor que esta, pois na Fig. 5.31(b), é fácil concluir que agora $\mathscr{F}_a$ tem uma componente magnetizante, favorável a $\mathscr{F}_0$ no eixo direto. Conseqüentemente, no diagrama fasorial, E_0 ainda permanece adiantada em relação a V_a, mas menor que esta.

c) *Excitação para* $\cos \varphi = 1$. Deve existir uma excitação para a qual corresponda corrente I_a em fase com a tensão V_a (fator de potência unitário) e, nessa situação, teremos

$$\begin{aligned} P &= V_a I_a \cos \varphi_G = V_a I_a, \\ Q &= 0, \\ S &= V_a I_a. \end{aligned} \quad (5.94)$$

Achamos desnecessário repetir as construções como as das Figs. 5.30(a e b). Deixamos essa tarefa ao aluno, como exercício. Nessa construção nota-se que δ_c e δ_p continuam sendo ângulos em avanço e que a reação de armadura tem componente contrário no eixo direto.

A excitação que produz esta situação pode ser chamada de excitação normal do gerador síncrono com carga ativa, por analogia com aquela excitação que produzia potência reativa nula com o gerador sem carga ativa. Note-se que o conceito de super e subexcitação é relativo nos casos de gerador com carga ativa. Basta verificar que, se, a partir desta situação de $\cos \varphi = 1$, variarmos a componente ativa (intervindo no controle da turbina) e mantivermos a corrente de excitação, o gerador passará a apresentar potência reativa. Ele passará a emissor de potência indutiva se houver diminuição da potência ativa da carga (ficará superexcitado), e passará a receptor de potência indutiva se houver aumento de potência ativa (ficará subexcitado). Sugerimos resolver o exercício 10.

d) *Excitação para* $\delta_c = 90°$. Existe ainda a possibilidade de termos I_a em fase com E_0. Neste caso teremos P e Q não-nulas e se construirmos a figura correspondente às Figs. 5.30 e 5.31, encontraremos $\delta_c = 90°$, isto é, a reação de armadura $\mathscr{F}_a$ age segundo o eixo quadratura, não apresentando componentes no eixo direto. Porém a composição de $\mathscr{F}_0$ com $\mathscr{F}_a$ ainda produz $\mathscr{F}_{res}$ ligeiramente maior que $\mathscr{F}_0$. Deve existir uma situação de corrente em que $\mathscr{F}_0 = \mathscr{F}_{res}$. Tente encontrá-la.

A representação gráfica da variação do fator de potência do gerador síncrono em função da corrente de excitação pode ser obtida através das curvas V, apresentadas em 5.27.10.

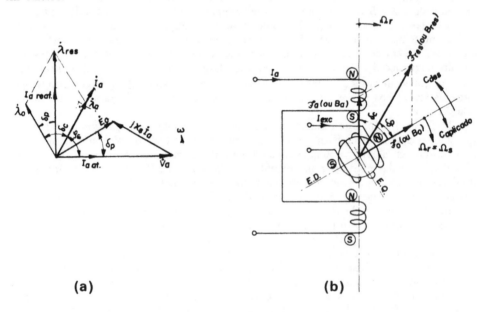

(a)   (b)

Figura 5.31 Gerador síncrono em barramento infinito fornecendo potência ativa e absorvendo potência reativa indutiva. (a) Diagrama fasorial sem considerar R_a, (b) confronto entre as f.m.m. rotativas

5.14.2 FUNCIONAMENTO COMO MOTOR SÍNCRONO EM REGIME PERMANENTE

a) Vamos novamente iniciar com uma superexcitação, de tal ordem que a máquina síncrona torne-se emissora de potência reativa indutiva para a linha (receptora de capacitiva), e como ela é um motor absorverá também potência ativa. Nesta situação o motor síncrono é como se fosse uma carga R, C na linha. A corrente I_a terá, portanto, componente reativa indutiva, atrasada 90° de V_a, porém a componente ativa estará em oposição a $\dot{V}_a$ (sentido contrário ao do gerador, significando que houve inversão do fluxo de potência ativa). Isso resulta no diagrama de fasores da Fig. 5.32(a) onde o ângulo de fase φ_M é maior que 90°. O circuito equivalente permanece o mesmo. A Fig. 5.32(b) mostra $\mathscr{F}_0$ girando "arrastada" por $\mathscr{F}_a$ com um ângulo $\delta_c > 90°$, em atraso. Por sua vez $\mathscr{F}_{res}$ gira adiantada de um ângulo δ_p, em relação a $\mathscr{F}_0$, e no diagrama de fasores a f.e.m. $\dot{V}_a$ está adiantada δ_p, relativamente a $\dot{E}_0$. O efeito de reação de armadura é desmagnetizante.

As potências elétrica, ativa, reativa e aparente serão

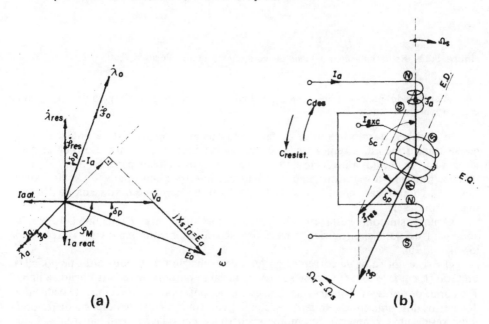

Figura 5.32 Motor síncrono em linha infinita, fornecendo potência reativa indutiva e absorvendo potência ativa. (a) Diagrama de fasores sem R_a; (b) confronto entre as f.m.m. rotativas

$$P = V_a I_a \cos \varphi_M = V_a I_{a\,at},$$
$$Q = V_a I_a \sen \varphi_M = V_a I_{a\,reat}, \quad (5.95)$$
$$S = V_a I_a = \sqrt{P^2 + Q^2}.$$

A potência mecânica (sem perda) será

$$P_{mec} = P = C_{des}\Omega_s = C_{res}\Omega_r. \quad (5.96)$$

Nota. É comum nos textos de máquinas elétricas, apresentar-se, com a intenção de simplificar, o diagrama fasorial do motor síncrono superexcitado, com a corrente na posição que ocorre num gerador subexcitado, como está na Fig. 5.33. Porém deve-se tomar o devido cuidado de considerá-la invertida, quando se aplicar o fator jX_s para se obter o fasor $\dot{E}_a$ da Fig. 5.32(a). Quanto à potência ativa, a inversão de I_a para o motor não traz problemas.

Da Fig. 5.33 conclui-se que

$$V_a I_a \cos \varphi_M = - V_a I_a \cos \varphi_G = V_a(-I_a) \cos \varphi_G. \quad (5.97)$$

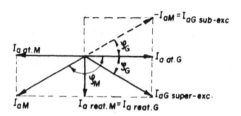

Figura 5.33 Representação do fasor da corrente de motor síncrono

Assim sendo, pode-se utilizar o diagrama com a corrente $-I_a$ e o ângulo de fase φ_G entre essa corrente e a tensão V_a

b) Se subexcitarmos o motor de tal modo que além de absorver a potência ativa, ele se transforme em receptor de potência reativa indutiva, teremos no diagrama de fasores da Fig. 5.34(a) a inversão da componente reativa da corrente. A f.m.m. $\mathscr{F}_0$ permanece atrasada de $\mathscr{F}_a$ (que agora é magnetizante) por um ângulo $\delta_c < 90°$, como mostra a composição simplificada da Fig. 5.34(b). E_0 permanece atrasada de V_a, mas menor que esta.

O motor síncrono, nesta situação é como se fosse uma carga RL na linha. As expressões para as potências elétrica e mecânica são formalmente análogas às expressões (5.95) e (5.96).

c) Existe um valor de corrente contínua de excitação que produz fator de potência unitário (I_a em fase com V_a), como se fosse uma carga puramente resistiva ligada à linha. Deixamos de apresentar diagramas para esse caso, pois podem ser facilmente deduzidos dos outros dois anteriores. No fato de se poder controlar o fator de potência oferecido à linha reside uma vantagem dos motores síncronos em relação aos assíncronos. Estes últimos apresentam-se para a linha sempre como um receptor de potência reativa indutiva. Nas instalações onde haja grande quantidade de motores assíncronos, alguns motores síncronos superexcitados podem suprir a corrente indutiva necessária evitando que ela seja fornecida pela linha. É uma função corretiva do fator de potência indutivo da instalação, como a que se faz com capacitadores. É claro que os motores síncronos, em geral, têm custo mais elevado que os assíncronos e exigem maiores cuidados, principalmente com respeito às excitatrizes e a equipamentos de partida.

5.14.3 MÉTODOS DE PARTIDA DOS MOTORES SÍNCRONOS

Já verificamos que o motor síncrono, embora devidamente excitado, apresenta conjugado médio nulo com o rotor parado, ou em qualquer outra velocidade que não seja a síncrona. Assim sendo, um método de partida, intuitivo, porém dispendioso, seria acelerar o rotor até o sincronismo por meio de um motor auxiliar do tipo que apresente conjugado em velocidades diferentes da síncrona (por exemplo, um motor de corrente contínua ou um motor assíncrono).

O método mais comum na prática consiste em dar a partida no motor síncrono como se este fosse um motor assíncrono e depois excitar o indutor a fim de sincronizá-lo.

Geradores e motores síncronos polifásicos

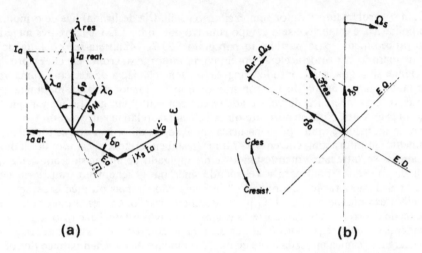

Figura 5.34 Motor síncrono em barramento infinito, absorvendo potências ativa e reativa indutiva.
(a) Diagrama de fasores sem R_a; (b) composição simplificada das f.m.m. no espaço

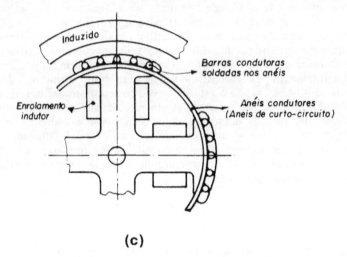

Figura 5.34(c) Vista frontal esquemática de um enrolamento amortecedor aplicado às sapatas polares de um motor síncrono

Entre outras, destacam-se duas construções principais para se atingir esse objetivo. A primeira, aplicada aos motores síncronos de pólos salientes, consiste na aplicação de barras de cobre nas sapatas polares, que são curto-circuitadas nas extremidades por meio de dois anéis condutores, como se fosse a gaiola de um motor assíncrono do tipo de rotor em curto-circuito (veja 4.14.2). Essa construção está mostrada na Fig. 5.34(c) e a gaiola, nessas máquinas, é chamada de gaiola de partida ou enrolamento amortecedor, pois além da sua função de partida do motor síncrono tem uma função estabilizadora amortecedora de oscilações nas variações de carga tanto em motores como em geradores síncronos.

Com o enrolamento indutor sem excitação (excitatriz desligada) liga-se o induzido à rede polifásica, e estabelece-se o campo rotativo que induz f.e.m. e correntes na gaiola (veja o procedimento para partida no parágrafo 5.27.7). Manifesta-se o conjugado de motor assíncrono e o rotor acelera. Porém como motor assíncrono, ele chega próximo à velocidade síncrona, sem contudo atingi-la, ou seja, ele deixa de acelerar numa velocidade tanto mais próxima do sincronismo quanto menor for a carga mecânica ativa no seu eixo. Essa diferença de velocidade (escorregamento) em geral é menor que 2% nos motores grandes. Nota-se portanto que a velocidade relativa entre o rotor e o campo rotativo do induzido é muito pequena nessa situação, de tal ordem que se excitarmos o enrolamento indutor com corrente contínua (estabelecermos o campo do indutor) esses campos se "atracam", manifestando-se o conjugado de motor síncrono e fazendo o rotor dar o "salto" final para a velocidade síncrona. O fenômeno transitório nesse estágio final de aceleração denominado "sincronização" é mais ou menos complexo, e será melhor examinado em 5.24.1. O poder de sincronização, ou seja, a maior ou menor facilidade de ocorrer o "engate" entre os campos rotativos estatórico e rotórico depende não somente do escorregamento final que ele atingiu como motor assíncrono, mas também da carga mecânica aplicada a seu eixo e do momento de inércia dinâmico do rotor e das partes rotativas da carga mecânica. Após o rotor ter atingido o sincronismo e entrado em regime permanente a gaiola deixa de ter efeito, pois ela ficará estacionária em relação aos campos rotativos de amplitude constante. Em alguns motores síncronos, em vazio, o conjugado de relutância já é suficiente para sincronização.

Existe uma segunda construção que, embora mais dispendiosa, proporciona resultados muito superiores na partida. Ela consiste no chamado motor assíncrono-sincronizado (28). O rotor do motor síncrono deve ser do tipo de indutor cilíndrico no qual existe um enrolamento polifásico, como se fosse um motor assíncrono do tipo de rotor bobinado (veja 4.14.2). Liga-se o estator à rede com uma resistência ajustável inserida nos anéis deslizantes que são os terminais do enrolamento polifásico rotórico. No próximo capítulo, dedicado às máquinas assíncronas, serão examinadas as vantagens de partida do motor de rotor bobinado em relação ao de gaiola. Quando o rotor atinge velocidade próxima da síncrona, liga-se a excitatriz aos terminais rotóricos, apropriadamente religados para receber a corrente contínua de excitação, assim ocorre a sincronização e posterior regime permanente.

5.15 CONSIDERAÇÃO DA RESISTÊNCIA POR FASE DE ARMADURA

Em qualquer dos casos das Seçs. 5.13 e 5.14, é fácil considerar a resistência R_a. Tomemos por exemplo o caso do gerador superexcitado.

A equação de tensões a ser considerada é a (5.86), resultando, para a corrente,

$$I_a = \frac{\dot{E}_0 - \dot{V}_a}{(R_a + jX_s)} = \frac{\dot{E}_0 - \dot{V}_a}{\dot{Z}_s}. \qquad (5.98)$$

Onde Z_s é a impedância síncrona.

Conseqüentemente é imediata a construção do novo diagrama de fasores (Fig. 5.35).

Geradores e motores síncronos polifásicos

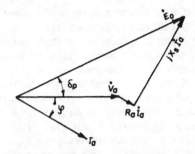

Figura 5.35 Diagrama de fasores para um gerador síncrono superexcitado considerando a resistência R_a.

5.16 DIAGRAMA GERAL DE FASORES DA MÁQUINA SÍNCRONA DE INDUTOR CILÍNDRICO, SEM PERDA, EM BARRAMENTO INFINITO

Esse diagrama pode fornecer informações úteis quando se deseja uma visão global do funcionamento em regime permanente para vários valores de corrente de excitação, conjugado no eixo, tensão de linha, seja motor ou gerador.

O erro em se desprezar R_a nas máquinas médias e grandes é irrisório e, portanto, o diagrama será feito desprezando-se essa resistência.

A Fig. 5.36a foi elaborada traçando-se o diagrama de fasores de uma máquina síncrona, com reatância X_s, funcionando, por exemplo, como gerador superexcitado (desenho em traço cheio). A extremidade de $\dot{V}_a$ foi escolhida como origem O de dois eixos ortogonais orientados positivamente segundo OP e OQ. É fácil notar, nos triângulos OAB e OCD, que o ângulo entre $jX_s\dot{I}_{a1}$ e o eixo P é o próprio ângulo de fase φ entre a corrente $\dot{I}_a$ e a tensão $\dot{V}_a$.

Assim sendo, os módulos das projeções de jX_sI_a sobre os eixos serão

$$OD = |jX_sI_{a1}| \cos\varphi, \qquad (5.99)$$
$$OE = |jX_sI_{a1}| \sin\varphi. \qquad (5.100)$$

Basta dividir as expressões acima pela constante X_s e multiplicar por V_a e verificarmos que coincidem com a (5.92). Logo, em uma escala adequada, OD e OE representam a potência ativa e reativa do gerador, e os eixos OP e OQ podem ser convenientemente graduados em potência ativa (kW ou MW) e reativa (kVAr ou MVAr).

Se desenharmos agora os fasores do gerador subexcitado ($\dot{I}_{a2}$ tracejado na Fig. 5.36), verificaremos que a projeção de jX_sI_{a2} sobre OP continua acima da origem O, mas a projeção sobre OQ passou para a esquerda da origem. Isso significa que a potência ativa ($V_aI_a \cdot \cos\varphi$) não se inverteu, continuando positiva segundo a orientação de OP, mas a reativa ($V_aI_a \sin\varphi$) inverteu-se, relativamente à orientação do eixo OQ (passou a receptor indutivo). Isso acarreta uma orientação do ângulo φ, sendo considerados positivos no sentido horário e negativos no sentido anti-horário, a partir do eixo OP.

Podemos ainda desenhar a situação de motor síncrono superexcitado (I_{aM} traço e ponto na Fig. 5.36). Houve inversão da potência ativa, passando a receptor ativo, e da potência reativa, passando a emissor indutivo.

Nota. Essa convenção de sinais não tem relação com aquela apresentada no Cap. 4 para a aplicação do balanço de conversão eletromecânica de energia, ficando portanto restrita ao caso da Fig. 5.36.

Isso sugere nomear os quatro quadrantes de acordo com a situação de funcionamento: quando $jX_s \dot{I}_a$ está no primeiro quadrante teremos *gerador-emissor de potência reativa indutiva* quando no segundo quadrante teremos *gerador-receptor indutivo*, no quarto quadrante *motor-emissor indutivo* no terceiro quadrante *motor-receptor indutivo*.

Note-se ainda que nos três casos conservamos E_0, o que significa conservar ϕ_0 e $\mathscr{F}_0$, e a corrente contínua de excitação (lembramos a relatividade da super e subexcitação). A circunferência, lugar geométrico das extremidades de $\dot{E}_0$ (empontilhado na Fig. 5.36), nada mais é do que a circunferência de uma certa excitação I_{exc}. Para cada excitação I_{exc-i}, teremos uma circunferência com raio E_{0i}.

Muitas outras informações podem ser tiradas desse diagrama geral. Por exemplo, qual é o significado dos pontos M_G e M_M interseção dessas circunferências com o eixo vertical paralelo a OP? As ordenadas (positiva e negativa) determinadas por esses pontos sobre o eixo graduado OP, representam a máxima potência ativa (e, conseqüentemente, o máximo conjugado) desenvolvida pela máquina síncrona de indutor cilíndrico para uma determinada excitação. A demonstração é muito simples, bastando notar na Fig. 5.36 que OD é também a projeção de E_0 sobre o eixo OP. Igualando essa projeção com aquela dada por (5.99), teremos

$$|\dot{E}_0| \operatorname{sen} \delta_p = |jX_s \dot{I}_a| \cos \varphi. \qquad (5.101)$$

Dividindo ambos os membros por X_s e multiplicando por V_a, teremos

$$\frac{E_0 V_a}{X_s} \operatorname{sen} \delta_p = V_a I_a \cos \varphi = P \text{ (potência por fase)} \qquad (5.102)$$

Essa é a expressão da potência ativa desenvolvida pela máquina síncrona, sem perdas, de indutor cilíndrico. Para cada E_0 a potência será máxima quando $\delta_p = 90°$, que corresponde, para gerador, ao ponto M_G, e, para motor, ao ponto M_M.

Os conjugados correspondentes a essas potências máximas serão denominados *conjugado de ruptura* ou *conjugado limite de estabilidade estática* do gerador e do motor síncrono, pois, desse valor, qualquer acréscimo de conjugado externo (motor ou resistente) aplicado ao eixo do gerador ou do motor síncrono, resultarão em perda de sincronismo e conseqüente perda da estabilidade de funcionamento (veja 5.24.1) Pela expressão (5.102) conclui-se facilmente o seu valor, fazendo-se $\delta_p = 90°$, ou seja,

$$C_{max} = \frac{E_0 V_a}{\Omega_s X_s} \text{ (conjugado por fase)} \qquad (5.103)$$

Como exemplo de aplicação numérica, procure resolver o exercício 11, no final do capítulo.

Exemplo 5.5. Uma máquina síncrona de indutor cilíndrico, operando como motor síncrono sob tensão e freqüência nominais, fornece potência nominal. A corrente de excitação é ajustada num valor tal que a máquina não emita nem receba potência reativa indutiva, isto é, funciona com fator de potência unitário.

Supor as perdas do motor desprezíveis. Verificar os efeitos sobre potência absorvida da linha, o fator de potência e a corrente de linha quando houver:
a) uma redução de 10% na tensão de linha,
b) uma redução de 10% na tensão de linha e na freqüência.

Notas. 1. Mantém-se nos dois casos a corrente de excitação no valor previamente ajustado.
2. A carga mecânica aplicada ao eixo é suposta de conjugado constante, independente da velocidade.

Geradores e motores síncronos polifásicos

Solução

a) A tensão de linha passará a $V = 0,9\,V_n$, onde $V_n = V_{nom}$.

A potência mecânica não se altera, pois o conjugado resistente e a velocidade foram mantidos constantes. Mantendo-se a excitação, mantém-se E_0.

A reatância síncrona X_s também se mantém. O ângulo de potência (δ_p) e o fator de potência vão se alterar. Vejamos, a máquina sendo suposta sem perdas Joule, a potência absorvida $V_a I_a \cos \psi$ será igual à potência desenvolvida, isto é,

$$\frac{V_a E_0}{X_s} \operatorname{sen} \delta_p$$

que, sem perdas mecânicas, será igual à potência mecânica de saída $C \cdot \Omega_s$.

Aplicando a expressão (5.102) para antes e depois da redução de tensão, teremos

$$\frac{V_{a1} E_{01}}{X_{s1}} \operatorname{sen} \delta_{p1} = \frac{V_{an} E_{0n}}{X_{sn}} \operatorname{sen} \delta_{pn}.$$

(o índice *n* lembra *nominal*)

Pelo exposto anteriormente a expressão acima reduz-se a

$$V_{a1} \operatorname{sen} \delta_{p1} = V_{an} \operatorname{sen} \delta_{pn},$$

ou:

$$0,9\, V_{an} \operatorname{sen} \delta_{p1} = V_{an} \operatorname{sen} \delta_{pn}$$

e:

$$\operatorname{sen} \delta_{p1} = 1,11 \operatorname{sen} \delta_{pn}$$

O ângulo δ_p aumentou [veja a Fig. 5.36(b)].

Quanto a potência absorvida logicamente deve conservar-se; logo, a corrente deve mudar

$$V_{an} I_{an} \cos \varphi_n = V_{a1} I_{a1} \cos \varphi_1,$$
$$V_{an} I_{an} \cos \varphi_n = (0,9\, V_{an}) I_{a1} \cos \varphi_1.$$

Sendo $\cos \varphi_n = 1$, vem

$$I_{a1} \cos \varphi_1 = 1,11\, I_{an}.$$

Antes, toda a corrente era ativa. Agora a componente ativa da corrente aumentou $1/0,9 = 1,11$, como era de se esperar. Mas a corrente absorvida I_{a1}, teve um aumento maior devido seu deslocamento para a direita [Fig. 5.36(a)], o que resultou em um fator de potência menor que 1, tornando-se emissor indutivo.

Para complementar a Fig. 5.36(a) lembramos que, com o auxílio da expressão (5.101), facilmente se conclui que

b)
$$\frac{E_0 \operatorname{sen} \delta_{p1} = 1,11\, E_0 \operatorname{sen} \delta_{pn}.}{V_{a2} = 0,9 V_{an} \quad \text{e} \quad f_2 = 0,9 f_n.}$$

Conclui-se facilmente que

$$\Omega_{s2} = 0,9 \Omega_{sn}.$$

Logo,

$$P_{m2} = C \cdot \Omega_{s2} = 0,9 C \Omega_{sn} = 0,9 P_{mn}.$$

Sendo a reatância síncrona

vem
$$X_s = 2\pi f L_s,$$
$$X_{s2} = 0.9 X_{sn}.$$

E a f.e.m. do fluxo indutor, será
$$E_0 = 4{,}44 f_2 N \phi_{02} = 4{,}44 (0{,}9 f_n) N \phi_{0n}.$$

Como o fluxo ϕ_0 se mantém pela manutenção da excitação, tem-se
$$E_{02} = 0{,}9 E_{on}.$$

Aplicando-se novamente a expressão (5.102) para antes e depois da redução de tensão e freqüência, teremos

$$\frac{V_{a2} E_{02}}{X_{s2}} \operatorname{sen} \delta_{p2} = \frac{0{,}9 V_{an} \times 0{,}9 E_{0n}}{0{,}9 X_{sn}} \operatorname{sen} \delta_{p2} = 0{,}9 \frac{V_{an} E_{0n}}{X_{sn}} \operatorname{sen} \delta_{p2} = 0{,}9 P_{mn}.$$

Mas, como $P_{mn} = \dfrac{V_{an} E_{0n}}{X_{sn}} \operatorname{sen} \delta_{pn}$, vem

$$\operatorname{sen} \delta_{p2} = \operatorname{sen} \delta_{pn}, \quad \text{ou} \quad \delta_{p2} = \delta_{pn}.$$

Na Fig. 5.36(c) conclui-se facilmente que
$$E_{02} \operatorname{sen} \delta_{p2} = 0{,}9 E_{0n} \operatorname{sen} \delta_{pn}$$
e também que a diferença entre $\dot{E}_0$ e $\dot{V}_a$ é
$$\dot{E}_{0n} - \dot{V}_{an} = j X_{sn} \dot{I}_{an},$$
$$\dot{E}_{02} - \dot{V}_{a2} = j X_{sn} \dot{I}_{a2}.$$

Como δ_p se manteve, resulta
$$\dot{E}_{02} - \dot{V}_{a2} = 0{,}9 (\dot{E}_{0n} - \dot{V}_{an}),$$
e concluímos
$$j X_{s2} \dot{I}_2 = 0{,}9 j X_{sn} \dot{I}_{an};$$
como $X_{s2} = 0{,}9 X_{sn}$, vem
$$\dot{I}_{a2} = \dot{I}_{an}.$$

A igualdade entre as componentes ativas das correntes era de se esperar porque houve uma diminuição da potência na mesma proporção da tensão. Assim
$$P_n = V_{an} I_{an} \cos \varphi_n,$$

$$P_2 = V_{a2} I_{a2} \cos \varphi_2 = 0{,}9 (V_{an} I_{an} \cos \varphi_n).$$

A corrente total, porém, conservou-se também, devido à conservação do fator de potência unitário.

Geradores e motores síncronos polifásicos

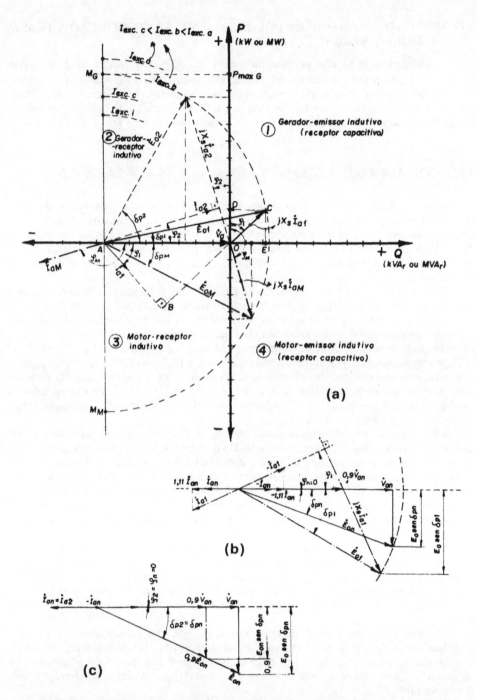

Figura 5.36 Diagrama geral de fasores da máquina síncrona em barramento infinito
Figura 5.36 (b) e (c). Figuras auxiliares para o exemplo 5.5.

5.17 MÁQUINA SÍNCRONA DE PÓLOS SALIENTES-INTRODUÇÃO À TEORIA DA DUPLA REAÇÃO

Consideremos o regime permanente de velocidade, onde todas as distribuições de $\mathscr{F}$, H, B giram com a mesma velocidade das peças polares do indutor.

Tomemos uma máquina síncrona de pólos salientes, funcionando, seja como motor, seja como gerador, em um sistema de potência considerado como linha infinita e vejamos quais as diferenças com o caso de indutor cilíndrico. (Veja Fig. 5.37-a).

5.17.1 CONSIDERAÇÃO SOBRE AS f.m.m., FLUXOS E INDUTÂNCIAS

A f.m.m. $\mathscr{F}_0$ do indutor, em qualquer posição que esteja relativamente ao induzido (considerado "liso" pelo fato de se desprezar o efeito das aberturas das ranhuras), encontra sempre a mesma relutância magnética oferecida ao seu fluxo ϕ_0. Em outras palavras, ϕ_0 estabelece-se sempre no eixo direto do indutor. Desse modo a indutância L_0 do enrolamento indutor ($L_0 = N_0^2/\mathscr{R}_0 = N\phi_0/I_{exc}$) é constante, independente da posição do indutor.

Para o fluxo ϕ_a da reação de armadura não ocorre o mesmo. Já verificamos que, dependendo da natureza (indutiva ou capacitiva pura) da corrente emitida I_a, a f.m.m. rotativa do induzido pode agir segundo o eixo direto [Figs. 5.25(c) e 5.27(c)], mas pode também agir segundo o eixo quadratura ou ainda segundo posições intermediárias entre esses eixos para as correntes de carga mistas. Veja, por exemplo, a Fig. 5.26(a) onde $\mathscr{F}_a$ age segundo o eixo quadratura. Resumidamente, a posição relativa de $\mathscr{F}_a$ no espaço, depende do ângulo de fase da corrente I_a. Conseqüentemente a indutância L_{ma} de magnetização do induzido, por fase, ($L_{ma} = N^2/\mathscr{R}_{ma} = N\phi_{ma}/I_a$) não é constante, com as mudanças de direção de ação de $\mathscr{F}_a$ pelo fato de a relutância oferecida ao fluxo ϕ_a variar ao longo da periferia do indutor.

Vejamos mais pormenorizadamente. Na Fig. 5.37(a) está representado um caso em que $\mathscr{F}_a$ está agindo segundo o eixo direto (E.D.) devido a uma corrente de carga que deve ser puramente reativa. A forma de sapata polar indutora é tal que sua f.m.m. $\mathscr{F}_0$ provoca uma distribuição de B_0 praticamente senoidal. Porém, a distribuição de f.m.m. $\mathscr{F}_a$ produzida pelo enrolamento polifásico (distribuído e concentrado) já é senoidal ao longo da periferia do cilindro. Logo, as distribuições de H_a e B_a provocadas por $\mathscr{F}_a$ não são perfeitamente senoidais, mas apresentam harmônicas, as quais não nos interessam no momento.

A fundamental dessas distribuições está representada na figura em pontilhado.

Para não estender o assunto em demasia, representamos apenas mais uma direção de ação de $\mathscr{F}_a$, que é o caso em que ela está centrada com o eixo quadratura [Fig. 5.37(b)]. A relutância magnética oferecida no eixo quadratura é muito maior que a do eixo direto, pelo fato de o arco das sapatas polares não irem normalmente além de 65 a 70% do arco polar.

E o resultado é que para um mesmo valor de pico de uma $\mathscr{F}_a$ senoidal, teremos uma distribuição de B_a, que além de bastante deformada (predominância de terceira harmônica espacial), encerra um fluxo por pólo ϕ_a bem menor que quando $\mathscr{F}_a$ agia no eixo direto. A fundamental de B_a está representada em tracejado, e vamos nos limitar a essa fundamental.

Isso faz a indutância L_{ma} variar com a direção de ação de $\mathscr{F}_a$ (ou com a natureza da corrente de carga), e a conclusão é que não teremos mais uma reatância síncrona X_s

Geradores e motores síncronos polifásicos

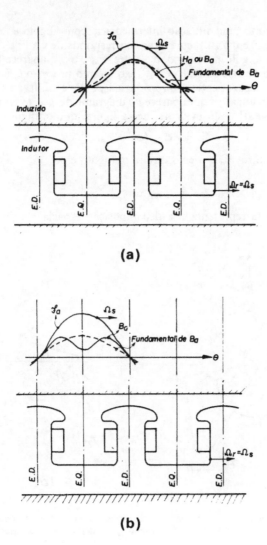

Figura 5.37 Representação das distribuições espaciais da $\mathscr{F}_a$, H_a e B_a em máquina síncrona de pólos salientes (a) $\mathscr{F}_a$ centrada com o eixo direto; (b) $\mathscr{F}_a$ centrada com o eixo quadraduta. (Foram omitidas as distribuições de H_o e B_o provocadas por $\mathscr{F}_o$.)

constante e um circuito equivalente representativo da máquina síncrona de pólos salientes para todas as situações de carga. O modelo proposto para solucionar o problema, de modo a satisfazer todas as situações, é o chamado *método da dupla reação* ou *método dos dois eixos*.

O método consiste em se decompor $\mathscr{F}_a$ segundo o eixo direto e o eixo quadratura. Vamos designar as componentes $\mathscr{F}_{ad}$ e $\mathscr{F}_{aq}$. É claro que, no primeiro caso exposto anteriormente, teremos $\mathscr{F}_a = \mathscr{F}_{ad}$, e, no segundo caso, $\mathscr{F}_a = \mathscr{F}_{aq}$.

Tomemos, entretanto uma situação intermediária com ângulo ψ entre 0 e 90° em atraso como a do caso a) em 5.14.1, cuja figura correspondente é a Fig. 5.30. Foi exposto nesse parágrafo que o ângulo no espaço, δ_p, entre $\mathscr{F}_0$ e $\mathscr{F}_{res}$, aparece no diagrama de fasores como o ângulo de fase entre E_0 e V_a. Pelo mesmo processo é fácil mostrar também que o ângulo, no espaço, entre $\mathscr{F}_a$ (produzida por I_a e em fase no tempo com I_a) e $\mathscr{F}_0$ [Fig. 5.30(b)] é um ângulo α que aparece no diagrama de fasores entre E_a (produzida por λ_a) e $\dot{E}_0$ [Fig. 5.30(a)]. Está evidente, nessa figura, que o ângulo α vale

$$\alpha = 90° - (\varphi_G + \delta_p).$$

Se α é o ângulo entre $\mathscr{F}_a$ e o eixo direto, o ângulo entre $\mathscr{F}_a$ e o eixo quadratura será

$$\beta = \varphi_G + \delta_p.$$

Na Fig. 5.38(a) está representada a decomposição espacial de $\mathscr{F}_a$ para o mesmo caso da Fig. 5.30.

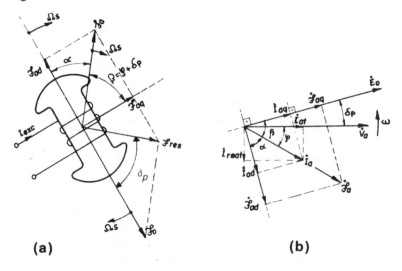

Figura 5.38 (a) Diagrama de vetores das f.m.m. espaciais mostrando a decomposição de $\mathscr{F}_a$ em $\mathscr{F}_{ad}$ e $\mathscr{F}_{aq}$; (b) diagrama de fasores da corrente I_a mostrando a decomposição artificial nas componentes I_{ad} e I_{aq}

Por outro lado, no diagrama de fasores, lançaremos mão do seguinte artifício: A f.m.m. $\mathscr{F}_{ad}$ é como se fosse produzida por uma componente I_{ad} da corrente I_a, e a f.m.m. $\mathscr{F}_{aq}$ por uma componente I_{aq}. Os módulos dessas componentes da corrente por fase do induzido, são obtidas projetando-se I_a segundo os ângulos α e β, como mostra a Fig. 5.38(b), isto é,

$$I_{aq} = I_a \cos \beta = I_a \cos (\varphi + \delta_p), \qquad (5.104)$$

$$I_{ad} = I_a \cos \alpha = I_a \sen (\varphi + \delta_p). \qquad (5.105)$$

E, ainda,

$$\dot{i}_a = \dot{i}_{ad} + \dot{i}_{aq}. \qquad (5.106)$$

5.17.2 DEFINIÇÃO DAS REATÂNCIAS ASSOCIADAS AOS EIXOS DIRETO E QUADRATURA

Sejam

$$X_{mad} = \omega L_{mad} = \frac{\omega N^2}{\mathcal{R}_{mad}} = \frac{\omega \lambda_{ad}}{I_{ad}}, \qquad (5.107)$$

$$X_{maq} = \omega L_{maq} = \frac{\omega N^2}{\mathcal{R}_{maq}} = \frac{\omega \lambda_{aq}}{I_{aq}} \qquad (5.108)$$

denominadas reatâncias de magnetização do induzido de eixo direto e de eixo quadratura, respectivamente. $\mathcal{R}_{mad}$, λ_{ad}, $\mathcal{R}_{maq}$, λ_{aq} são as relutâncias magnéticas e fluxos concatenados por fase do induzido, nos eixos direto e quadratura, respectivamente.

Usando um procedimento análogo ao da definição de X_s (Seç. 5.11), façamos

$$X_d = X_{mad} + X_{dad}, \qquad (5.109)$$

$$X_q = X_{maq} + X_{daq}, \qquad (5.110)$$

onde X_d e X_q são as reatâncias de armadura, por fase, da máquina síncrona de pólos salientes, associadas aos eixos direto e quadratura, ou, simplesmente, *reatância de eixo direto* e *reatância de eixo quadratura*.

X_{dad} e X_{daq} são as reatâncias de dispersão, por fase, da armadura, de eixo direto e eixo quadratura. Por serem pequenas face a X_{mad} e X_{maq} e ainda porque o fluxo de dispersão (que por sua natureza está praticamente confinado ao induzido — veja Fig. 5.20) varia muito pouco segundo o eixo direto e quadratura, podemos, para nossas finalidades, fazê-los iguais à reatância X_{da} já definida na Seç. 5.11. Assim sendo, as expressões (5.109) e (5.110) mudam para

$$X_d = X_{mad} + X_{da}, \qquad (5.111)$$

$$X_q = X_{maq} + X_{da}. \qquad (5.112)$$

Nos casos mais comuns de pólos salientes, X_q é da ordem de 0,6 a 0,75 de X_d.

Com maior rigor, as máquinas síncronas de indutor cilíndrico, com enrolamento de excitação dispostos em ranhuras, também apresentam reatâncias diferentes segundo os eixos direto e quadratura, justamente pelo fato da existência das ranhuras, e nos casos mais comuns pode-se chegar a ter X_q da ordem de $0,9 X_d$.

5.17.3 EQUAÇÃO DAS TENSÕES E DIAGRAMA DE FASORES PARA MÁQUINAS DE PÓLOS SALIENTES

Se nas máquinas síncronas de indutor cilíndrico perfeito, a f.e.m. $\dot{E}_0$ poderia ser calculada segundo a expressão (5.86), agora isso já não é mais possível, mas deveremos considerar os termos de tensão para cada componente de corrente, com seu respectivo parâmetro. Assim,

$$\dot{E}_0 = \dot{V}_a + R_{ad} \dot{I}_{ad} + R_{aq} \dot{I}_{aq} + \dot{E}_{ad} + \dot{E}_{aq}.$$

Lembrando o significado do fasor da f.e.m. $\dot{E}_a$ das Seçs. 5.10 e 5.11, podemos escrever

$$\dot{E}_0 = \dot{V}_a + R_{ad} \dot{I}_{ad} + R_{aq} \dot{I}_{aq} + jX_d \dot{I}_{ad} + jX_q \dot{I}_{aq}. \qquad (5.113)$$

As reatâncias (X_d e X_q) podem ser bastante diferentes para $\mathscr{F}_a$ agindo nos eixos direto e quadratura, mas as resistências (R_{ad} e R_{aq}) não apresentam motivos para tal, de modo que, lembrando a (5.106), podemos reescrever a expressão (5.113) como

$$\dot{E}_0 = \dot{V}_a + R_a \dot{I}_a + jX_d \dot{I}_{ad} + jX_q \dot{I}_{aq}. \tag{5.114}$$

Assim sendo, podemos traçar o diagrama de fasores completo para a máquina síncrona de pólos salientes, como está na Fig. 5.39.

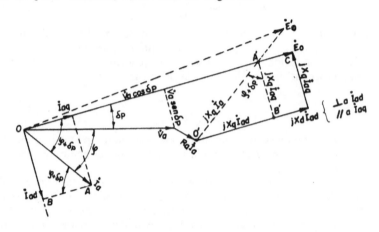

Figura 5.39 Construção do diagrama fasorial para um gerador síncrono de pólos salientes emitindo potência ativa e reativa indutiva

Nota. A construção do diagrama da Fig. 5.39 culmina com a determinação de $\dot{E}_0$, porém necessitamos previamente da direção de $\dot{E}_0$ para decompor $\dot{I}_a$ em $\dot{I}_{ad}$ e $\dot{I}_{aq}$. A direção de $\dot{E}_0$ é facilmente determinada, marcando-se a partir de $\dot{V}_a + R_a \dot{I}_a$, um fasor igual a $jX_q \dot{I}_a$. A extremidade desse fasor (ponto A') está sobre $\dot{E}_0$ (demonstraremos este fato logo a seguir) e, assim sendo, teremos o ângulo δ_p e poderemos decompor $\dot{I}_a$ em $\dot{I}_{ad}$ e $\dot{I}_{aq}$. De posse das correntes, marcamos $jX_d \dot{I}_{ad}$ e $jX_q \dot{I}_{aq}$ e obtemos a extremidade de $\dot{E}_0$.

Para provar que A' está sobre $\dot{E}_0$, basta notar que o triângulo $O'A'B'$ (em pontilhado) é semelhante ao triângulo OAB, com os lados multiplicados por jX_q e, a partir daí, calcular $\dot{E}_0$,

$$\dot{E}_0 = \text{fasor } OA' + \text{fasor } A'C.$$

Substituindo os fasores OA' e $A'C$, vem

$$\dot{E}_0 = [\dot{V}_a + R_a \dot{I}_a + jX_q \dot{I}_a] + [j(X_d - X_q)\dot{I}_{ad}], \tag{5.115}$$

ou:

$$\dot{E}_0 = [\dot{V}_a + R_a \dot{I}_a + jX_q \dot{I}_{ad} + jX_q \dot{I}_{aq}] + [j(X_d - X_q)\dot{I}_{ad}].$$

Donde:

$$\dot{E}_0 = \dot{V}_a + R_a \dot{I}_a + jX_q \dot{I}_{aq} + jX_d \dot{I}_{ad},$$

que coincide com (5.114).

Geradores e motores síncronos polifásicos

Se a máquina fosse de rotor cilíndrico perfeito, teríamos apenas uma reatância síncrona X_s e bastaria marcar (a partir de $\dot{V}_a + R_a \dot{I}_a$) o fasor $jX_s \dot{I}_a$ para obtermos uma nova extremidade de $\dot{E}_0$ ($\dot{E}'_0$ na Fig. 5.39). Verifica-se nos casos mais comuns que, para os valores usuais das reatâncias das máquinas de pólos salientes, e das reatâncias de indutor cilíndrico, a diferença em módulo, entre E_0 e E'_0, não é grande; porém, em fase, relativa a $\dot{V}_a$ (ângulo δ_p), ela é acentuada.

5.18 POTÊNCIA E CONJUGADO DESENVOLVIDOS PELA MÁQUINA SÍNCRONA EM FUNÇÃO DO ÂNGULO DE POTÊNCIA

Tomemos o caso mais geral de uma máquina síncrona de pólos salientes, sem contudo considerar R_a.

A potência elétrica ativa é dada por

$$P = V_a I_a \cos \varphi$$

Do diagrama de fasores da Fig. 5.39, projetando-se $\dot{I}_a$, $\dot{I}_{aq}$ e $\dot{I}_{ad}$ sobre o eixo de $\dot{V}_a$, concluímos as relações

$$I_a \cos \varphi = I_{aq} \cos \delta_p + I_{ad} \cos(90^\circ - \delta_p)$$

ou

$$I_a \cos \varphi = I_{aq} \cos \delta_p + I_{ad} \operatorname{sen} \delta_p.$$

Substituindo na expressão da potência, teremos

$$P = V_a I_{aq} \cos \delta_p + V_a I_{ad} \operatorname{sen} \delta_p. \tag{5.116}$$

Nota-se na Fig. 5.39 que, se desprezarmos R_a, teremos, entre os módulos de $\dot{E}_0$, V_a e $\dot{I}_{ad}$, as relações

1.ª) $E_0 - V_a \cos \delta_p = X_d I_{ad}$,

donde

$$I_{ad} = \frac{E_0 - V_a \cos \delta_p}{X_d}, \tag{5.117}$$

2.ª) $V_a \operatorname{sen} \delta_p = X_q I_{aq}$,

donde

$$I_{aq} = \frac{V_a \operatorname{sen} \delta_p}{X_q}. \tag{5.118}$$

Substituindo (5.117) e (5.118) na (5.116), vem

$$P = \frac{V_a^2 \operatorname{sen} \delta_p \cos \delta_p}{X_q} + \frac{V_a E_0 \operatorname{sen} \delta_p}{X_d} - \frac{V_a^2 \operatorname{sen} \delta_p \cos \delta_p}{X_d}.$$

Lembrando que $\operatorname{sen} \delta \cdot \cos \delta = 1/2 \operatorname{sen} 2\delta$, concluímos que

$$P = \frac{V_a^2 (X_d - X_q)}{2 X_q X_d} \operatorname{sen} 2\delta_p + \frac{V_a E_0}{X_d} \operatorname{sen} \delta_p. \tag{5.119}$$

Essa seria a potência mecânica que teríamos no eixo da máquina síncrona se não houvesse perdas mecânicas. A potência útil seria dada pela diferença entre essa potência e as perdas mecânicas.

Se dividirmos por Ω_s, teremos o conjugado desenvolvido, que será conjugado resistente se for gerador e conjugado motor se for motor:

$$C_{des} = \frac{V_a^2(X_d - X_q)}{2\Omega_s X_q X_d} \operatorname{sen} 2\delta_p + \frac{V_a E_0}{\Omega_s X_d} \operatorname{sen} \delta_p. \qquad (5.120)$$

Tanto a potência como o conjugado acima são valores por fase, visto que tanto as tensões como os parâmetros, são valores por fase. A potência e o conjugado total da máquina será obtido multiplicando-se o valor encontrado anteriormente, pelo número de fase do enrolamento induzido.

O primeiro termo do segundo membro é independente de E_0, portanto ele existe mesmo com a máquina sem excitação. Esse termo nada mais é que o conjugado de relutância, e a máquina síncrona, nessa condição, seria chamada de máquina síncrona polifásica de relutância (veja motor síncrono de relutância monofásico na Seç. 4.11). Se a máquina síncrona tivesse relutâncias iguais nos eixos direto e quadratura, isto é, se X_d fosse igual a X_q, aquele termo não existiria e a máquina apresentaria apenas conjugado de dupla excitação (conjugado de mútua indutância) que corresponde ao segundo termo da expressão (5.120), e que, por sua vez, ficaria reduzida e coincidiria com a expressão (5.102), já demonstrada para as máquinas de indutor cilíndrico (basta fazer $X_d = X_q = X_s$).

Note-se ainda a variação do primeiro termo com o seno do dobro do ângulo de potência (δ_p), confirmando o exposto em 4.13.2. O gráfico da variação de C_{des} com o ângulo δ_p seria o mesmo apresentado na Fig. 4.20(c) do Cap. 4, para o caso geral de existência simultânea de conjugado de mútua e de relutância. O conjugado desenvolvido, dado pela expressão (5.120), seria o apresentado no eixo se não houvesse conjugado resistente de perdas mecânicas. O primeiro termo, correspondente ao conjugado de relutância, pode chegar até 30% do conjugado desenvolvido em algumas máquinas de pólos salientes.

5.19 REGULAÇÃO DAS MÁQUINAS SÍNCRONAS

A regulação de velocidade dos motores é definida como

$$\mathscr{R} = \frac{n_s - n_r}{n_s} = \frac{\Omega_s - \Omega_r}{\Omega_s}. \qquad (5.121)$$

Logicamente a regulação de velocidade para o motor síncrono em regime permanente é nula.

A regulação de tensão, nominal, inerente ao gerador síncrono é definida, em valor por unidade (p.u.), como sendo

$$\mathscr{R} = \frac{V_0 - V_{a\,nom}}{V_{a\,nom}}. \qquad (5.122)$$

Nota. Vamos entender por *inerente* a regulação do gerador sem dispositivos de regulação automática que corrijam a corrente de excitação com a variação da corrente de carga. Esses dispositivos normalmente denominados *reguladores automáticos de tensão de geradores* são servomecanismos eletromecânicos ou eletrônicos que tomam sinal da tensão de saída e agem sobre a excitatriz para que a referida tensão mantenha dentro de um padrão de variação com a carga, previamente estabelecido (12)(32).

A tensão $V_{a\,nom}$ da expressão (5.122) é a tensão nominal do gerador mantida com corrente de carga I_a nominal, e com um fator de potência igual ao indicado pelo fabricante. A tensão V_0 é aquela que se manifesta em vazio, mantidas, é claro, a velocidade e a corrente de excitação que produziam $V_{a\,nom}$, sendo, portanto, igual ao módulo de E_0. Assim sendo, fica claro que a regulação apresenta outros valores quando calculado para outros valores de fator de potência que não o nominal. Pelo exposto nas Seçs. 5.13. e 5.14. conclui-se facilmente que a regulação é sempre maior que zero, nos geradores funcionando com fator de potência unitário e naqueles que funcionam como emissores de potência reativa indutiva. Com corrente emitida fortemente capacitiva, podem apresentar regulação negativa.

Se tomarmos $V_{a\,nom}$ como um valor base para as f.e.m. e tensões do gerador, seu valor em p.u. será igual a unidade. Assim sendo, a (5.122) pode ser reescrita como

$$\mathcal{R} = (V_0) - 1, \qquad (5.123)$$

onde (V_0) é o valor de V_0 relativo ao valor base $V_{a\,nom}$.

Exemplo 5.6. Um caso clássico é a procura da f.e.m. E_0 de uma máquina síncrona de pólos salientes a partir das condições nominais: $V_a = 1$ p.u., $I_a = 1$ p.u., conhecendo-se X_d e X_q. Vamos então, neste exemplo, calcular a regulação para um gerador que apresenta $X_d = 1,00$ e $X_q = 0,65$ emitindo corrente de natureza indutiva de fator de potência igual a 0,8, com resistência R_a desprezível.

Solução

Vamos resolver o problema com os valores p.u. Os valores reais de tensão e corrente poderiam ser obtidos multiplicando-se os valores p.u. encontrados pelos seus valores base se estes fossem conhecidos.

Adotando o fasor $\dot{V}_a$ como referência, obteremos a corrente complexa:

$V_a = 1$ p.u.; $\qquad I_a = 1$ p.u.,
$\dot{V}_a = 1 + j0 = 1 \lfloor 0°$,
$I_a = 1 \cos \varphi - j \, \text{sen} \, \varphi = 0,80 - j0,60 = 1 \lfloor -36,9° \cong 1 \lfloor -37°$

Para o cálculo de E_0 precisamos determinar as componentes I_{ad} e I_{aq}, as quais são conseguidas determinando o fasor OA' da Fig. 5.39, que, por sua vez, fornece a direção de $\dot{E}_0$ e $\dot{I}_{aq}$.

Sem considerar R_a, o fasor OA' será

$$V_a + jX_q I_a = 1 + j0 + j(0,65)(0,80 - j0,60),$$
$$\dot{V}_a + jX_q \dot{I}_a = 1,39 + j0,52 = 1,49 \lfloor 20,5°,$$

portanto o ângulo δ_p é igual a 20,5°. O ângulo entre I_a e E_0 será

$$\varphi + \delta_p = 37° + 20,5° = 57,5°.$$

Utilizando as expressões (5.104) e (5.105), teremos os módulos de $\dot{I}_{ad}$ e $\dot{I}_{aq}$:

$$I_{ad} = I_a \, \text{sen} \, 57,5° = 1,00 \times 0,84 = 0,84 \text{ p.u.},$$
$$I_{aq} = 1 \cos 57,5° = 0,54 \text{ p.u.}$$

O fasor $\dot{I}_{aq}$ está adiantado $\delta_p = 20{,}5°$ em relação a $\dot{V}_a$, e o fasor $\dot{I}_{ad}$ está atrasado, em relação a $\dot{V}_a$, $90 - \delta_p = 69{,}5°$. Assim,

$$\dot{I}_{ad} = 0{,}84 \mid\!-69{,}5° = 0{,}29 - j0{,}79,$$
$$\dot{I}_{aq} = 0{,}54 \mid 20{,}5° = 0{,}51 + j0{,}19,$$
$$j\dot{I}_{ad} = 0{,}84 \mid 20{,}5°,$$
$$j\dot{I}_{aq} = 0{,}54 \mid 110{,}5°.$$

Para calcular $\dot{E}_0$, em módulo e fase, podemos agora utilizar a expressão (5.114) sem considerar R_a, ou, o que é mais simples, utilizar a (5.115), pois o fasor $0A'$ e o fasor $j(X_d - X_q)\dot{I}_{ad}$ são paralelos, isto é, têm a mesma fase relativa a $\dot{V}_a$ e podemos somar os módulos:

$$j(X_d - X_q)\dot{I}_{ad} = (1{,}00 - 0{,}65)j\dot{I}_{ad} = 0{,}29 \mid 20{,}5°,$$
$$\dot{E}_0 = \text{fasor } 0A' + (X_d - X_q)j\dot{I}_{ad},$$
$$\dot{E}_0 = 1{,}49 \mid 20{,}5° + 0{,}29 \mid 20{,}5° = 1{,}78 \mid 20{,}5°.$$

Em módulo, a tensão V_0 nos terminais de cada fase será igual a E_0: $(V_0) = E_0 = 1{,}78$. A regulação em p.u. pode ser calculada pela expressão (5.123):

$$\mathcal{R} = (V_0) - 1 = 1{,}78 - 1 = 0{,}78 \text{ ou } 78\%.$$

5.20 RENDIMENTO DAS MÁQUINAS SÍNCRONAS

As perdas de potência nas máquinas síncronas são as mesmas já vistas na Seç. 4.3. As perdas no ferro, em regime permanente, manifestam-se essencialmente no induzido, pois o fluxo magnético praticamente não varia no indutor. As perdas nas resistências efetivas de todas as fases do enrolamento do induzido, somadas ao consumo de potência no enrolamento indutor, constituem as perdas Joule totais da máquina síncrona. As perdas mecânicas e adicionais são as já apresentadas na Seç. 4.3.

O rendimento (também definido no Cap. 4) dos grandes geradores e motores síncronos situa-se acima de 0,95. Nas máquinas médias são da ordem de 0,85 a 0,92, e, como regra geral, o rendimento será tanto mais baixo quanto menor a máquina síncrona.

5.21 FATOR DE POTÊNCIA DAS MÁQUINAS SÍNCRONAS

Quanto ao fator de potência dos geradores síncronos em sistemas de potência, depende da quantidade de excitação, podendo tornar-se capacitivo ou indutivo. Nos geradores de corrente alternativa, isolados do sistema, alimentando sua própria carga, é óbvio que o fator de potência será ditado pela natureza da impedância da carga. Devemos lembrar que quanto mais baixo for o fator de potência de natureza indutiva, da corrente emitida, maior será a quantidade de excitação exigida e maior a elevação de temperatura do enrolamento indutor. Os geradores mais comuns são construídos para carga de fator de potência indutivo de 0,75 ou 0,8. Para fatores de potência indutivos menores que esse valor o gerador deve ser de construção especial. Nos motores síncronos também o fator de potência depende da corrente de excitação. Esses motores, além de oferecer potência mecânica no seu eixo, são quase sempre utilizados para funcionarem como emissores de potência reativa e indutiva, suprindo corrente indutiva aos outros

Geradores e motores síncronos polifásicos

receptores da instalação, que normalmente absorvem corrente dessa natureza, ou seja, que são normalmente receptores indutivos. Por esse motivo os motores síncronos, se forem encarados como receptores e não como emissores reativos, são normalmente receptores capacitivos. Eles são construídos normalmente para oferecer à linha um fator de potência capacitivo entre 1 e 0,8 e, conseqüentemente, devem ser previstos para funcionarem superexcitados.

5.22 VALORES NOMINAIS DAS MÁQUINAS SÍNCRONAS

Como nos transformadores (veja a Seç. 2.5), a *potência nominal*, ou *potência de placa*, de um gerador síncrono é normalmente dada em valor aparente (VA e kVA nos pequenos e médios geradores e MVA nos grandes) acompanhada da corrente e da tensão nominal.

O motivo é, em princípio, o mesmo dos transformadores. Se o gerador estiver funcionando com corrente I_a nominal, apresentará perda Joule nominal no induzido, independentemente do fator de potência da corrente de carga. Se a tensão de saída for V_a nominal, o fluxo resultante ϕ_{res} será o nominal, independentemente do fator de potência da corrente de carga. A densidade B_{res} no núcleo será a nominal e, conseqüentemente, também as perdas no núcleo.

Como a intensidade da corrente de excitação I_{exc}, mesmo para V_a nominal, depende não somente da intensidade da corrente I_a, mas também do seu ângulo de fase, a perda Joule no enrolamento indutor de um gerador síncrono será tanto maior quanto menor for o fator de potência indutivo da corrente de carga. Por esse motivo, em geral se indica nos valores nominais dos geradores, um fator de potência indutivo mínimo com que pode funcionar continuamente (comumente 0,8).

Nos motores síncronos, quando encarados como receptor de potência reativa, costuma-se indicar o fator de potência mínimo capacitivo para funcionamento contínuo. Indica-se também a potência ativa mecânica de saída no eixo (watt nos pequenos e quilowatts nos médios e grandes motores).

Nas máquinas síncronas, como nos transformadores, também os valores nominais podem ser para serviço contínuo, ou intermitente, com o grau de intermitência indicado na placa de características. As normas (8) (9) também classificam os isolantes em classes, conforme a temperatura de funcionamento no regime determinado.

5.23 GERADOR DE TENSÃO ALTERNATIVA FUNCIONANDO ISOLADO DO SISTEMA DE POTÊNCIA E ALIMENTANDO CARGA PASSIVA

Suponhamos o caso de um gerador de tensão alternativa (alternador) alimentando uma carga passiva *RLC*, como o caso da Fig. 5.22(b).

Na Seç. 5.12, já foi visto que a freqüência da tensão e da corrente de carga é dada em função do número de pares de pólos e da freqüência de rotação do rotor:

$$f = pn_r.$$

A corrente de carga, como função dos parâmetros internos do alternador é dada pela expressão (5.98). Como função dos parâmetros da carga será dada por

$$\dot{I}_a = \frac{\dot{V}_a}{\dot{Z}_c(\omega)} = \frac{\dot{V}_a}{R + j\omega L - 1/j\omega c} \qquad (5.124)$$

ou, para o valor eficaz de I_a,

$$I_a = \frac{V_a}{Z_c(\omega)} = \frac{V_a}{\sqrt{R^2 + [X_L(\omega) - X_c(\omega)]^2}}. \qquad (5.125)$$

O circuito equivalente, por fase, de um alternador de indutor cilíndrico, em regime senoidal permanente, juntamente com a carga, será o da Fig. 5.40(a).

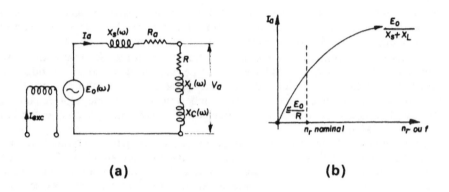

Figura 5.40 (a) Circuito equivalente, por fase, de alternador de indutor cilíndrico com carga R L C em regime senoidal permanente. (b) Andamento da corrente em função da freqüência de rotação do eixo, para o caso de carga passiva RL

Podemos ainda escrever a corrente I_a como função de E_0 e dos parâmetros da carga e da máquina, ou seja,

$$\dot{I}_a = \frac{\dot{E}_0}{\dot{Z}_s + \dot{Z}_c}, \qquad (5.126)$$

onde Z_s pode ser aproximadamente $X_s = \omega L_s$, fazendo-se $R_a = 0$.

Devemos notar que o valor eficaz de E_0 é proporcional à freqüência f:

$$E_0 = 4{,}44 f N \phi_0 k_e.$$

Nesse caso de gerador isolado do sistema, a freqüência de E_0 é ditada pela freqüência de rotação do rotor, e teremos

$$E_0(n_r) = 4{,}44 \, (p \cdot n_r) N \phi_0 k_e. \qquad (5.127)$$

Voltando à expressão (5.126), teremos para $R_a = 0$:

$$I_a(n_r) = \frac{E_0(n_r)}{\sqrt{R^2 + [X_s(n_r) + X_L(n_r) - X_c(n_r)]^2}}. \qquad (5.128)$$

Suponhamos o caso mais comum na prática, onde a carga seja indutiva (somente R e $X_L = \omega L$) e conservemos a corrente de excitação. Para n_r igual a zero (gerador parado) teremos $I_a = 0$ e a potência e o conjugado no eixo também serão nulos. Podemos fazer variar n_r através do motor de acionamento do alternador. Para grandes n_r (freqüências altas) teremos R desprezível em face das reatâncias X_s e X_L, e I_a pode ser aproximadamente calculada como a relação entre E_0 e as reatâncias:

$$I_a \cong \frac{E_0}{X_s + X_L} = \frac{4{,}44 f N \phi_0 k_e}{2\pi f(L_s + L)}, \quad (5.129)$$

ou seja, a f.e.m. e as reatâncias crescem proporcionalmente à freqüência, e a corrente tende para um valor limite constante, ditado pelas reatâncias interna e externa do alternador. A potência ativa liberada na carga será o produto da resistência da carga pelo quadrado dessa corrente, ou seja, ela também tende para um valor limite. O conjugado, porém, sendo o quociente entre a potência ativa e a velocidade, tenderá para zero, com $n_r \to \infty$.

Para freqüências baixas $(n_r \to 0)$, teremos $R \gg X_s + X_L$ e, conseqüentemente,

$$I_a \cong \frac{E_0}{R} = \frac{4{,}44 f N \phi_0 k_e}{R}, \quad (5.130)$$

ou seja, a corrente de carga será aproximadamente proporcional à freqüência.

Neste intervalo teremos potência ativa e conjugado não-nulos. Em cada rotação deste intervalo, teremos um conjugado resultante da interação entre campos rotativos. Um gráfico do andamento da corrente em função da freqüência de rotação do rotor (ou da freqüência da corrente de carga) pode ser visto na Fig. 5.40(b) para o caso de carga RL. No próximo capítulo, dedicado às máquinas assíncronas, chegaremos com mais pormenores à conclusão dos andamentos da corrente absorvida e do conjugado desenvolvido em função da freqüência de escorregamento, e veremos que é semelhante a esse caso de alternador alimentando sua carga isolada. Como esse, existem muitos outros pontos de semelhança entre as máquinas síncronas, assíncronas e mesmo de corrente contínua. Nos próprios princípios de funcionamento expostos no Cap. 4, nota-se a semelhança entre elas, cujos conjugados podiam ser interpretados pela mesma equação fundamental. Esse e outros motivos é que conduzem às teorias unificadas ou generalizadas das máquinas elétricas rotativas, que normalmente são objeto de cursos especializados (34).

5.24 ALGUNS FENÔMENOS TRANSITÓRIOS DAS MÁQUINAS SÍNCRONAS

Vamos nos limitar apenas a uma apresentação desses transitórios por constituírem um assunto específico de máquinas elétricas e de sistemas de potência, principalmente no que diz respeito aos geradores e que será objeto de tratamento pormenorizado das disciplinas que virão em seguida à Conversão Eletromecânica de Energia.

O regime permanente da máquina síncrona (motor ou gerador) é um estado de conjugados, potências, freqüências, velocidades, tensões e correntes constantes. Vamos examinar o que ocorre quando varia uma ou algumas dessas grandezas.

5.24.1 EQUAÇÃO DINÂMICA DA MÁQUINA SÍNCRONA – ESTABILIDADE DINÂMICA

O título deste parágrafo refere-se às expressões mecânicas (3.7) e (3.8), chamadas equações dinâmicas do sistema mecânico e que interpreta a segunda lei de Newton aplicada ao movimento de rotação. Vamos repetir a expressão (3.8), com os mesmos símbolos já apresentados, para

$$J \frac{d^2\alpha(t)}{dt} + \frac{Dd\alpha(t)}{dt} + \frac{1}{d}\alpha(t) = C(t). \tag{5.131}$$

Vamos verificar que na máquina síncrona, seja motor ou gerador, se houver alguma perturbação do regime, como, por exemplo, variação de conjugado mecânico no seu eixo ou variação de velocidade, a solução aproximada do transitório que ocorre, será regida por uma equação diferencial, eletromecânica, análoga à expressão (5.131) com todos os seus termos, sendo alguns deles de natureza eletromecânica.

À medida que examinarmos os fenômenos físicos, iremos identificando cada termo da equação: $C(t)$ é um conjugado aplicado externamente ao eixo da máquina síncrona que será um conjugado motor no caso da máquina ser um gerador e será resistente no caso da máquina ser um motor. Suponhamos que a máquina síncrona esteja funcionando em regime permanente, ligada a um sistema de potência, com a velocidade do rotor Ω_r igual a Ω_s e com um conjugado no eixo que resulte em um ângulo de conjugado δ_{c1} ou em um ângulo de potência δ_{p1} entre o campo rotativo resultante e os pólos do rotor. Vamos supor que não haja deformação elástica nos eixos e acoplamentos, ou seja, que todos os componentes sejam infinitamente rígidos. Se por acaso ocorrer uma variação instantânea da velocidade do rotor, o ângulo δ_p irá se modificar. Se a variação de velocidade foi um pequeno decréscimo, o ângulo δ_p irá aumentar, se a máquina estiver funcionando como motor (pólos em atraso relativamente ao campo rotativo) e irá diminuir se o caso for de gerador.

Digamos, por exemplo, que um acréscimo de velocidade foi provocado por um acréscimo de conjugado motor aplicado instantaneamente (conjugado degrau) ao eixo de um gerador síncrono ligado a um sistema infinito. O novo ângulo de regime δ_{p2} irá se ajustar num valor maior que o anterior, ou seja, tudo se passa como se os pólos do indutor "escorregassem" relativamente aos pólos do induzido. É durante a variação do ângulo que ocorre o aparecimento da velocidade relativa entre o campo e pólos do rotor, com manifestação do primeiro termo da equação (3.8), ou seja, do conjugado de inércia. Durante essa variação do ângulo, uma parte da energia fornecida ao eixo do gerador destina-se a aumentar a energia cinética armazenada nas suas massas rotativas e a outra parte para fornecer à sua carga. Se ao atingir o novo ângulo de regime δ_{p2}, a velocidade do rotor Ω_r, ainda for ligeiramente superior a Ω_s, o deslocamento continuará, até atingir um ângulo δ_{p3} maior que δ_{p2}, suficiente para que o conjugado do gerad. síncrono, aumente e provoque o retorno à velocidade e à energia cinética anterior. O rotor pode agora passar para um ângulo menor que δ_{p2}, enfim, pode oscilar em torno de δ_{p2}, dependendo dos parâmetros e de outros conjugados que se manifestarem durante o processo. Durante essas oscilações do ângulo δ_p, pode ocorrer a saída de sincronismo da máquina síncrona, porém isso é possível concluir com a solução da equação que chegaremos mais adiante.

A taxa de variação no tempo dos ângulos δ (seja δ_c ou δ_p) é a velocidade angular relativa entre o rotor e o campo rotativo, e a derivada segunda de δ é a aceleração angular. Os ângulos δ são normalmente dados em radianos magnéticos, mas, para velocidade e aceleração, interessam o ângulo mecânico ou o geométrico. Assim sendo, o termo de inércia da (3.8) fica, levando em conta que $\alpha = \delta/p$,

$$J \frac{d^2\alpha(t)}{dt^2} = J \frac{d^2\delta(t)}{pdt^2} = J' \frac{d^2\delta(t)}{dt^2}, \qquad (5.132)$$

onde J é o momento de inércia dinâmico do rotor somado ao da carga, sendo este último devidamente corrigido se houver diferença de velocidade (redutor ou multiplicador) entre o eixo da máquina elétrica e o acionamento mecânico.

Em 5.14.3, destinado à partida dos motores síncronos, citamos a existência do enrolamento amortecedor existente nos motores de pólos salientes e em grande parte dos geradores síncronos, e que só tem ação quando há velocidade relativa entre o campo rotativo e o rotor. Esse enrolamento, agindo como uma gaiola de máquina assíncrona, é responsável por outro conjugado importante da equação (5.131). É esse formalmente correspondente ao conjugado tipo viscoso (proporcional à velocidade), que, além de servir para o processo de partida dos motores, serve também como elemento amortecedor das oscilações dos ângulos δ dos rotores de motores e geradores. É também designado por *conjugado assíncrono* da expressão (5.131). Vejamos como se processa a obtenção desse termo. No próximo capítulo, dedicado às máquinas assíncronas, veremos que o conjugado assíncrono desenvolvido pela gaiola é quase perfeitamente proporcional à velocidade relativa ($\Omega_s - \Omega_r$) entre o campo rotativo e o rotor, quando Ω_r é próximo de Ω_s. Esse conjugado apresenta-se como acelerador se $\Omega_r < \Omega_s$ e como desacelerador se $\Omega_r > \Omega_s$. O valor instantâneo da velocidade relativa será a derivada do ângulo δ, logo, esse conjugado assíncrono comparecerá em (5.131) como

$$D \frac{d\alpha(t)}{dt} = K_{ass} \frac{d\delta(t)}{dt} = C_{ass}, \qquad (5.133)$$

onde a constante K_{ass} (em N·m/rad/s) pode ser conhecida através da curva $C = f(\Omega_r)$ do motor funcionando como assíncrono nas imediações de Ω_s, já levando em consideração o ângulo δ em graus magnéticos.

Outro termo de conjugado eletromecânico, que deve comparecer na equação da máquina síncrona, é o conjugado de máquina síncrona, que é função do ângulo δ. No caso de máquina de rotor cilíndrico, a função é senoidal [expressões (5.102) e (5.103)]. No caso de rotor de pólos salientes o erro não será grande se considerarmos ainda esse conjugado proporcional ao seno de δ, nos casos em que o termo de conjugado de relutância da expressão (5.120) for pequeno face ao conjugado de dupla excitação. Assim sendo, o chamado *conjugado síncrono* será

$$C_s = C_{max} \, \text{sen} \, \delta. \qquad (5.134)$$

Podemos considerar perdas desprezíveis nas máquinas médias e principalmente nas grandes. Assim sendo, não há outros termos de conjugado a considerar.

Acontece que, se montarmos uma equação com os termos (5.132), (5.133) e (5.134), chegaremos a uma equação diferencial de segunda ordem não-linear [expressão (5.135)], cuja solução só é possível por métodos de cálculo numérico, seja por processos gráficos ou por computadores (28).

$$J' \frac{d^2\delta(t)}{dt^2} + K_{ass} \frac{d\delta(t)}{dt} + C_{max} \, \text{sen} \, \delta = C(t). \qquad (5.135)$$

Em muitos problemas que de antemão se sabe do envolvimento de grandes ângulos δ, como perda de estabilidade de motores e geradores síncronos e partida de motores síncronos, a equação a ser considerada é a (5.135). Porém, em muitos casos, cujas oscilações de δ limitam-se a valores relativamente pequenos (por exemplo, no máximo entre $+\pi/6$ e $-\pi/6$) poderíamos fazer a aproximação do termo (5.134) para

$$C_{max} \operatorname{sen} \delta \cong K_s \delta. \tag{5.136}$$

Onde a constante K_s (em N.m/rad) pode ser conhecida através da curva $C = f(\delta)$ da máquina síncrona, tanto de pólos salientes como cilíndrica, nas imediações de $\delta = 0$, já levando em conta o ângulo em graus magnéticos.

Assim sendo, o termo (5.136) fica formalmente análogo ao termo elástico da expressão (5.131). A substituição (5.132), (5.133) e (5.136) em (5.131), leva-nos a uma equação linear com a mesma forma da (5.131), ou seja,

$$J' \frac{d^2\delta(t)}{dt^2} + K_{ass} \frac{d\delta(t)}{dt} + K_s \delta = C(t). \tag{5.137}$$

Ela vale aproximadamente para pequenos δ, estando as transformadas segundo Laplace, a transformada para fasores, a resposta em freqüência e a solução da equação característica já apresentadas nas notas de 3.5.3. E, daquela mesma maneira, podemos definir a freqüência angular natural sem amortecimento, o coeficiente de amortecimento e o ângulo de regime permanente (solução para derivadas nulas) da máquina síncrona, ou seja,

$$\omega_n = \sqrt{\frac{K_s}{J'}}, \tag{5.138}$$

$$\xi = \frac{K_{ass}}{2J'\omega_n} = \frac{K_{ass}}{2\sqrt{J'K_s}}, \tag{5.139}$$

$$\delta \,[\text{para } C(t) = C] = \frac{C}{K_s}. \tag{5.140}$$

A freqüência angular natural sem amortecimento ω_n, que depende de K_s e J', será, para os casos de pequenos amortecimentos, igual à freqüência da oscilação do rotor em torno do novo ângulo δ de regime. O valor de ξ é variado, mas em geral é pequeno, cerca de 0,1. A solução $\delta(t)$ da equação (5.137) é um oscilatório amortecido que já foi apresentado em 3.5.3 [Fig. 3.20(b)] para uma excitação impulsiva. Com facilidade se pode adaptar a solução para conjugado degrau [Fig. 5.41(a)].

A equação não-linear (5.135), que apresenta conjugado síncrono senoidal, fornece elementos para a saída ou entrada em sincronismo de um gerador ou motor síncrono. A solução para um conjugado C_1 aplicado ao eixo pode fornecer um ângulo $\delta(t)$ que atinge um valor máximo, e volta a decrescer, levando à conclusão de que o movimento está sendo amortecido em torno da nova posição δ [Fig. 5.41(b)]. Isso significa que, com esse conjugado aplicado, a máquina não saiu, ou não perdeu o sincronismo, ou ainda, utilizando a nomenclatura usual, que ela não perdeu a estabilidade. Para um outro conjugado aplicado, a solução pode ser um $\delta(t)$ com valor crescente indicando que ela certamente não atingirá um novo δ de regime, ou seja, essa variação fez com que a máquina perdesse a estabilidade [Fig. 5.41(b)].

A essa estabilidade chamaremos *dinâmica*, para não confundir com o *limite de estabilidade estático* visto na Seç. 5.16.

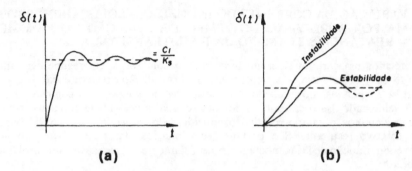

Figura 5.41 Oscilação amortecida do rotor de uma máquina síncrona, (a) considerando-se o conjugado síncrono linear, (b) considerando-se o conjugado síncrono senoidal

Nos textos de máquinas elétricas as equações (5.135) e (5.137) são comumente apresentadas em potências e não em conjugados. Se considerarmos os pequenos desvios em torno de Ω_s durante as oscilações, bastará então multiplicar todos os membros por Ω_s e teremos as equações em potência.

5.24.2 A SINCRONIZAÇÃO DOS MOTORES SÍNCRONOS E A PERDA DE SINCRONIZAÇÃO DOS MOTORES E GERADORES

Quando focalizamos o processo de partida dos motores síncronos, em 5.14.3, referimo-nos ao transitório de sincronização. O motor síncrono, quando parte como assíncrono, atinge uma velocidade Ω_r, na qual o conjugado assíncrono (que nessa faixa de velocidade é decrescente com Ω_r) é suficiente para equilibrar o conjugado resistente externo aplicado ao eixo. Conseqüentemente o rotor pára de acelerar e a fonte de excitação pode ser aplicada ao enrolamento de excitação. A corrente contínua, de excitação, entra em regime num intervalo de tempo, em geral, pequeno face aos tempos mecânicos, visto que a velocidade relativa entre campo rotativo e pólos do indutor é bastante pequena. O valor do conjugado síncrono que se manifestará depende da intensidade dessa corrente aplicada, pois como se sabe ele depende de E_0 que é função da corrente de excitação. A injeção de C.C. pode ocorrer num instante em que o ângulo δ corresponde ao conjugado síncrono de ação geradora (pólos avançados). Assim sendo, o rotor desacelera momentaneamente cedendo energia cinética, diminuindo a velocidade e dificultando a sincronização posterior. Dependendo do conjugado resistente e dos parâmetros, pode mesmo não sincronizar (parágrafo anterior) e continuar funcionando com velocidade média $\Omega_r < \Omega_s$ com ações simultâneas de conjugado síncrono e assíncrono, apresentando oscilações na corrente e na velocidade. A condição mais interessante, é que as constantes da carga e do motor bem como a corrente contínua de excitação (f.e.m. E_0) sejam suficientes para que o rotor sincronize na primeira passagem por uma situação de ângulo δ igual ao final de regime, embora com algumas oscilações em torno desse valor. Para uma apreciação quantitativa, específica de partida de motor síncrono utilizando a equação (5.135), sugerimos a referência (28).

Tanto um motor como um gerador síncrono podem sair de sincronismo com a aplicação de um conjugado degrau de uma certa intensidade. Uma solução aproximada do problema, utilizando também a equação não-linear, por um processo gráfico denominado método de áreas iguais, pode ser vista na referência (5).

5.24.3 VARIAÇÃO DA CORRENTE DO INDUZIDO – SOLUÇÃO DO PROBLEMA POR SUBDIVISÃO DO TEMPO DE DURAÇÃO DO FENÔMENO – REATÂNCIAS TRANSITÓRIA E SUBTRANSITÓRIA

Tomemos um gerador síncrono funcionando com carga, em regime permanente, em um sistema de potência. A corrente contínua de excitação e o valor eficaz da corrente alternativa I_a, por fase do induzido, são constantes no tempo, bem como o fluxo por pólo. A velocidade das peças polares do rotor é igual à velocidade do campo rotativo, quer consideremos o campo rotativo produzido pelo induzido, quer consideremos o campo rotativo resultante. São portanto estacionários, um relativamente ao outro, não havendo indução de f.e.m. mocionais no enrolamento de excitação e no enrolamento amortecedor.

Somente haverá indução de f.e.m. nas três fases do enrolamento induzido que é estacionário. Além disso, os fluxos concatenados com as bobinas de excitação e com o enrolamento amortecedor não variam no tempo, e não há indução de f.e.m. variacionais nesses enrolamentos.

Se, porém, houver uma perturbação que faça variar a corrente I_a do induzido, haverá uma tendência de variação de intensidade do fluxo rotativo por pólo, ϕ_a, e, conseqüentemente, do fluxo concatenado com os enrolamentos de excitação e amortecedor.

Imaginemos, por exemplo, que o gerador estivesse excitado com uma corrente I_{exc} tal que $V_a = V_0 = E_0$, com um fluxo resultante $\phi_{res} = \phi_0$, e que ocorresse um curto-circuito simétrico, isto é, simultâneo nos terminais das três fases do induzido.

Em 5.13.5. examinamos o curto-circuito permanente. A corrente de curto-circuito, por fase do induzido, era dada pela relação entre a f.e.m. existente antes do curto-circuito, e a reatância síncrona, sendo expressa pela (5.91), que em módulo fica

$$I_{acc} = \frac{E_0}{X_s}. \tag{5.141}$$

Visto que no curto-circuito a f.m.m. de reação do induzido $\mathcal{F}_a$, e o fluxo ϕ_a são francamente desmagnetizantes e agem segundo o eixo direto, a expressão acima vale aproximadamente também para máquinas de pólos salientes se utilizarmos X_d no lugar de X_s. Verificamos ainda, naquela ocasião, que o fluxo resultante (que determina V_a) era nulo na máquina considerada sem resistência R_a(mesmo considerando a resistência, ou seja, a queda $R_a I_{acc}$, o fluxo resultante no curto-circuito permanente é muito pequeno).

Na verdade essa corrente permanente de curto-circuito não se estabelece de imediato, mas após um fenômeno transitório, pois a mudança do fluxo, de um valor ϕ_{res} para um valor praticamente nulo, não se processa instantaneamente.

Vamos supor que o transitório elétrico de variação do fluxo e da corrente se processe num intervalo de tempo desprezível em face dos tempos de possíveis modificações mecânicas, ou seja, que, após o curto-circuito, o campo rotativo e os pólos do rotor continuem estacionários um relativamente ao outro.

A tendência de variação do fluxo, concatenado com os enrolamentos do rotor, induzirá f.e.m. e correntes nesses enrolamentos, que possuem resistência, indutância própria e mútua com outros enrolamentos, e vão comportar-se, perante o induzido, como o secundário de um transformador em curto-circuito. Essas correntes se manifestam no sentido de tender a manter o fluxo no valor inicial (no enrolamento de excitação a corrente induzida se superpõe à corrente contínua anteriormente existente) e o resultado é, no estator, I_a com o valor inicial I''_{acc} da Fig. 5.42. Se os circuitos não pos-

Geradores e motores síncronos polifásicos

suíssem resistência, isto é, se não fossem amortecidos, a corrente alternativa I_a continuaria indefinidamente com esse valor máximo (ou com esse valor eficaz) e o fluxo continuaria no valor inicial. Na verdade, embora possam ser pequenas face às indutâncias, as resistências existem e a corrente começa a decrescer segundo um contorno exponencial que depende da resistência e da indutância equivalentes.

Mas nota-se ainda que após alguns ciclos da senóide de I_a, há uma modificação gradativa no contorno dessa corrente (Fig. 5.42). Sendo essa corrente um resultado da ação dos dois enrolamentos, e tendo o enrolamento amortecedor uma relação indutância/resistência bem menor que o enrolamento de excitação, sua ação é menos duradoura, ou seja, são os parâmetros do enrolamento amortecedor que ditam, predominantemente, o comportamento da corrente I_{acc} nos seus primeiros dois ou três ciclos. Nos ciclos seguintes, digamos da ordem de seis ou sete, é o enrolamento de excitação que comanda predominantemente o comportamento da I_{acc}, a qual passa a apresentar uma diminuição, no tempo, mais lenta que a anterior. O valor I'_{acc} da Fig. 5.42 é obtido pela extrapolação deste segundo contorno.

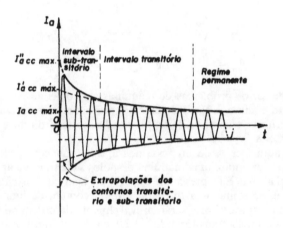

Figura 5.42 Corrente de curto-circuito, simétrica, para uma das fases do induzido inicialmente em vazio

Após esse período a corrente I_a entra no regime permanente com o valor I_{acc}.

Devemos no entanto lembrar que a Fig. 5.42, que representa um oscilograma da corrente I_a após um curto-circuito, é um caso muito particular da corrente por fase no que diz respeito à simetria em relação ao eixo do tempo. É claro que utilizamos esse caso exclusivamente com a finalidade de simplificar a exposição; na verdade, ele só ocorre na corrente de uma fase do induzido se o curto-circuito acontecer no instante em que o fluxo concatenado com essa fase esteja passando por valor nulo, ou a sua f.e.m. esteja passando pelo valor máximo. Para qualquer outro instante teríamos uma componente contínua na corrente I_{acc}, o que a tornaria assimétrica. O motivo da necessidade do aparecimento dessa componente contínua é visto na Seç. 2.18, na qual é analisado o transitório do circuito RL excitado com C.A. para o caso do transformador.

O importante, no entanto, é que os contornos acima descritos não modificam para os casos de corrente I_{acc} com ou sem componente contínua.

O primeiro trecho acima caracterizado no andamento da corrente de curto-circuito é denominado, na técnica de máquinas elétricas, *intervalo subtransitório* e o segundo, *intervalo transitório*. Costuma-se definir constantes de tempo para cada um desses intervalos.

As correntes I''_{acc} e I'_{acc}, do andamento simétrico da Fig. 5.42, podem ser chamadas de corrente de início do intervalo subtransitório e do intervalo transitório, respectivamente. Elas são obtidas por extrapolação no gráfico da Fig. 5.42. Da mesma maneira que I_{acc}, elas podem também ser postas sob a forma de uma relação entre a f.e.m. E_0 (existente em vazio, antes do curto-circuito) e uma reatância, desde que se defina convenientemente duas novas reatâncias. A primeira delas será chamada reatância subtransitória, e a segunda, reatância transitória. A reatância subtransitória é definida como a relação entre o valor eficaz E_0 e o valor eficaz da corrente de início subtransitória e é simbolizada por X''. A reatância transitória é definida como a relação entre o valor eficaz de E_0 e o valor eficaz da corrente de início transitória e é simbolizada por X'. Assim sendo, teremos

$$I''_{acc} = \frac{E_0}{X''} \quad \text{ou} \quad I''_{acc\,max} = \sqrt{2}\,\frac{E_0}{X''}, \qquad (5.142)$$

$$I'_{acc} = \frac{E_0}{X'} \quad \text{ou} \quad I'_{acc\,max} = \sqrt{2}\,\frac{E_0}{X'}. \qquad (5.143)$$

Na solução de certos problemas de máquinas síncronas de pólos salientes (como ocorrência de curto-circuito a partir de uma situação com carga ativa) pode interessar as reatâncias transitória e subtransitória, associadas ao eixo direto e ao eixo quadratura (X'_d, X''_d e X'_q, X''_q).

Para o caso aqui focalizado interessa-nos apenas uma noção dos valores de X'_d e X''_d. Tomemos, por exemplo, uma máquina de pólos salientes que apresenta X_d aproximadamente igual a 1 p.u. Ela apresentará $I_{acc} \cong 1$ p.u., para uma excitação que produza $E_0 = V_{a\,nom} = 1$ p.u. Se a máquina tiver um projeto comum de hidrogerador, as reatâncias transitória e subtransitória serão provavelmente da ordem de 0,35 e 0,25. Isso significa corrente de início transitório $I'_{acc} \cong 2,9$ p.u. e subtransitório $I''_{acc} \cong 4$ p.u.

A exposição anterior é uma descrição qualitativa, bastante simplificada, de um caso simples de variação brusca de corrente I_a, em gerador síncrono ligado a um sistema considerado infinito. Na realidade, quando o problema é analisado com maior precisão, os fenômenos físicos que ocorrem nesses transitórios de máquinas síncronas, bem como a parte quantitativa, são muito mais complexos, envolvendo várias resistências e indutâncias próprias e mútuas. Àqueles que se interessarem em prosseguir em máquinas elétricas e sistemas elétricos de potência sugerimos a referência (32).

5.25 A MÁQUINA SÍNCRONA COMO ELEMENTO DE COMANDO E CONTROLE

A classificação das máquinas elétricas rotativas em tipo *de potência* ou *de energia* ou *de força* e tipo *de controle* ou *de sinal* é semelhante àquela feita para transformadores e, portanto, vale a tentativa de classificar os sistemas eletromecânicos, apresentada na Seç. 1.3.

Pequenas máquinas síncronas, com potência desde alguns watts até alguns quilowatts são utilizadas não só em controle (tipos de sinal), como também em certas aplicações industriais de potência, principalmente quando elas são motores.

Uma aplicação dessas pequenas máquinas na forma de geradores já foi vista em 3.8.1., quando tratamos dos geradores tacométricos, do tipo *alternador tacométrico*, que podem ser monofásicos e trifásicos. A construção mais comum é com o indutor em imã permanente, dispensando a excitatriz. Suas potências de saída vão de alguns até dezenas de watts.

Alguns pequenos motores síncronos monofásicos (das categorias de *potência fracionária* e *micromotores*) dos tipos de relutância (veja o Cap. 4) e de indutor de imã permanente, acompanhados de um redutor mecânico, são utilizados em relógios elétricos ou em sinalizadores de tempo (contadores de tempo ou "minuteira" eletromecânica) para fins de comando e controle.

Industrialmente, utiliza-se também o motor síncrono trifásico de relutância, que em princípio é um motor síncrono de pólos salientes sem excitação de C.C., apresentando apenas conjugado de relutância (veja a Seç. 5.18). Esse tipo de motor pode apresentar potência desde décimos de quilowatt até 1 kw ou pouco mais, porém apresenta baixo rendimento e baixo fator de potência indutivo, pois toda a potência reativa de magnetização é absorvida da linha pelo induzido. A partida é feita por meio de gaiola auxiliar (como motor assíncrono) e o poder de sincronização é relativamente pequeno, pois o motor conta apenas com o conjugado de relutância.

Um outro tipo de pequenos motores síncronos é o motor síncrono de histerese, que, embora também apresente baixíssimo rendimento e um grande volume por unidade de potência, possui uma característica de conjugado de partida e de sincronização superior ao do tipo de relutância. É também utilizado em relógios, toca-discos profissionais, etc.

O princípio de funcionamento desse motor é resumidamente o seguinte: ele possui um estator com um enrolamento polifásico, normalmente trifásico ou difásico que produz campo rotativo. O rotor é um cilindro ferromagnético com elevada remanência. Suponhamos que o campo rotativo criado pelo estator gire a uma velocidade Ω_s maior que Ω_r do rotor. Como histerese (veja o Cap. 2) é a tendência do material ferromagnético de manter-se magnetizado após a eliminação da excitação magnética, conclui-se que o campo rotativo estatórico, movendo-se em relação ao cilindro rotórico, o magnetiza, mas de tal modo que os pólos magnéticos induzidos no rotor (um pólo N do estator induz um pólo S no rotor e vice-versa) seguem atrás dos pólos do campo rotativo. Em outras palavras, após um pólo N do campo rotativo estatórico passar sobre uma região de rotor, essa região ainda se mantém magnetizada S até ser forçada a se inverter, quando a solicitação do próximo pólo S, do campo girante sobre ela, torná-la um pólo N. A conclusão é que os pólos induzidos do rotor giram atrasados por um ângulo δ_c em relação ao campo rotativo criado pelo estator. Como o campo rotativo estatórico está girando com velocidade angular Ω_s e o rotor com Ω_r, conclui-se que os pólos induzidos no rotor constituem um campo rotativo que gira em relação ao próprio rotor com velocidade $\Omega_s - \Omega_r$, e é estacionário em relação ao campo estatórico para qualquer Ω_r entre 0 e Ω_s.

Assim sendo, resulta um conjugado contínuo constante em todas as velocidades do rotor, desde parado até a velocidade síncrona. O fato desse motor apresentar conjugado do tipo síncrono, mesmo fora do sincronismo e poder partir por seus próprios meios sem enrolamentos auxiliares é uma vantagem em relação ao motor de relutância.

O fato dele apresentar conjugado constante para $\Omega_r \neq \Omega_s$, torna imediato o processo de sincronização. Ao atingir a velocidade síncrona, cada pólo induzido no rotor permanecerá fixo na última posição ocupada no cilindro e atrasado por um ângulo δ_c, em relação ao pólo correspondente do campo rotativo criado pelo estator. A partir daí, com $\Omega_r = \Omega_s$, tudo se passa como se fosse o rotor de um pequeno motor síncrono de ímã permanente, previamente imantado.

5.26 EFEITO DA SATURAÇÃO MAGNÉTICA NAS MÁQUINAS SÍNCRONAS

As máquinas síncronas foram apresentadas como estruturas magnéticas lineares, ou seja, com os parâmetros reatância constantes e independentes do estado de saturação magnética, ou da excitação a que estão submetidas.

Na verdade, todo projeto normal, não somente de máquinas síncronas, mas também das máquinas assíncronas e de C.C., é feito para funcionar com tensão nominal, numa região um pouco além da parte linear da curva de magnetização (correspondência entre densidade de fluxo e intensidade de campo ou entre fluxo e f.m.m. de excitação). Assim sendo, a indutância síncrona, sendo uma relação entre fluxo e corrente, deve sofrer a influência da saturação e, logicamente, a reatância síncrona deve ser menor quanto mais acentuado for o estado de saturação magnética.

Já tivemos oportunidade de verificar que, no curto-circuito permanente, o fluxo resultante na estrutura magnética da máquina síncrona é muito pequeno. Por esse motivo, a reatância síncrona, calculada ou medida em uma máquina sem saturação, apresenta um valor que se presta para a solução dos problemas de curto-circuito permanente, mas que não é bem apropriado para a solução dos problemas em carga com tensão nominal, cuja situação é de fluxo resultante igual ao nominal. Não vamos entrar em pormenores nesta seção. Para a solução dos problemas de conversão, vamos sempre supor reatância constante e independente da saturação. Mais algumas informações sobre saturação e sua influência na regulação e nas reatâncias serão dadas na seção seguinte, destinada a medidas e sugestões para laboratório.

5.27 SUGESTÕES E QUESTÕES PARA LABORATÓRIO

Já fizemos na Seç. 2.20, vários comentários a respeito das aulas e matérias lecionadas em um laboratório de conversão eletromecânica de energia. Quanto aos conversores rotativos exporemos abaixo o que chamaremos de módulo mínimo de laboratório de máquinas elétricas rotativas e sua utilização. Quanto à seqüência dos parágrafos que se seguem, se o leitor preferir (e isso seria aconselhável), poderá iniciar por 5.27.12 que é um exercício sobre enrolamento e criação de campo rotativo.

5.27.1 EQUIPAMENTO BÁSICO PARA ENSAIOS DE MÁQUINAS ROTATIVAS E SUA UTILIZAÇÃO

Embora nas disciplinas de conversão se estude, até com relativa pormenorização, os conversores rotativos de potência (como é o caso deste capítulo de máquinas síncronas), não é primordial a realização de ensaios de caráter industrial, como ensaios de aquecimento de motores e geradores, de rendimento por medida direta em carga, de separação de perdas e outros. Mesmo que os ensaios possam ser executados em qualquer máquina, é recomendável a utilização de máquina de pequena potência e de baixa tensão, não somente pela facilidade de manuseio (portáteis) mas principalmente por motivos de segurança pessoal e pela simplicidade de conexão dos instrumentos de medida necessários à realização dos ensaios.

Um laboratório de conversão eletromecânica, bem equipado no que diz respeito a conversores rotativos, pode conter inclusive motores e geradores especiais ou para fins específicos. Porém, para as demonstrações mais importantes do ponto de vista didático, alguns conjuntos de três máquinas, cada um composto de uma máquina síncrona (podendo funcionar como motor ou gerador síncrono), uma assíncrona (podendo funcionar como motor ou gerador assíncrono) e uma de corrente contínua (podendo funcionar como motor ou gerador de C.C.) e suas fontes ajustáveis de C.A. e C.C. (que constituem um módulo do laboratório) permitem realizar não somente quase todos os ensaios demonstrativos que interessam à disciplina de conversão, mas também às disciplinas posteriores de máquinas elétricas. A seguir, vamos lembrar algumas recomendações de acordo com as quais temos conseguido os melhores resultados em laboratório. A velocidade básica (nominal) mais recomendável para essas máquinas é de 1 800 ou 1 500 rpm, o que resultará máquinas de quatro pólos em C.A. de 60 ou 50 Hz. As potências da ordem de 0,37 kW (0,5 C.V.). A máquina síncrona deve ser preferivelmente do tipo de pólos salientes com enrolamento amortecedor, por ser esse o caso dos grandes hidrogeradores e o tipo mais comumente encontrado no nosso meio. Embora sendo máquinas pequenas, elas devem ser projetadas para apresentarem características que se assemelhem, o quanto possível, às das máquinas normalizadas de média potência. As máquinas de C.A. (síncrona e assíncrona) devem ser dotadas de terminais que permitam as ligações em série e em paralelo nas disposições Δ e $\curlyvee$. Além disso, para que as máquinas possibilitem a medida do conjugado mecânico no eixo (o que veremos mais adiante), elas devem ter também as carcaças (estator) apoiadas em mancais de pequeno atrito estático, de tal modo que permitam um pequeno deslocamento angular de alguns graus. Essa construção é denominada de *carcaça oscilante* ou *basculante* [Fig. 5.43(a)]. O fato de as três máquinas do módulo de laboratório (síncrona, assíncrona e de C.C.) possuírem carcaça oscilante facilita as observações de conjugado, mas é possível fazer as medidas de conjugado no eixo com apenas uma delas apresentando essa construção; e, preferivelmente, deve ser a de C.C., que é uma máquina mais versátil para esse propósito. As três máquinas devem possuir mesmas medidas externas, possibilitando acoplamento de duas delas em qualquer combinação. A base geral deve permitir tanto o acoplamento frontal (eixo contra eixo) como acoplamento transversal por meio de polias e correias.

Vamos supor, por exemplo, que se deseje medir o rendimento de um motor síncrono em regime permanente. Para isso devemos medir a potência elétrica de entrada (através de wattômetros) e a potência mecânica de saída no eixo. Esta última é o produto do conjugado mecânico útil no eixo pela velocidade angular. A freqüência de rotação do eixo é obtida normalmente por meio de um tacômetro, mas no caso de motor síncrono basta conhecer a freqüência da tensão de alimentação e a quantidade de pólos para se obter freqüência de rotação e, conseqüentemente, a velocidade angular. A medida de conjugado pode ser realizada acoplando-se o eixo do motor síncrono (com a carcaça imobilizada) ao eixo da máquina de corrente contínua [Fig. 5.43(b)] com carcaça oscilante, que funcionará como gerador e alimentará uma carga elétrica resistiva. Porém, ainda resta a seguinte questão: como se procede para medir o conjugado externamente aplicado ao eixo do gerador com carcaça oscilante?

Vejamos, o conjugado desenvolvido, de origem eletromecânica, resulta da interação entre os campos do rotor e do estator, de modo que, segundo o princípio da ação e reação deve aparecer na carcaça um conjugado de reação igual e contrário ao que se manifesta no rotor. Nos geradores com carcaça provida de pés solidários à base, essa reação é absorvida pela fundação. Na construção com carcaça oscilante esta tende a girar arrastada pelo rotor, porém, se aplicarmos o braço de alavanca [Fig. 5.43(a)]

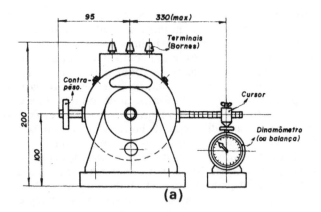

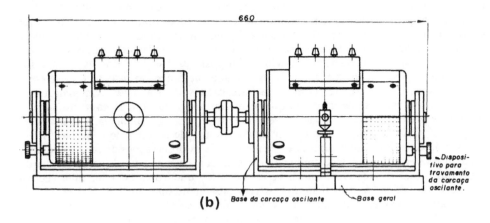

Figura 5.43 Máquinas rotativas para laboratório modular de conversão e máquinas elétricas; módulo composto por uma máquina síncrona, uma assíncrona e uma de corrente contínua. (Gentileza da Equacional Elétrica e Mecânica Ltda.). (a) Vista frontal e lateral de uma máquina com carcaça oscilante de 0,37 kW, 1 800 rpm, (b) vista lateral de duas máquinas acopladas frontalmente, sendo uma delas com carcaça fixa

a um dinamômetro, este imobilizará a carcaça e dará a força de reação (F), que multiplicada pela distância (d) até a linha central do eixo, fornecerá o conjugado de reação. Mas esse conjugado desenvolvido, assim medido, ainda não é igual ao conjugado externamente aplicado ao eixo do gerador. É necessário uma correção. Essa correção está relacionada com o conjugado de perdas mecânicas, e seu valor na velocidade nominal, pode ser uma constante fornecida pelo fabricante. Sendo máquinas projetadas com o cuidado exigido para fins didáticos, normalmente a correção é pequena. No caso de não ser conhecido seu valor, mas sabendo-se ser o mesmo pequeno, achamos que é melhor desprezá-lo do que medi-lo, para que o aprendizado da Conversão Eletromecânica se concentre no objetivo principal da experiência e não nas correções. É claro que para medidas de máquinas elétricas propriamente ditas, onde possa interessar igualmente a parte quantitativa e a qualitativa, a correção pode ser medida com relativa facilidade. Basta medir as potências de entrada P_1 no motor desacoplado, e P_2 acoplado ao eixo do gerador, este em vazio e não-excitado, mas com a carcaça oscilante apoiada no dinamômetro. O conjugado absorvido pelo gerador em vazio para suprir suas perdas será

$$C_{absorvido} = \frac{P_2 - P_1}{\Omega}. \tag{5.144}$$

Mas a correção procurada ainda não é esse conjugado, pois parte do conjugado de perdas pode produzir reação na carcaça. Se o dinamômetro acusou uma força (F) com o gerador em vazio, o conjugado correspondente ($F \cdot d$) deve ser descontado na expressão (5.144) e teremos

$$C_{correção} = C_{absorvido} - C_{dinamômetro}. \tag{5.145}$$

Esse é realmente o conjugado que o gerador absorve no seu eixo e não é registrado no dinamômetro, portanto é o conjugado de correção que deve ser acrescentado nas leituras do dinamômetro feita com o gerador em carga. Pode-se ainda levar em conta na correção o acréscimo de perda Joule do motor acoplado e desacoplado. O mais razoável, contudo, seria o orientador do laboratório fornecer a correção aos alunos.

5.27.2 CURVA DE MAGNETIZAÇÃO DA MÁQUINA SÍNCRONA – EFEITO DE SATURAÇÃO

Curva de magnetização, de uma maneira geral, é a correspondência entre fluxo (ou densidade de fluxo) e a f.m.m. de excitação da estrutura magnética. Como o valor eficaz da f.e.m. induzida na máquina síncrona é proporcional ao fluxo, e a f.m.m. é proporcional à corrente contínua de excitação, a curva de magnetização é normalmente apresentada como f.e.m. em função da corrente de excitação.

A máquina síncrona, motor ou gerador, apresenta uma curva de magnetização (também chamada de curva de saturação em vazio) que lembra a curva de magnetização dos transformadores, com a diferença de que a corrente magnetizante na máquina síncrona é fornecida pela fonte de tensão contínua de excitação (excitatriz).

O levantamento dessa curva é feito com a máquina síncrona funcionando como gerador em vazio, acionado por um motor elétrico (por exemplo, o motor de corrente contínua do conjunto descrito no parágrafo anterior).

Mede-se a tensão V_0 (valor eficaz) nos terminais em vazio de uma das fases (que deve ser praticamente o mesmo que nas outras fases de uma máquina equilibrada) e a corrente contínua de excitação. O gráfico (Fig. 5.44) que se pode traçar com os valores obtidos é a curva de magnetização, ou seja, $E_0 = f(I_{exc})$. Para cada velocidade de acionamento da máquina síncrona teremos uma curva, mas basta lembrar que o valor eficaz E_0 é proporcional à freqüência de rotação (veja a Seç. 5.23.), e conclui-se que, para cada abscissa I_{exc}, as ordenadas dessas curvas são proporcionais à velocidade. Costuma-se apresentar essa curva sempre na velocidade básica nominal.

Em vazio temos apenas o fluxo de indutor ϕ_0. Como a máquina síncrona tem o circuito magnético do fluxo indutor em parte estabelecido no material ferromagnético e em parte no ar (entreferro) a curva é uma composição, em ordenadas, da diferença de potencial magnético no ferro e no entreferro. Portanto, é um caso análogo ao do eletroímã aberto com pequeno entreferro visto no Exemplo 4.2. Apresenta uma parte praticamente linear para baixos valores de corrente de excitação e sofre o efeito de saturação para altos valores (Fig. 5.45). Além disso, para máquinas já anteriormente utilizadas, as peças polares do indutor apresentam remanência e, conseqüentemente, a curva de magnetização inicia com uma f.e.m. E_{rem} que se manifesta para $I_{exc} = 0$ (curva em tracejado na Fig. 5.44).

Esse ensaio é também denominado *ensaio em vazio*.

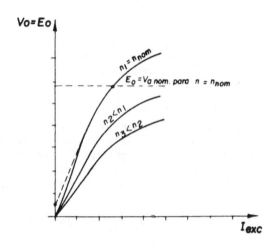

Figura 5.44 Curvas de magnetização de uma máquina síncrona para três freqüências de rotação, também denominadas *curvas de saturação em vazio*

5.27.3 VERIFICAÇÃO DA INFLUÊNCIA DA NATUREZA DA CARGA

Em um alternador isolado do sistema de potência, aplique-se uma carga resistiva que absorva corrente da ordem da nominal. Excite-se para que a tensão de saída por fase (V_a) também seja da ordem da nominal. Conserve a excitação e modifique a carga para indutância e capacitância pura. Observe com um voltômetro a variação de V_a.

5.27.4 MEDIDA DA REGULAÇÃO DE GERADOR SÍNCRONO

Foi exposto na Seç. 5.19 o fato de a regulação depender não somente da intensidade de corrente de carga I_a mas também do seu ângulo de fase com relação à tensão V_a.

Podem-se fazer medidas de regulação para várias cargas de valor nominal, mas de diferentes fatores de potência, e traçar-se uma curva das regulações para cargas nominais em função do fator de potência. A de mais simples obtenção é a que utiliza uma carga resistiva ($f.p. = 1$). A obtenção de cargas RL e RC pode ser conseguida com bancos de indutores e capacitores.

Aciona-se o gerador síncrono na velocidade nominal por meio do motor de corrente contínua. Aplica-se aos seus terminais uma carga que produza corrente nominal sob tensão nominal do gerador. Conserva-se a corrente de excitação que produziu V_a nominal e abre-se o circuito da carga. Mede-se a tensão V_0 que aparecerá nos terminais e aplica-se a expressão (5.122) ou a (5.123).

Geradores e motores síncronos polifásicos

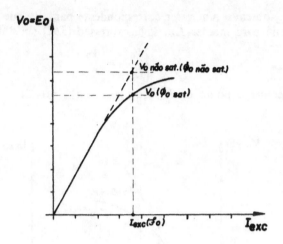

Figura 5.45 Influência da saturação sobre o valor de V_0 atingido em vazio

Como influi a saturação na regulação?

Suponhamos que o gerador estivesse funcionando com tensão e corrente nominais e com um baixo fator de potência indutivo, isto é, estivesse superexcitado. Logo, o fluxo resultante ϕ_{res} que está relacionado com a tensão resultante V_a, é menor que o fluxo ϕ_0 provocado pela f.m.m. $\mathscr{F}_0$ do indutor.

Se suprimir a corrente I_a, a única f.m.m. atuante passa a ser $\mathscr{F}_0$ que nessa situação é bem maior que $\mathscr{F}_{res}$. Se a estrutura magnética fosse linear o fluxo ϕ_0 que ela conseguiria estabelecer seria proporcionalmente maior que ϕ_{res}, mas isso não ocorre devido ao fenômeno da saturação. O fluxo ϕ_0 fica limitado a um valor que produz V_0 da Fig. 5.45 e não ao valor que produziria $V_{0\ não-sat}$ determinado na extrapolação da região linear da curva de magnetização dessa mesma figura. Logo, a saturação limita a regulação a valores mais baixos dos que seriam atingidos se a máquina fosse linear.

5.27.5 ENSAIO EM CURTO-CIRCUITO – DETERMINAÇÃO DA REATÂNCIA SÍNCRONA

Um dos métodos de medida dessa reatância é através do ensaio em curto-circuito permanente. Este é mais um ensaio clássico efetuado nas máquinas síncronas. Para isso aciona-se a máquina síncrona com os terminais do enrolamento induzido curto-circuitados e mede-se a corrente por fase I_{acc}, para várias correntes de excitação I_{exc}. Se traçarmos a curva $I_{acc} = f(I_{exc})$ obteremos aproximadamente uma reta. Porque será reta? Procure explicar, lembrando que no curto-circuito permanente o fluxo resultante é muito pequeno.

De posse das correspondências $I_{acc} = f(I_{exc})$ e $E_0 = f(I_{exc})$ podemos calcular a reatância síncrona de uma máquina de indutor cilíndrico para qualquer condição de excitação, ou seja, para qualquer corrente de excitação. Na Fig. 5.46, entrando-se com um valor de I_{exc} obtém-se um valor correspondente para V_0 que será consumida na reatância síncrona para manter I_{acc}. Pela expressão (5.91) concluímos

$$X_s = \frac{|\dot{V}_0|}{|\dot{I}_{acc}|} = \frac{V_0}{I_{acc}}. \qquad (5.146)$$

Pode-se escolher o ponto de I_{exc} que produz $I_{acc} = I_{a\,nom}$.

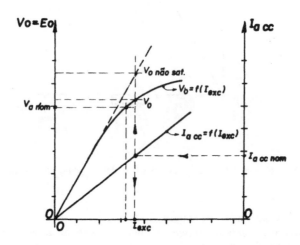

Figura 5.46 Curvas de corrente de curto-circuito permanente $I_{acc} = f(I_{exc})$ e de magnetização

Deve ser notado que o valor de I_{exc} que produz $I_{acc\,nom}$ no ensaio de curto-circuito pode não ser o mesmo que produz $V_0 = V_{a\,nom}$ no ensaio em vazio.

Nota-se ainda na Fig. 5.46 que se pode determinar não somente a reatância síncrona para a máquina no estado de saturação determinado pela excitação escolhida (denominada reatância síncrona saturada) e que é dada pela expressão (5.146), como também para a máquina suposta linear. Esta é denominada reatância síncrona não-saturada. E será dada pela expressão abaixo, onde $V_{0\,não\,sat}$ é obtida da Fig. 5.46

$$X_{s\,não\,sat} = \frac{V_{0\,não\,sat}}{I_{acc}}. \qquad (5.147)$$

Questões

1. Se a máquina ensaiada fosse do tipo de indutor cilíndrico perfeito, a reatância acima calculada seria a reatância síncrona, mas se ela fosse do tipo de pólos salientes a reatância assim determinada seria a reatância de eixo direto. Por quê? Procure explicar. Calcule a reatância saturada.

2. Calcule a reatância saturada também para um novo valor de I_{exc}, por exemplo, aquele que produz $V_0 = V_{a\,nom}$.

5.27.6 DETERMINAÇÃO DAS REATÂNCIAS ASSOCIADAS AOS EIXOS DIRETO E QUADRATURA

Um outro método para se determinar a reatância síncrona de uma máquina de indutor cilíndrico perfeito, seria acioná-la na velocidade síncrona por meio de outro motor, e ligar seu induzido à linha, porém sem excitá-la com corrente contínua. Assim sendo, se desprezarmos as perdas, a corrente alternativa I_a, absorvida da linha será uma corrente magnetizante. Examinemos o que foi exposto em 5.13.4, referente à máquina síncrona com $I_{exc} = 0 (E_0 = 0)$ ligada a um sistema de potência. Pela expressão (5.90) é possível, então, calcular-se a reatância síncrona, bastando medir a tensão V_a e a corrente de magnetização absorvida. Aplicando a expressão (5.90), desprezando-se R_a, teremos

$$X_s = \frac{|V_a|}{|I_{a\,mag}|} = \frac{V_a}{I_{a\,mag}}. \qquad (5.148)$$

Se, porém, a máquina fosse de pólos salientes e os pólos do campo rotativo do induzido girassem com velocidade Ω_s e sempre alinhados com as peças polares do indutor (eixo direto) teríamos, para a corrente de magnetização absorvida da linha, uma corrente de eixo direto e o seu andamento no tempo seria o da Fig. 5.47(a). A relação entre os valores eficazes da tensão V_a e dessa corrente $I_{ad\,mag}$ seria a reatância associada ao eixo direto. Assim,

$$X_d = \frac{V_a}{I_{ad\,mag}}. \qquad (5.149)$$

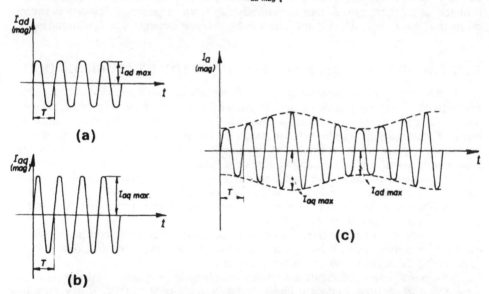

Figura 5.47 Andamento das correntes absorvidas pela máquina síncrona sem excitação de C.C. (a) Com peças polares sempre alinhadas com o campo rotativo do induzido (campo alinhado com o eixo direto); (b) alinhado com o eixo quadratura (c) Alternância de alinhamento com eixo direto e eixo quadratura. *Nota*. Foi suposto, para maior simplicidade, que a tensão de linha não variou com a variação de I_a (sistema infinito)

Mas se os pólos do campo rotativo girassem alinhados com o eixo quadratura das peças polares, teríamos, devido a maior relutância, uma corrente de magnetização maior (veja 5.17.1) que seria a corrente $I_{aq\,mag}$, cujo andamento está na Fig. 5.47(b). Logo, a reatância associada ao eixo quadratura seria

$$X_q = \frac{V_a}{I_{aq\,mag}}. \qquad (5.150)$$

Na prática, a solução para se obter os valores de $I_{ad\,mag}$ e $I_{aq\,mag}$ é acionar a máquina síncrona a ser ensaiada por meio de um motor que apresente uma velocidade muito próxima da velocidade Ω_s que é dada pela quantidade de pólos do induzido e pela freqüência da tensão de linha. Uma possibilidade é fazer o acionamento com um motor assíncrono de baixo escorregamento com mesma quantidade de pólos da máquina síncrona. Com isso conseguiremos que haja uma alternância bem lenta entre alinhamento dos pólos do campo rotativo com o eixo direto e com o eixo quadratura. Um oscilograma dessa corrente seria o da Fig. 5.47(c), mas que, nos casos práticos, não é tão simétrico e tão claro. O contorno da corrente I_a terá uma freqüência correspondente à diferença de velocidade entre campo rotativo e sapatas polares do indutor. Desse oscilograma se consegue os valores máximos e eficazes de $I_{ad\,mag}$ e $I_{aq\,mag}$ para se poder aplicar as expressões (5.149) e (5.150). Se o fenômeno for bem lento, com um amperômetro, consegue-se registrar razoavelmente os valores dessa corrente.

É conveniente utilizar uma tensão V_a reduzida (por exemplo, ligar o induzido em estrela e aplicar a tensão correspondente à ligação em triângulo) para que o conjugado de relutância da máquina síncrona (único conjugado que se manifesta sem excitação de C.C.) seja pequeno e com isso diminua a tendência dela sincronizar e arrastar consigo o motor de acionamento. E com tensão reduzida teremos pequeno fluxo na estrutura magnética; logo, as reatâncias medidas devem ser praticamente as não-saturadas.

5.27.7 PARTIDA DO MOTOR SÍNCRONO E PERDA DE ESTABILIDADE

A máquina síncrona descrita em 5.27.1 é provida de enrolamento amortecedor e, portanto, apresenta conjugado de partida quando o induzido é ligado à linha. Deve-se tomar o cuidado de curto-circuitar os terminais do enrolamento indutor, pois, normalmente, é muito grande a f.e.m. nele induzida pelo campo rotativo, quando o rotor está parado, e isso pode ocasionar avarias no isolamento dos anéis e escovas. Após terminada a aceleração como motor assíncrono, abre-se o curto-circuito e liga-se o enrolamento indutor à fonte de excitação. Com um amperímetro medindo a corrente I_a pode-se observar as variações de corrente durante todo o processo de partida, desde o elevado valor inicial de ligação à linha (rotor ainda parado) como motor assíncrono, até a sincronização final após a injeção de I_{exc}.

Se o motor síncrono estiver acoplado ao gerador de corrente contínua pode-se carregá-lo mecanicamente, isto é, aplicar conjugado ao seu eixo. A medida desse conjugado se faz de acordo com as recomendações dadas em 5.27.1.

Se formos progressivamente e lentamente aplicando conjugado resistente ao seu eixo, o motor síncrono atingirá o limite de estabilidade estático (Seç. 5.16) e sairá de sincronismo. O fenômeno é notado pela variação brusca de corrente de linha e até pelo ruído que o fenômeno provoca. É conveniente que essa observação, e também a partida do motor, sejam feitas num intervalo de tempo estritamente necessário, e preferivelmente com V_a reduzida, para que não haja possibilidade de ocorrer avarias nas máquinas e nos instrumentos de medida.

5.27.8 OBSERVAÇÃO DO ÂNGULO DE POTÊNCIA NO MOTOR SÍNCRONO

Acopla-se o motor síncrono ao gerador de C.C., como em 5.27.7. Liga-se a lâmpada estroboscópica disparada com a freqüência da linha de alimentação do motor, logo, os pulsos luminosos estarão sincronizados com a tensão alternativa V_a. Ora, essa tensão está relacionada com o fluxo rotativo resultante ϕ_{res} que gira com velocidade angular Ω_s. Se dirigirmos o facho luminoso às peças polares do indutor, que giram com $\Omega_r = \Omega_s$, poderemos enxergá-las estacionárias no espaço. Se variarmos bruscamente o conjugado aplicado ao eixo do motor, poderemos observar a variação momentânea da posição daquelas peças polares, isto é, estaremos observando a variação do ângulo entre o campo rotativo e os pólos do indutor (ângulo δ_p). Tente explicar com mais pormenores a visualização do ângulo δ_p. Trace um gráfico do ângulo δ_p em função do conjugado aplicado ao eixo. Para isso faça uma referência angular fixa à carcaça do motor. Pode acontecer que a peça polar oscile em torno da nova posição, na variação brusca de conjugado. Por quê?

5.27.9 OBSERVAÇÃO DA CORRENTE TRANSITÓRIA DE CURTO-CIRCUITO EM UM ALTERNADOR

Aciona-se o alternador (isolado do sistema de potência) por meio de um motor. Excita-se de modo a obter a tensão $V_0 = V_{a\,nom}$. Com uma chave trifásica, ligada aos terminais do induzido, pode-se curto-circuitá-lo. Através de um transformador de corrente ou de um *shunt* toma o sinal da corrente de curto-circuito de uma das fases do alternador e leva-se a um osciloscópio. Fazendo-se várias tentativas (vários curto-circuitos) pode-se conseguir andamentos simétricos e assimétricos (veja 5.24.3) das correntes subtransitória e transitória de curto-circuito.

5.27.10 MEDIDA DIRETA DO RENDIMENTO DE UM MOTOR SÍNCRONO – CURVAS V

Essa medida é simples, porém menos precisa do que aquela determinada pelas perdas. Consiste em se acoplar o motor síncrono no gerador de C.C., fazer variação no conjugado aplicado ao eixo e ir registrando pares de medidas, ou seja, força (portanto, conjugado) no dinamômetro e potência nos wattômetros de entrada em ligação trifásica. Com isso pode-se traçar curvas $\eta = f(C_{eixo})$ ou $\eta = f(P_{mec}) \cdot \eta = C \cdot \Omega_s/P_{ent}$.

Curvas V é o nome que recebem, na técnica de máquinas elétricas, as curvas da corrente I_a em função de I_{exc}, traçadas para 0,1/4, 1/2, 3/4, 1 e 5/4 de P_{nom} tanto para motores como para geradores síncronos. O nome advém do fato de seu aspecto lembrar o da letra V maiúscula. Elas representam a variação da corrente I_a com a variação da excitação (veja 5.14.1 e 5.14.2). Os vértices dos V (as mínimas I_a para as determinadas cargas ativas) correspondem aos fatores de potência unitários.

5.27.11 OBSERVAÇÃO DO GERADOR SÍNCRONO CONECTADO A UM SISTEMA DE POTÊNCIA

Consiste em uma verificação prática das Seçs. 5.13 e 5.14. O gerador síncrono, ligado à linha trifásica de alimentação do laboratório (supostamente infinita, frente ao nosso pequeno gerador de 0,5 kVA), pode funcionar como emissor de kVA indutivo ou capacitivo, através do ajuste da corrente contínua de excitação. A verificação pode ser feita facilmente intercalando-se um fasômetro entre os terminais do induzido e a linha. Pode-se fazê-lo passar de emissor a receptor de potência ativa (gerador ou motor síncrono), variando-se o conjugado mecânico no seu eixo. A verificação é simples, intercalando-se, além do fasômetro, um wattômetro trifásico.

Aqui, porém, resta uma questão. Como conectar o gerador ao sistema de tensão V_a e freqüência f? É uma operação relativamente delicada, ou, pelo menos, que deve ser feita com maior cuidado e denomina-se *sincronizar o gerador com a linha*. Consiste em excitar o gerador e acioná-lo com uma velocidade que resulte, nos terminais trifásicos, uma tensão, uma freqüência e uma seqüência de fases iguais às do sistema. Existem meios de se conseguir a sincronização com a linha por meio de freqüenciômetro, voltômetro e três lâmpadas (12). Nos sistemas de vários geradores, onde essa operação seja freqüente (e às vezes até automática) utilizam-se dispositivos denominados sincronoscópios (12). No nosso caso, porém, que se trata de uma pequena máquina síncrona acoplada a uma máquina de corrente contínua, a operação pode ser muito mais simples. Basta manter a máquina C.C. desligada e ligar a máquina síncrona à linha, como se fosse um motor síncrono. Ela parte sem provocar perturbações sensíveis no sistema. Uma vez terminada a partida, pode-se considerá-la *sincronizada com a linha* e, a partir daí, não haverá problema em se ligar o motor de corrente contínua à sua fonte C.C. No Cap. 7 será visto que existem motores de C.C., os quais, sob velocidade constante, podem funcionar como motor ou gerador, variando-se a tensão C.C. a que estão submetidos. E devido a essa propriedade, consegue-se controlar o conjugado (motor ou resistente) aplicado ao eixo da máquina síncrona que está conectada ao sistema, fazendo-a passar de emissor a receptor de potência ativa e vice-versa.

5.27.12 MONTAGEM DE UM ENROLAMENTO TRIFÁSICO E OBSERVAÇÃO DO CAMPO ROTATIVO

A melhor maneira de se conhecer e identificar um enrolamento polifásico de máquina elétrica rotativa é sem dúvida construir um deles, preferivelmente com mais de dois pólos. Um bom exemplo de enrolamento real, não muito complexo, é aquele correspondente às Figs. 5.16 e 5.17 e cujas características, como quantidade de ranhuras, de fases, etc., constam do exemplo 5.4.

Para essa montagem, o laboratório deve possuir pelo menos um induzido ferromagnético com 24 ranhuras, preferivelmente com ranhuras do tipo aberto, para se poder colocar e retirar as bobinas com facilidade. É interessante também que as 24 bobinas sejam isoladas e pré-moldadas, para serem reaproveitadas em várias montagens e desmontagens sucessivas. As ligações entre os grupos podem ser executadas de acordo com o esquema da Fig. 5.16.

Após a montagem pode-se aplicar tensão trifásica com valor reduzido e observar que o campo produzido é rotativo. Isso se consegue através de um corpo cilíndrico qualquer, de material condutor, colocado no interior do induzido. O campo rotativo induzirá f.e.m. e correntes no cilindro, cuja interação com aquele próprio campo resulta em conjugado que o faz girar, como se fosse o rotor de um motor assíncrono e cujo princípio de funcionamento foi descrito no Cap. 4.

5.28 EXERCÍCIOS

1. Dado um caso de $N = 100$ espiras por pólo no enrolamento de excitação em C.C. de uma máquina síncrona de indutor cilíndrico rotativo, com oito ranhuras por pólo, e supondo igual espaçamento entre as ranhuras, calcule como deve ser distribuída a quantidade de espiras em cada ranhura para se conseguir que a distribuição de f.m.m. varia em degraus com contorno senoidal.

Geradores e motores síncronos polifásicos **321**

2. Supondo que exista no entreferro de uma máquina síncrona uma distribuição espacial senoidal de densidade de fluxo $B(\Theta) = B_{pico} \text{ sen } \Theta$, com $B_{pico} = 1 \text{ Wb/m}^2$ e que o indutor seja do tipo cilíndrico com dez ranhuras por pólo igualmente espaçadas, determine o fator pelo qual se deve multiplicar o número total de espiras ($N = \Sigma N_i$) para se poder calcular o fluxo concatenado com esse enrolamento, como se o indutor fosse do tipo de pólos salientes.

3. Supondo que as distribuições espaciais de intensidade de campo magnético (H) de cada fase de um enrolamento trifásico simétrico e equilibrado, alimentado com correntes trifásicas, possua terceira harmônica espacial, deduza a expressão do campo rotativo para essa harmônica (certamente você encontrará amplitude nula para essa harmônica do campo rotativo).

4. Como no exercício anterior, faça a mesma demonstração para a quinta harmônica (a amplitude encontrada será diferente de zero. E o sentido de rotação será o mesmo da fundamental?).

5. Aplica-se uma tensão V_a, por fase, de um enrolamento induzido trifásico, concentrado e de passo pleno, de uma máquina síncrona com excitação de C.C. nula. A máquina absorverá $I_{a \, mag}$. Se tomarmos o mesmo enrolamento (mesmas N espiras por fase, no mesmo núcleo ferromagnético) e distribuirmos em duas ranhuras/pólo/fase, com passo encurtado de 1/6 do passo polar, e aplicarmos a mesma V_a, a nova $I_{a \, mag}$ será maior ou menor? Qual a sua relação com a $I_{a \, mag}$ anterior?

6. Desenhe um enrolamento difásico de quatro pólos com dezesseis ranhuras, passo de bobina encurtado de uma ranhura.

7. Com base no caso apresentado no texto, de enrolamento trifásico concentrado e de passo pleno, deduza a expressão do campo girante para o caso de enrolamento difásico concentrado e de passo pleno, considerando somente a distribuição espacial fundamental de H.

8. Determine o valor limite do fator de distribuição (k_d) para o número de ranhuras por pólo e por fase tendendo a infinito ($q \to \infty$) para os casos trifásico, difásico e monofásico.

9. Generalize a expressão (5.42) da f.e.m. por fase, para p pares de pólos nos seguintes casos:
    a) todas as bobinas da fase ligadas em série,
    b) dois ramos em paralelo,
    c) $2p$ ramos em paralelo.
    Fazer o mesmo para $\mathscr{F}$ e H.

10. Para um gerador síncrono de $(X_s) = 1$ p.u., funcionando com corrente 0,75 p.u. ligado a uma linha infinita de tensão $(V_a) = 1$ p.u. emitindo apenas potência ativa ($f.p. = 1$), desenhe o diagrama de fasores, omitindo R_a. A partir daí, conclua o que acontecerá com a corrente e seu ângulo de fase se conservarmos I_{exc} e agirmos no motor de acionamento a) diminuindo a potência ativa, para 0,5 p.u., e b) aumentando a potência ativa para 1,0 p.u.

Nota. Escolha uma escala para correntes e uma para tensões e lembre-se que uma corrente = 1 p.u. aplicada a uma resistência = 1 p.u. produz uma tensão igual a 1 p.u.

11. Uma máquina síncrona trifásica de seis polos, indutor cilíndrico rotativo, possui o enrolamento induzido fixo distribuído e encurtado, de tal modo que a quantidade de espiras efetivas (já considerados os fatores de distribuição e de corda), por fase, é 574. A reatância síncrona em cada fase é 7 Ω/fase. A resistência ôhmica do enrola-

mento é bastante pequena em face da reatância e pode ser desprezada. A ligação entre as três fases do enrolamento é em estrela. Funcionando como alternador as condições nominais são: potência, 10 MVA; tensão nos terminais, 11 kV; freqüência de rotação, 1 000 rpm; fator de potência da carga igual a 0,8 indutivo. Nessas condições, pede-se:
a) a regulação em carga nominal para esse fator de potência;
b) o fluxo por pólo que esse gerador deve ter, em vazio, para conseguir aquela tensão em carga;
c) o conjugado resistente oferecido nessas condições e o ângulo de potência δ_p.

12. Um enrolamento de dupla camada de um induzido de máquina síncrona apresenta trinta e seis ranhuras, seis pólos, trifásico, ligação $\curlywedge$ e dez condutores para cada ranhura (passo 1 → 6).
    Todas as bobinas de uma fase estão ligadas em série. O indutor cilíndrico tem 100 espiras efetivas por pólo. Quando o indutor é excitado com 10 A C.C. e gira a 1 200 rpm resulta um fluxo por pólo que provoca uma tensão nos terminais, em vazio, de 380 V. Desligando-se a excitação de C.C. e ligando-se os terminais do induzido a uma linha trifásica de 380 V, pergunta-se:
    a) A máquina absorverá uma corrente de linha trifásica; essa corrente estará em fase com a tensão de fase V_a?
    defasada 90°, em atraso?
    defasada 90°, em avanço?
    b) Qual será o seu valor eficaz por fase? (Suponha ausência absoluta de perdas e todas as distribuições de H e B senoidais).

13. A relação entre a corrente de excitação que produz $V_0 = V_{a\,nom}$, no ensaio em vazio, e a corrente de excitação que produz $I_{acc} = I_{a\,nom}$, no ensaio em curto-circuito (veja a Fig. 5.46), é denominada relação (ou fator) de curto-circuito. Procure a relação entre esse fator e a reatância síncrona saturada calculada para uma tensão $V_a = V_{a\,nom}$ (veja 2.27.5).

14. Um motor diesel de 1 200 rpm aciona um alternador de 6 pólos suposto sem perdas. O sistema possui um servomecanismo estabilizando a velocidade do motor e outro estabilizando a tensão do gerador. O alternador está com carga 100% (1 p.u.) de natureza resistiva e tensão 1 p.u. O ângulo δp é 30°. Descubra abaixo a (ou as) afirmação correta e justifique.
    a) Diminuindo-se a resistência de carga à metade do valor anterior o ângulo δp variará para......°.
    b) Não há meios com os dados do problema para se calcular o novo δp.
    c) Se se colocar uma capacitância em paralelo com a nova resistência de carga os servos atuarão no sentido de diminuir a excitação e de diminuir a vazão de combustível.
    d) Se ao caso anterior se adicionar uma reatância indutiva igual à capacitiva, os servos atuarão no sentido de aumentar I_{exc} e também a vazão de combustível.
    e) Com esta nova carga R, L a f.e.m. E_0 ficou maior que V_a e adiantada de V_a, pois com carga resistiva ela era igual em módulo e fase à V_a.
    f) Com carga R, C aconteceu o contrário do caso e).

CAPÍTULO 6

MOTORES E GERADORES ASSÍNCRONOS

6.1 INTRODUÇÃO

Embora as máquinas assíncronas constituam um dos mais amplos capítulos das máquinas elétricas rotativas, esse nosso capítulo será bastante compacto, pois, como já tivemos oportunidade de afirmar, aproveitaremos uma grande parte do que foi exposto para os transformadores de núcleo ferromagnético e para as máquinas síncronas, principalmente no que se refere aos enrolamentos polifásicos.

Essa categoria de máquinas é bastante extensa (12). São conversores rotativos do tipo duplamente excitado. Como a grande maioria deles tem uma das partes (normalmente o rotor) excitada por indução pela outra parte (normalmente o estator), esses conversores são freqüentemente chamados de *máquinas de indução*. Dentre essas máquinas, os chamados *motores de indução* constituem, certamente, a mais vasta categoria de máquinas elétricas rotativas. Eles podem também ser construídos em formas planas, não-circulares, recebendo o nome de *motores lineares* (30).

Existem motores de indução com micropotências (da ordem de milésimos de quilowatt), potências fracionárias (até 1 kW), potências médias (200 ou 500 kW), até grandes potências (dezenas de milhares de quilowatts). Os motores com potências fracionárias e médias são normalmente construídos em grandes séries, e constituem o maior contingente das máquinas elétricas. Nas potências fracionárias tanto é comum o tipo polifásico como o monofásico, ao passo que nas potências maiores é comum o polifásico e, quase invariavelmente, o estator tem enrolamento trifásico. Vamos nos ater ao caso do trifásico, dado que o monofásico pode ser considerado como uma particularização do trifásico, o que mostraremos no final do capítulo.

Se nas máquinas síncronas, a aplicação mais freqüente é como gerador, nas assíncronas é como motor. O gerador assíncrono é de utilização bastante restrita. Vamos nos restringir às máquinas assíncronas ditas normais. As especiais constituem um capítulo à parte que deve ser estudado nas disciplinas especializadas, mas de algumas delas faremos uma apresentação qualitativa no final do capítulo, por serem de particular interesse ao estudante de Conversão Eletromecânica de Energia.

6.2 PRINCÍPIOS DE FUNCIONAMENTO

Tais princípios já foram expostos em 4.14.2. Acreditamos que, revendo-os, teremos o suficiente para prosseguirmos.

6.3 FORMAS CONSTRUTIVAS

A diferença fundamental entre as máquinas síncronas e as máquinas assíncronas polifásicas, é que esta última possui, tanto no estator como no rotor, enrolamentos polifásicos excitados com correntes polifásicas, mesmo que numa das partes essas correntes sejam conseguidas por indução da outra parte. O caso mais comum é o enrolamento do estator ligado a uma fonte de tensões trifásica e o rotor excitado por indução do estator. É comum denominarem-se as partes (estator e rotor) das máquinas assíncronas *primário* e *secundário*, por analogia com os transformadores, e não *induzido* e *indutor*, como ocorre nas máquinas síncronas. Vamos supor neste capítulo que o enrolamento estatórico seja sempre ligado à fonte polifásica de alimentação.

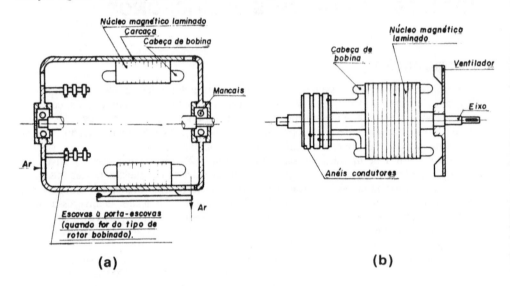

Figura 6.1 Corte esquemático de um motor assíncrono de rotor bobinado. (a) estator, (b) rotor

O enrolamento trifásico do estator, em princípio, é idêntico ao do caso induzido fixo de uma máquina síncrona. É um enrolamento distribuído em ranhuras e construído tanto para baixas como para altas tensões [Fig. 6.1(a)]. Para o rotor, porém, existem duas formas construtivas, ou seja, a de rotor bobinado, também chamado *rotor de anéis*, e a de rotor "em gaiola". Na primeira forma o rotor é análogo ao caso de um induzido rotativo de máquina síncrona, isto é, um enrolamento trifásico distribuído sobre o cilindro rotórico. O acesso externo ao enrolamento é também feito por meio de anéis [Fig. 6.1(b)]. No funcionamento em regime permanente esses anéis são, na maioria dos casos, curto-circuitados e o enrolamento rotórico recebe corrente por indução. O número de pólos do enrolamento rotórico deve ser o mesmo do enrolamento estatórico para que o conjugado médio não seja nulo. Na segunda forma, o enrolamento rotórico não passa de barras condutoras (normalmente cobre ou alumínio) já permanentemente curto-cir-

Motores e geradores assíncronos 325

cuitadas por meio de dois anéis soldados às suas extremidades [Fig. 4.23(a)]. Logicamente o circuito rotórico não terá, nesse caso, acesso ao exterior da máquina, o que torna esse tipo de construção menos versátil, dado que no caso de rotor bobinado podem-se modificar as características da máquina, graças a essa possibilidade de acesso ao circuito rotórico. Nas próximas seções esse fato será analisado. Em compensação essa construção rotórica é muito mais simples de se executar, bem como mais robusta e confiável, por não apresentar contatos deslizantes e nem isolantes elétricos na parte em movimento. O fato de não se necessitar isolante é devido às pequenas diferenças de potencial elétrico existentes entre as extremidades das barras, que possuem alta condutividade e grandes seções transversais, possibilitando circulação de altas correntes. O comportamento desse conjunto de barras é o de um enrolamento polifásico, com o mesmo número de pólos do campo estatórico e com um número de fases que depende da quantidade de barras e de pólos da máquina. Esse assunto será também retomado em seções posteriores. Esse tipo de rotor é também denominado rotor em curto-circuito e é o mais numeroso dentre as formas rotóricas de máquinas assíncronas.

A construção dos núcleos ferromagnéticos é do tipo laminado com ranhuras estampadas em cada chapa antes da montagem e prensagem dos mesmos.

Normalmente o material empregado é o aço silício para atenuação de perdas no ferro, pois o fluxo no núcleo é alternativo como acontecia nos induzidos das máquinas síncronas. Quanto aos sistemas de proteção mecânica e química podem ser *abertos com ventilação interna, fechados com ventilação externa* e mesmo sem ventilação forçada (dissipação natural) (12).

6.4 f.m.m., H E B; f.e.m. E FLUXO PRODUZIDO POR ESTATORES DE DOIS OU MAIS PÓLOS

Sob este título, vale tudo o que foi exposto nas Seçs. 5.5, 5.6, 5.7 e 5.8 para as máquinas síncronas, visto que os enrolamentos trifásicos do induzido daquelas máquinas são, em princípio, os mesmos utilizados nas máquinas assíncronas.

Os estatores das máquinas assíncronas polifásicas são alimentados por fontes de tensões polifásicas provocando a circulação de correntes polifásicas que por sua vez são responsáveis pelas distribuições espaciais rotativas de f.m.m., H e B, com conseqüente indução de f.e.m., tanto no próprio enrolamento do estator, como no do rotor. As f.e.m. induzidas em cada fase do enrolamento rotórico poderão provocar circulação de correntes polifásicas no rotor, se o circuito estiver fechado. Como já sabemos, essas correntes rotóricas provocam o aparecimento do campo girante rotórico. O conjugado da máquina assíncrona, tanto pode ser explicado pela interação entre o campo girante estatórico e as correntes induzidas nos condutores do rotor, como pela interação entre os dois campos, como vimos em 4.14.2.

6.5 ESCORREGAMENTO DAS MÁQUINAS ASSÍNCRONAS

Já tivemos oportunidade de mostrar em 4.14.2 que as máquinas assíncronas só apresentam conjugado eletromecânico quando o rotor se encontra fora de sincronismo, ou seja, para $\Omega_r \neq \Omega_s$. Quando se designa por Ω_r a velocidade angular do rotor, Ω_s a velocidade angular do campo girante estatórico (estator ligado à linha polifásica de freqüência f), o escorregamento absoluto é definido por

$$S = \Omega_s - \Omega_r \tag{6.1}$$

e o escorregamento relativo (em valor por unidade, para Ω_s como velocidade base) será

$$s = \frac{\Omega_s - \Omega_r}{\Omega_s}. \tag{6.2}$$

Lembrando a expressão (5.45) e substituindo-se também Ω_r por $2\pi n_r$, onde n_r é a freqüência de rotação do rotor, vem

$$s = \frac{n_s - n_r}{n_s}. \tag{6.3}$$

Sabe-se que n_s pode ser posta como função do número de pólos do enrolamento estatórico e da freqüência da linha [expressão (5.46)]. Assim sendo, teremos

$$s = \frac{\dfrac{f}{p} - n_r}{\dfrac{f}{p}}. \tag{6.4}$$

Ainda, reportando-nos a 4.14.2, verificamos que, quando a máquina assíncrona funciona com conjugado médio não-nulo, a velocidade angular do campo girante rotórico (criado pelas correntes polifásicas rotóricas) deve ser igual à diferença entre a velocidade angular do campo girante estatórico e a velocidade angular do próprio rotor, ou seja,

$$\Omega_{cr} = \Omega_s - \Omega_r. \tag{6.5}$$

Substituindo em (6.2), vem

$$s = \frac{\Omega_{cr}}{\Omega_s} = \frac{2\pi n_{cr}}{2\pi n_s}, \tag{6.6}$$

onde n_{cr} é a freqüência de rotação do campo girante rotórico, relativamente ao rotor. Multiplicando-se numerador e denominador pelo número de pares de pólos, que é o mesmo para o enrolamento do rotor e do estator, teremos

$$s = \frac{pn_{cr}}{pn_s} = \frac{f_2}{f_1}. \tag{6.7}$$

Essa expressão nos dá o escorregamento relativo, também simplesmente chamado de escorregamento, como uma relação entre a freqüência das correntes polifásicas do rotor e do estator. O escorregamento pode, teoricamente, assumir valor de $-\infty$ a $+\infty$. Nas regiões de funcionamento com freqüências de rotação n_r negativa [região de freio assíncrono da Fig. 4.23(b)], o escorregamento é positivo, maior que 1.

Na região de $0 < n_r < n_s$ [região de funcionamento como motor assíncrono da Fig. 4.23(b)], o escorregamento será $1 > s > 0$. Na região de funcionamento como gerador assíncrono (rotação do rotor positiva e maior que n_s), teremos escorregamento negativo ($s < 0$).

Nota. Como a máquina assíncrona, com o enrolamento rotórico curto-circuitado, é excitada por indução pela linha de alimentação, ela só funcionará como gerador se houver pelo menos outra fonte de corrente indutiva que lhe possibilite a **magnetização**.

Motores e geradores assíncronos

Com o rotor bloqueado (travado): $s = 1$. Com o rotor em sincronismo (não-atingível por seus próprios meios, mas somente se forçado por conjugado externo): $s = 0$.

Nas pequenas máquinas assíncronas o escorregamento nominal, funcionando como motor a plena carga mecânica, está usualmente entre 2 e 5% (0,02 e 0,05 p.u.) nos casos de construção normal. Nas médias e grandes está entre 2 e 0,5% ou menos.

6.6 PREVISÃO QUALITATIVA DAS CURVAS DE CONJUGADO E CORRENTE

Nesta seção procuraremos, de uma maneira menos analítica e mais ligada aos fenômenos físicos, interpretar a forma da curva $C = f(n_r)$ ou $C = f(s)$ já desenhada na Fig. 4.23.

Veremos, mais adiante, como se pode modificar o aspecto daquela curva com a modificação de parâmetros e variáveis da máquina assíncrona, como, por exemplo, a resistência rotórica (secundária), a impedância estatórica (primária), a tensão aplicada ao primário, etc. O aspecto daquela curva e os valores característicos (valor do conjugado máximo, do escorregamento nominal e do conjugado de partida como motor) são os correspondentes aos casos mais comuns de motores de indução normalizados para serviço (regime) contínuo (8) (9) (12). Vamos concluir também o aspecto da corrente rotórica, $I_2 = f(s)$. A corrente primária não difere da secundária no aspecto, pois, como veremos esta se reflete no primário da mesma maneira do transformador e lá se soma com a corrente de magnetização que é absorvida da linha.

Nota. Nas próximas seções apresentaremos a dedução clássica da equação da curva $C = f(s)$, que, para efeitos quantitativos, é a que interessa. E o ponto de partida para a procura desse conjugado será o balanço de conversão de energia. Porém, para essa previsão qualitativa da curva $C = f(s)$ é mais cômodo utilizar o conceito de manifestação de força mecânica por interação entre campo e corrente (veja o Cap. 3), ou entre campos estatórico e rotórico.

Imaginemos inicialmente o estator ligado a uma linha de tensão V_1 e freqüência f_1, e o rotor com escorregamento $s = 0$. Como a velocidade do campo girante estatórico é igual à do enrolamento rotórico, a f.e.m. rotórica (e_2) é nula. Se supusermos o rotor em curto-circuito, ou fechado através de uma impedância externa se ele for do tipo bobinado, a corrente rotórica (i_2) será nula, como também o conjugado (ponto $C = 0$; $s = 0$, na Fig. 6.2).

Imaginemos agora que a máquina esteja com um escorregamento s não-nulo. Haverá indução de f.e.m. nos condutores do rotor e ela pode ser posta em função do escorregamento. Isso é simples, com o rotor parado o campo rotativo estatórico gira com a mesma velocidade, relativamente aos enrolamentos do rotor e estator. Tanto do ponto de vista variacional como do mocional, chegamos à conclusão de que o campo girante estatórico induz f.e.m. nos enrolamentos estatóricos e rotóricos, proporcionais à freqüência f_1, qualquer que seja o número de pólos do enrolamento.

Se ϕ_m for um fluxo mútuo, por pólo, concatenado com primário e secundário, teremos, por fase,

$$E_1 = 4{,}44 f_1 N_1 \phi_m k_{e1}, \tag{6.8}$$

$$E_2 = 4{,}44 f_2 N_2 \phi_m k_{e2}, \tag{6.9}$$

(os símbolos são os mesmos utilizados no Cap. 5 e $f_2 = f_1$ para rotor parado).

Pela expressão (6.7) a freqüência da f.e.m. e da corrente do rotor será

$$f_2 = s f_1. \tag{6.10}$$

Assim sendo o valor eficaz da f.e.m. induzida com escorregamento s será

$$E_{2s} = 4{,}44\, sf_1 N_2 \phi_m k_{e2} = sE_2. \qquad (6.11)$$

Devido a essa f.e.m. haverá circulação de corrente i_2. Essa também pode, simplesmente, ser posta em função de s. Vejamos, sabemos que os enrolamentos, tanto do estator como do rotor são circuitos indutivos, logo, a reatância do enrolamento rotórico será proporcional à freqüência f_2.

A reatância rotórica para um escorregamento s será

$$X_{2s} = 2\pi s f_1 L_2 = s \cdot X_2, \qquad (6.12)$$

onde X_2 é a reatância para o rotor bloqueado (parado).

Supondo, por ora, desprezíveis os efeitos peliculares e de adensamento de corrente, podemos supor que a resistência ôhmica rotórica (R_2) seja independente da freqüência. Assim sendo, a corrente num condutor do rotor para escorregamento s, pode ser escrita na forma fasorial, ou seja,

$$\dot{I}_{2s} = \frac{\dot{E}_{2s}}{R_2 + jX_{2s}} = \frac{s\dot{E}_2}{R_2 + jsX_2} \qquad (6.13)$$

e, para o valor eficaz,

$$I_{2s} = \frac{sE_2}{\sqrt{R_2^2 + (sX_2)^2}} = \frac{sE_2}{Z_{2s}}. \qquad (6.14)$$

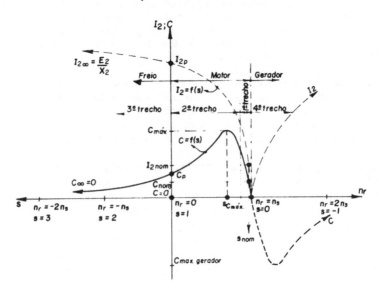

Figura 6.2 Curva típica $C = f(s)$ e $I_2 = f(s)$

Agora estamos em condições de interpretar as formas das curvas de conjugado e corrente rotórica.

Para efeito de raciocínio, vamos interpretar o funcionamento em três trechos da região $s > 0$, que compreende as sub-regiões de motor mais a de freio assíncrono.

Motores e geradores assíncronos

Primeiro trecho. Motor de indução com *s* pequeno (entre 0 e 5% ou 10%) no casos mais comuns).

Nessa região podemos dizer que $sX_2 \ll R_2$, e o circuito rotórico pode ser considerado praticamente resistivo. Pelas expressões (6.13) e (6.14) concluímos que I_2 estará em fase com E_2 e terá o valor eficaz proporcional a *s*, ou seja,

$$I_{2s} \cong s \frac{E_2}{R_2}. \tag{6.15}$$

Na Fig. 6.2 a corrente nesse trecho é representada aproximadamente por uma reta com inclinação E_2/R_2 em relação ao eixo *s*.

Quanto ao conjugado desenvolvido também deve ser aproximadamente linear nesse trecho, pelo motivo de que sabemos que a força e, conseqüentemente, o conjugado devem ser proporcionais ao somatório dos produtos das correntes nos condutores (i_2) pela indução magnética (B) apresentada pelo campo rotativo estatórico sobre esses condutores rotóricos.

$$C = KBi_2.$$

Ou, ainda, que o conjugado (para cada pólo da distribuição espacial de *B* provocada pelo estator) deve ser proporcional ao produto entre o valor de pico de *B* provocada pelo estator; o valor de pico da onda de f.m.m. provocada pelas correntes rotóricas e o seno do ângulo entre elas (veja a teoria das máquinas síncronas).

$$C = KB_{pico} \mathscr{F}_{pico} \operatorname{sen} \delta_c \tag{6.16}$$

Tomemos a Fig. 6.3. Nela estão representadas a onda de *B* do estator, girando com velocidade Ω_s, e os condutores do rotor em corte transversal [Fig. 6.3(a)]. A representação em corte retificado está na Fig. 6.3(b). Para simplificar o processo foi escolhido um rotor do tipo gaiola, pois, aí, cada barra condutora se comporta como um condutor independente, não ligado em série com outros, e a corrente elétrica por ela transportada se fecha pelos anéis de curto-circuito. Por aí, também, se confirma a afirmação anterior de que o número de fases do rotor em gaiola depende do número de barras sob um pólo magnético. Cada barra está se comportando como uma fase independente.

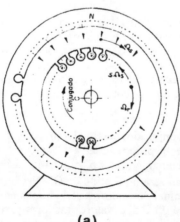

(a)

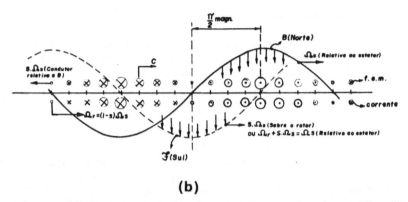

(b)

Figura 6.3 Representação de *B* (do estator) e dos condutores do rotor, com suas respectivas f.e.m. e correntes. Para simplificar foram desenhadas apenas algumas ranhuras do estator e do rotor, (a) corte transversal, (b) corte retificado. *Nota B* e ℱ foram consideradas senoidais (ou as suas fundamentais se elas não forem perfeitamente senoidais)

Essas barras estão logicamente girando com a velocidade Ω_r do rotor, que pode ser concluída de (6.2), ou seja,

$$\Omega_r = (1 - s)\Omega_s, \qquad (6.17)$$

os sentidos de Ω_s e Ω_r, para a máquina girando como motor, estão marcados nas Figs. 6.3(a) e (b).

Para efeito de raciocínio podemos supor a onda de *B* estacionária e as barras do rotor girando com a velocidade de escorregamento $s \cdot \Omega_s$, no sentido contrário ao de Ω_s. Assim sendo, concluímos a polaridade das f.e.m. induzidas nas barras e estão marcadas com ponto e cruz nas Figs. 6.3 (veja $\vec{qv} \wedge \vec{B}$ no Cap. 3). Como neste primeiro caso estamos supondo reatância desprezível, a corrente em cada barra será limitada apenas pela resistência e estará em fase com a f.e.m. expressão (6.15). Dessa maneira os pontos e cruzes que representam as polaridades das f.e.m., representarão no mesmo instante os sentidos das correntes nas barras. Note-se que as f.e.m. e correntes mais intensas (condutores se movimentando sob densidades de fluxo mais intensas) foram representadas por círculos de diâmetros maiores [representação pictórica das f.e.m. e de correntes na Fig. 6.3(b)].

A partir dessa distribuição espacial de correntes pode-se desenhar a distribuição de f.m.m. do rotor [em pontilhado na Fig. 6.3(b)]. Conclui-se que ela está defasada por um ângulo $\delta_c = 90°$ magnéticos em relação à distribuição da corrente e, conseqüentemente, da distribuição de *B*. Essa é a condição de máxima sensibilidade em conjugado. Substituindo-se $\delta_c = 90°$ na expressão (6.16), e lembrando que a f.m.m. de um enrolamento distribuído é proporcional à corrente máxima (ou eficaz), teremos

$$C = KB_{pico}\mathscr{F}_{pico} = K' B_{pico} I_{2s}.$$

E, como conseqüência, o conjugado desenvolvido para escorregamentos pequenos também será aproximadamente proporcional a *s* como era a corrente I_2 [expressão (6.15)]. O aluno poderá também interpretar o conjugado na Fig. 6.3(a) por $i\vec{\ell} \wedge \vec{B}$ e verá que o conjugado desenvolvido será no sentido de Ω_r. Nesse trecho é que se encontra o ponto de funcionamento nominal dos motores assíncronos normais (Fig. 6.2). Nos casos normalizados s_{nom} varia entre 0,1 e 5% (valores menores para máquinas maiores). Por tudo o que foi aí concluído confirma-se o fato dos motores de indução apresentarem, em torno do seu conjugado nominal, escorregamento praticamente proporcionais aos conjugados externos aplicados ao seu eixo.

Segundo trecho. Motor de indução com *s* elevado (de 5 a 10% até 100%). Neste segundo trecho das curvas de I_2 e C da Fig. 6.2, a reatância X_{2s} já tem um valor ponderável em face de R_2. Assim sendo, a corrente, dada pela expressão (6.13) já tem uma defasagem, em atraso, relativamente à f.e.m. E_{2s} e, além disso, o termo sX_2, no denominador, faz com que a taxa de crescimento da corrente I_{2s} vá diminuindo com o aumento de *s*. Com $s = 1$, a corrente rotórica toma um valor muito particular I_{2p}, chamado corrente de partida do motor de indução (ponto $I_2 = I_{2p}$; $s = 1$ na Fig. 6.2). I_{2p} é dada por

$$\dot{I}_{2p} = \frac{\dot{E}_2}{R_2 + jX_2} \tag{6.18}$$

e, em valor eficaz,

$$I_{2p} = \frac{E_2}{\sqrt{R_2^2 + X_2^2}}, \tag{6.19}$$

onde X_2 e E_2 são reatância rotórica e f.e.m. rotórica na freqüência $f_2 = f_1$, que podem ser medidas com o rotor bloqueado (veja a Seç. 6.24, sobre medidas e sugestões para Laboratório).

Quanto à curva do conjugado, além de diminuir a taxa de crescimento, devido à diminuição da inclinação de I_2, chega a inverter a inclinação após ter passado por um valor C_{max} muito importante no desempenho do motor assíncrono. O efeito é muito mais forte no conjugado, a razão disso é explicada a seguir. Tomemos a Fig. 6.4. Quanto à distribuição das f.e.m. nos condutores ela em nada se altera relativamente ao caso da Fig. 6.3(b). Porém, nesse caso, a defasagem no tempo entre a f.e.m. e a corrente já é considerável. Seja φ_2 o ângulo da impedância rotórica, ou seja,

$$\varphi_2 = \text{tg}^{-1} \frac{sX_2}{R_2}.$$

Teremos

$$\cos \varphi_2 = \frac{R_2}{\sqrt{R_2^2 + (sX_2)^2}}, \tag{6.20}$$

que é o fator de potência do circuito rotórico.

Assim sendo, a distribuição espacial da corrente I_2 fica defasada, em atraso, relativamente à distribuição de f.e.m., ou seja, os valores máximo e mínimo de corrente nos condutores acontecem com um atraso de φ_2 graus magnéticos no espaço, relativamente aos valores máximos e mínimos de f.e.m. Por isso a distribuição de $\mathscr{F}$ devida aos condutores do rotor fica defasada $90 + \varphi_2$ da distribuição de f.e.m., ou da de B (Fig. 6.4). Pela expressão (6.16), vem

$$C = KB_{pico} \mathscr{F}_{pico} \text{sen}(90 + \varphi_2) = KB_{pico} \mathscr{F}_{pico} \cos \varphi_2 \tag{6.21}$$

ou, ainda,

$$C = K'B_{pico} I_{2s} \cos \varphi_2. \tag{6.22}$$

Com menor taxa de crescimento de I_{2s} e com $\cos \varphi_2$ decrescente com *s*, o produto $I_{2s} \cos \varphi_2$ e, conseqüentemente, o conjugado passam a ser decrescentes com *s*, embora a corrente ainda seja ligeiramente crescente. E isso acontece a partir de um escorregamento muito particular simbolizado por $s_{c\,max}$ na Fig. 6.2.

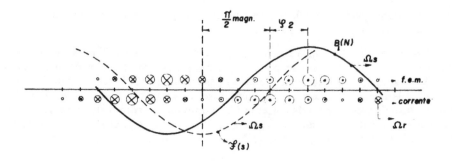

Figura 6.4 Representação semelhante à Fig. 6.3(b) para o caso de corrente em atraso, relativamente às f.e.m. induzidas nas barras do rotor

O ponto $s = 1$; $C = C_p$ corresponde ao chamado conjugado de partida do motor de indução ou conjugado de rotor bloqueado da máquina assíncrona.

Terceiro trecho. Freio assíncrono ou freio de indução ($s > 1$). A corrente I_{2s} tende, praticamente, para um valor final onde o termo sX_2 seja muito grande, relativamente a R_2. Na prática, isso ocorre, nos casos mais comuns e normais, para $s > 3$ ou 4. Esse valor teórico é dado pelo limite da expressão (6.13)

$$\lim_{s \to \infty} \dot{I}_{2s} = \dot{I}_2 \infty = \frac{\dot{E}_2}{jX_2}, \qquad (6.23)$$

ou seja, a f.e.m. rotórica e a reatância crescem igualmente, conservando a corrente rotórica constante e defasada 90° da f.e.m. Para o valor eficaz, temos

$$I_2 = \frac{E_2}{X_2}. \qquad (6.24)$$

Pelas (6.20) e (6.22), conclui-se que

$$\lim_{s \to \infty} \cos \varphi_2 = 0,$$

$$\lim_{s \to \infty} C = C_\infty = 0. \qquad (6.25)$$

O conjugado torna-se nulo quando se anula o fator de potência rotórico.

Quarto trecho. Gerador assíncrono ou de indução ($s < 0$). Esse trecho das curvas é quase uma repetição do que acontece nos trechos de escorregamento entre 0 e 1 e acima de 1. E o aluno poderá interpretá-lo. A única diferença, agora, é que $\Omega_r > \Omega_s$, e, portanto, a velocidade dos condutores em relação à onda de B, será invertida em relação aos trechos anteriores, o que inverterá o sentido da corrente nas barras e, conseqüentemente, o conjugado será contrário ao sentido de Ω_r (conjugado negativo na Fig. 6.2).

6.7 ASPECTOS QUALITATIVOS DA INFLUÊNCIA DA TENSÃO E DA RESISTÊNCIA ROTÓRICA SOBRE AS CURVAS DE CORRENTE E CONJUGADO-APLICAÇÕES

Pela expressão (6.13) e pelo que foi exposto na seção anterior chegamos à conclusão de que a largura da faixa correspondente ao primeiro trecho é relativa ao confronto entre R_2 e sX_2. Se construirmos vários motores semelhantes, apenas com as resistências rotóricas diferentes, teremos os primeiros trechos mais largos naqueles que tiverem resistências maiores, pois o motor terá que atingir escorregamentos maiores para que a reatância comece a ter influência sobre a impedância rotórica. Conseqüentemente a corrente e o conjugado serão lineares para s maiores nos motores com maior resistência rotórica. Nas máquinas assíncronas de rotor bobinado consegue-se aumento da resistência do circuito secundário fechando-se os três anéis rotóricos através de resistores em ligação trifásica. Em geral esses resistores são ajustáveis nos valores desejáveis da resistência R_2 de cada fase [Fig. 6.5(a)].

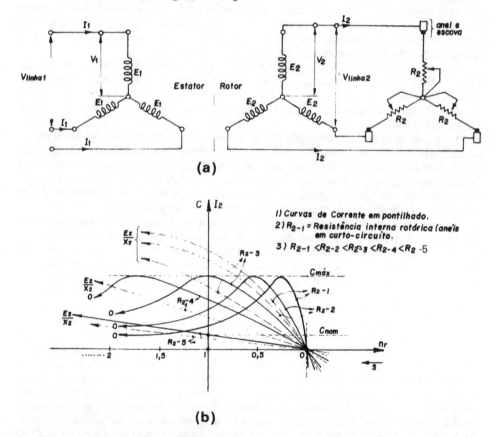

Figura 6.5 (a) Representação esquemática dos circuitos estatóricos e rotóricos (com reostato secundário) de uma máquina assíncrona trifásica de rotor bobinado com reostato secundário. (b) Efeito do aumento externo da resistência do circuito rotórico sobre as curvas I_2 e C de uma máquina assíncrona de rotor bobinado

É lógico que com o aumento de R_2 o fator de potência rotórico também só começará a diminuir mais acentuadamente com escorregamentos maiores. Com isso a curva de conjugado só passa a ser decrescente após um $s_{c\,max}$ maior, ou seja, há um deslocamento do ponto de máximo para a esquerda. Na parte linear da corrente e do conjugado, a inclinação da curva é tanto menor quanto maior é R_2 [veja a expressão (6.15)].

Nesse fato reside uma vantagem dos motores assíncronos de rotor bobinado sobre os de gaiola. Se no de gaiola a resistência rotórica é uma constante construtiva, não há possibilidade de se acertar as curvas de corrente e conjugado para cada aplicação, ou para certos instantes do funcionamento. Vejamos, existem certas aplicações industriais e de transporte em que se deseja do motor, ora uma característica de conjugado independente de velocidade e ora uma característica não-sobrecarregável, isto é, que, à medida em que se aumente o conjugado resistente externo, o eixo do motor diminua proporcionalmente sua velocidade, para fazer com que o produto conjugado resistente × velocidade (potência) fique aproximadamente constante. Isso se consegue através do ajuste da resistência rotórica externa [curvas da Fig. 6.5(b)]. Nota-se nessas curvas que, se o conjugado resistente da carga passar de um valor igual ao nominal do motor para um valor o dobro deste, a velocidade do motor continuará praticamente a mesma, para o caso dos anéis em curto-circuito (resistência R_{2-1}), mas cairá praticamente à metade se a resistência secundária for a R_{2-4}.

Em algumas aplicações deseja-se também ajustar a velocidade do motor mesmo quando submetido a um conjugado resistente constante. Como já tivemos oportunidade de verificar, a inclinação da curva na parte linear é inversamente proporcional a R_2; logo, se mantivermos o conjugado constante, o escorregamento será proporcional a essa resistência.

Isso tudo possibilita a utilização desses motores em acionamentos dos tipos de velocidade ajustável e de velocidade variável com a carga. Mas essa resistência inserida no rotor significa um aumento de perda Joule na máquina, com conseqüente diminuição do rendimento. Essa é uma limitação dos motores de indução bobinados nesse emprego. Existem outros tipos de motores elétricos que conseguem o mesmo resultado com menor acréscimo das perdas, mas quase sempre com custo mais elevado.

Acreditamos que a maior vantagem do motor de anéis reside no bom desempenho durante a partida. Quando desejamos um motor para serviço contínuo, com baixo escorregamento e baixas perdas (R_2 pequeno), resulta, nos casos normais, por questões inerentes ao projeto, um motor com corrente de partida algumas vezes maior que a nominal, com um conjugado de partida da mesma ordem do nominal. Isso acontece nos motores do tipo de gaiola e nos de rotor bobinado com o enrolamento diretamente curto-circuitado. Porém, se no tipo bobinado, acrescentarmos uma resistência externa que resulte numa curva como as da resistência R_{2-3} da Fig. 6.5(b), poderemos conseguir o maior conjugado possível (C_{max}) na partida, com uma corrente de partida menor do que aquela que aconteceria sem resistência externa. A medida que o rotor vai aumentando sua velocidade vamos diminuindo o valor de R_2 [Fig. 6.5(a)] e, conseqüentemente, passando para as curvas R_{2-3}, R_{2-2}, até chegarmos ao curto-circuito entre anéis (curva R_{2-1}), que é a condição normal de serviço. Esse comando de R_2 pode ser manual, nos casos mais simples, ou automático e controlado por sinal da velocidade do eixo ou da freqüência elétrica rotórica, nos casos onde isso se justifique. Essa propriedade possibilita ao motor, dar partida em cargas mecânicas de elevado atrito inicial e poder acelerar rapidamente cargas de grande inércia.

Nota-se ainda que esses motores podem apresentar um conjugado de partida igual ou ligeiramente maior que a nominal, com uma corrente de partida praticamente igual ou ligeiramente maior que a nominal. Basta que R_2 seja tal que a parte linear das curvas de C e I_2 se estendam além de $s = 1$ fazendo com que $\cos \varphi_2$ ainda seja grande na partida. Logicamente o C_{max} se manifestará na região de freio [curva R_{2-5} da Fig. 6.5(a)]. Uma grande parte dos chamados reostatos de partida de motores de anéis são dimensionados com esse critério, o que propicia bom conjugado inicial sem provocar solicitações elevadas de correntes nas linhas de alimentação. *Nota.* Na verdade existem certas formas de ranhuras nos motores em gaiola, por exemplo, as ranhuras duplas (dupla gaiola) e as ranhuras profundas (rotor de barra alta) que proporcionam efeitos acentuados de aumento da resistência aparente do circuito rotórico com a freqüência. Assim eles podem apresentar grande resistência rotórica no instante da partida ($f_2 = f_1$), com melhor conjugado de partida, e pequena resistência em funcionamento nominal ($f_2 = sf_1$), proporcionando baixo escorregamento (12).

Influência de V_1.

Quanto à influência da tensão V_1, aplicada em cada fase do enrolamento estatórico (tensão primária), é simples verificar que, a menos de efeitos secundários como quedas de tensão, haverá proporcionalidade na corrente I_2 e um efeito quadrático no conjugado. Vejamos: na máquina assíncrona bloqueada como se fosse um transformador, vale também, embora com maior erro, a aproximação

$$V_1 \cong E_1.$$

Assim sendo, pela expressão (6.8), conclui-se que o fluxo mútuo, concatenado com o enrolamento de cada fase do estator e do rotor será aproximadamente proporcional a V_1 e, conseqüentemente, o valor B_{pico} da distribuição de densidade de fluxo também será, isto é,

$$B_{pico} \cong KV_1.$$

A f.e.m. E_{2s}, da expressão (6.11), que provoca I_{2s}, é proporcional a ϕ_m ou B_{pico}. Logo, I_{2s} é aproximadamente proporcional a V_1, e $\mathscr{F}_{pico}$ também, ou seja,

$$\mathscr{F}_{pico} \cong K'V_1 \tag{6.26}$$

Pela expressão (6.16) conclui-se que

$$C \cong K''V_1^2. \tag{6.27}$$

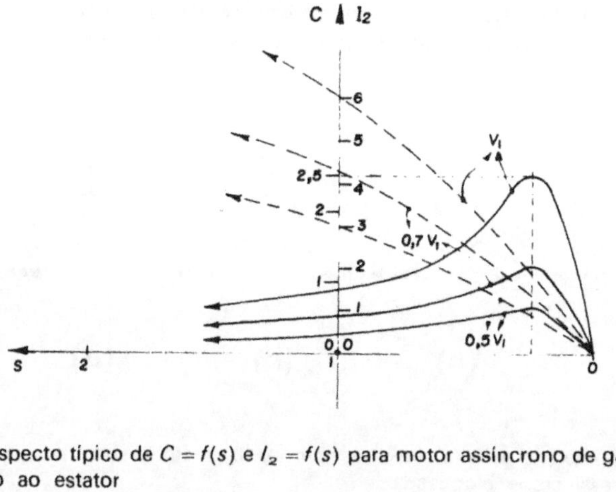

Figura 6.6 Aspecto típico de $C = f(s)$ e $I_2 = f(s)$ para motor assíncrono de gaiola para três valores de V_1 aplicado ao estator

Esse processo, bastante utilizado, pode também ser empregado para provocar uma diminuição de corrente de partida nos médios e grandes motores do tipo de gaiola, embora com acentuada redução do conjugado de partida (Fig. 6.6).

A influência de outras variáveis e de outros parâmetros, como reatância secundária, resistência do enrolamento primário, etc., poderá ser vista quando analisarmos quantitativamente o conjugado e a corrente. Por ora acreditamos ter visto o suficiente sobre os aspectos físicos das máquinas assíncronas, principalmente na região de funcionamento como motor de indução.

6.8 MÁQUINA ASSÍNCRONA COMO MODIFICADOR DE FREQÜÊNCIA – FLUXOS DE POTÊNCIA

Devemos lembrar de início que o que segue não é o funcionamento da máquina assíncrona como gerador assíncrono.

Como a freqüência da f.e.m. induzida no rotor depende do escorregamento, podemos acionar o seu eixo por meio de um outro motor, impondo um determinado escorregamento, e utilizar o enrolamento rotórico como uma fonte cuja freqüência e tensão são proporcionais a s. Basta lembrar as expressões (6.10) e (6.11).

De todas as regiões, a mais vantajosa para essa finalidade de modificador de freqüência é a de freio assíncrono. Isso se deve ao fato de o sentido dos fluxos de potência (ou de energia) na máquina ser mais favorável nessa região. Na região do freio a potência mecânica, entrando na máquina pelo lado mecânico, se soma à potência elétrica absorvida da linha de alimentação e é transferida ao rotor, para se transformar em perdas, principalmente perdas Joule no circuito rotórico (Fig. 6.7). Ora, se utilizarmos externamente essa potência do circuito rotórico (caso de rotor bobinado com anéis e escovas) aquelas perdas deixam, do ponto de vista de quem a utiliza, de ser encaradas como perdas Joule. E como nessa região de freio s é maior que 1, o modificador de freqüência fica denominado multiplicador de freqüência.

Como divisor de freqüência poderíamos utilizá-la nas regiões onde $s < 1$, como a região de motor, por exemplo. Mas nessa região a aplicação é desvantajosa, pois a potência elétrica absorvida da linha é a soma da potência mecânica mais a parte aproveitada externamente ao circuito rotórico. Isso tornaria a máquina antieconômica, visto que aquela potência é transferida do estator ao rotor através do acoplamento magnético, que é um elemento preponderante no dimensionamento da parte ativa da máquina. A Fig. 6.7 ilustra os fluxos de potência para todas as condições.

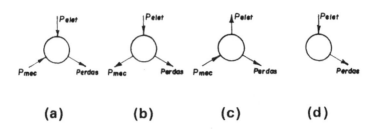

Figura 6.7 Fluxo e potência para (a) freio assíncrono, (b) motor assíncrono, (c) gerador assíncrono, (d) máquina assíncrona bloqueada

Motores e geradores assíncronos

Note que como gerador assíncrono a máquina assíncrona fornece potência elétrica à linha, através do enrolamento primário, proveniente da fonte mecânica, ao passo que, no modificador de freqüência, a energia elétrica utilizada provém do circuito secundário.

Exemplo 6.1. Deseja-se ajustar sincronizadamente as velocidades de alguns motores de indução. Para isso eles são alimentados com freqüência ajustável entre 120 e 450 Hz. Essa faixa de freqüência é obtida do circuito rotórico de uma máquina assíncrona funcionando como "multiplicador de freqüência de indução", cujo estator é alimentado com uma freqüência de 60 Hz e o rotor é acionado em sentido contrário ao do campo girante estatórico. O acionamento é feito por um motor de corrente contínua, por serem motores que se prestam muito bem ao ajuste e controle de velocidade. A máxima freqüência de rotação possível nesse motor de C.C. é de 3 000 rpm. Pede-se

a) o número mínimo de pólos do multiplicador de freqüência,

b) as velocidades máxima e mínima correspondentes aos limites daquela faixa de freqüência.

Solução

a) A freqüência rotórica é dada por $f_2 = s \cdot f_1$. Para os dois limites de freqüência teremos

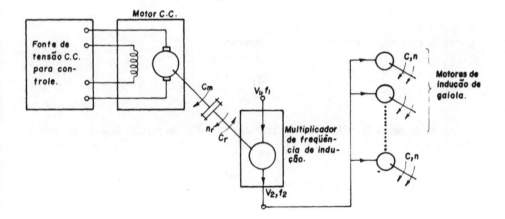

Figura 6.8 Acionamento de motores de indução trifásicos de gaiola, através de motor de C.C. e multiplicador de freqüência de indução (diagrama unifilar)

$$s_1 = \frac{f'_2}{f_1} = \frac{120}{60} = 2,$$

$$s_2 = \frac{f''_2}{f_1} = \frac{450}{60} = 7,5.$$

Por outro lado, sendo

$$n_s = \frac{f_1}{p}, \text{ vem}$$

$$n_r = (1 - s)n_s = (1 - s)\frac{f_1}{p}.$$

Sendo 3 000 rpm a máxima freqüência de rotação possível no motor acionador, e sendo uma rotação contrária a do campo girante do multiplicador de freqüência, temos

$$n_{max} = -3\,000 \text{ rpm, ou } -50 \text{ rps, } n_r \leq |n_{max}|$$

ou
$$n_r \geq -50 \text{ rps.}$$

Assim sendo

$$(1 - s)\frac{f_1}{p} \geq -50.$$

Aplicando essa expressão para $s = s_2$, teremos

$$p \geq \frac{60(1 - 7,5)}{-50} = 7,8.$$

O número de pares de pólos deverá ser maior que 7,8, ou seja, deverá ter no mínimo dezesseis pólos.

b) $\quad n'_r = (1 - s_1)n_s = (1 - 2)\dfrac{60}{8} = -7,5 \text{ rps } (-450 \text{ rpm}),$

$\quad n''_r = (1 - s_2)n_s = (1 - 7,5)\dfrac{60}{8} = -48,83 \text{ rps } (-2\,930 \text{ rpm}).$

6.9 FLUXOS MAGNÉTICOS DA MÁQUINA ASSÍNCRONA

Como já tivemos oportunidade de comentar nas máquinas síncronas, essa subdivisão em fluxos parciais é feita com o objetivo de exposição e de tratamento. Como numa máquina síncrona, os fluxos parciais são: um fluxo de dispersão do primário e do secundário, um fluxo mútuo e um fluxo resultante. Aqui também os fluxos de dispersão localizam-se principalmente nos corpos da ranhura, nos "pescoços" das ranhuras e nas "cabeças" de bobinas (12).

Motores e geradores assíncronos

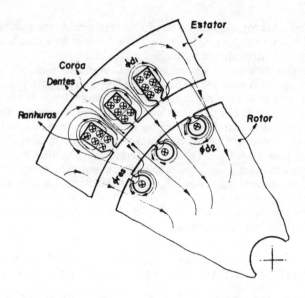

Figura 6.9 Representação esquemática dos fluxos, num plano transversal de uma máquina assíncrona com corrente no primário e no secundário

6.10 f.e.m. E CORRENTES DAS MÁQUINAS ASSÍNCRONAS – RESISTÊNCIAS E REATÂNCIAS PARA FINS DE CIRCUITO EQUIVALENTE

Como no transformador, podemos escrever, para cada fase do enrolamento primário e do secundário, a equação das tensões (veja a Seç. 2.7). Suponhamos o rotor parado e o circuito secundário fechado. As equações para v_1 e v_2 são

$$v_1(t) = R_1 i_1(t) + e_{t1}(t) = R_1 i_1(t) + N_1 \frac{d\phi_{t1}(t)}{dt},$$

$$v_2(t) = R_2 i_2(t) + e_{t2}(t) = R_2 i_2(t) + N_2 \frac{d\phi_{t2}(t)}{dt},$$

onde ϕ_{t1} e ϕ_{t2}, como no transformador, incluem os fluxos de dispersão e o fluxo concatenado com o primário e o secundário. E, assim, podemos aqui também definir reatâncias de dispersão de cada fase do enrolamento primário e secundário, como sendo parâmetros que produzam quedas de tensão (em avanço relativamente à corrente total de cada fase) iguais às f.e.m. induzidas pelos fluxos de dispersão. Também os fluxos de dispersão, primário e secundário, são proporcionais a toda a corrente de fase do enrolamento (veja 2.8.2).

Podemos definir também uma indutância de magnetização, por fase do enrolamento. Quando conectamos o enrolamento primário da máquina assíncrona a uma linha polifásica, cada fase vai absorver uma corrente magnetizante, para produzir uma f.m.m. que determine um fluxo por pólo; fluxo esse que induz a f.e.m. e_1 (veja 5.5.3, onde se faz o relacionamento da f.m.m., H, B e fluxo por pólo nos enrolamentos trifásicos).

Como no transformador, a queda de tensão na reatância de magnetização ($X_{1\,mag}$) é igual à f.e.m. e_1 devido ao fluxo mútuo, quando lhe é aplicada a corrente $I_{1\,mag}$, que é uma corrente indutiva atrasada de e_1 (veja 2.6.1 e 2.6.2).

Como a máquina assíncrona apresenta perdas no núcleo (histerética e Foucault), ela também deverá absorver uma corrente ativa, em fase com e_1, para suprir essas perdas e podemos definir, por fase, uma resistência primária equivalente de perdas no núcleo $R_{1\,p}$ (veja 2.4.2). Quanto à reação da corrente secundária sobre o primário, também vale o exposto para o transformador. Basta lembrar que tanto o campo rotativo produzido pelo estator quanto o produzido pelas correntes rotóricas giram com Ω_s relativamente ao estator e ambos produzem fluxo variável no tempo, com mesma freqüência relativamente ao enrolamento estatórico, mas estacionários um relativamente ao outro. O confronto das f.m.m. de primário e secundário será idêntico ao que está em 2.7.2, concluindo com a expressão (2.60).

As resistências primária e secundária são definidas de maneira análoga e sofrem as mesmas influências que no transformador.

6.11 CIRCUITO EQUIVALENTE DA MÁQUINA ASSÍNCRONA EM REGIME PERMANENTE SENOIDAL, COM ESCORREGAMENTO $s = 0$ e $s = 1$

Como a máquina assíncrona não atinge Ω_s por seus próprios meios, a situação de $s = 0$ só é possível acionando-a por meio de outro motor. Nessa situação, teremos e_2 e i_2 nulos e tudo se passa de maneira análoga à de um transformador no qual se suprimisse o secundário. A corrente absorvida por fase do estator será apenas a corrente de excitação, ou seja, com referência a E_1, teremos

$$\dot{I}_{10} = I_{1\,p} - jI_{1\,mag}$$

O circuito equivalente por fase será então o da Fig. 6.10.

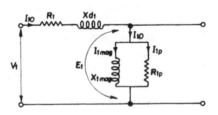

Figura 6.10 Circuito equivalente, por fase, da máquina assíncrona com rotor em sincronismo

As equações para $\dot{V}_1$ e $\dot{V}_2$ serão

$$\dot{V}_1 = (R_1 = jX_{d1})\dot{I}_{10} + \dot{E}_1.$$

Nessa situação não há transferência de energia do estator para o rotor. Se, porém, mantivermos o rotor bloqueado, as duas situações vistas a seguir poderão ocorrer.
1. *Circuito rotórico em vazio* (caso do motor de rotor bobinado com anéis abertos). Nessa situação haverá e_2, porém i_2 será nulo, e esse caso é o verdadeiro correspondente de um transformador em vazio. A diferença do caso anterior é que as perdas no núcleo

serão maiores, pois, se no primeiro caso a freqüência do fluxo no rotor era nula, neste segundo caso ela será igual a f_1. Essa alteração das perdas no núcleo para a mesma e_1, faz alterar o valor do parâmetro $R_{1\,p}$. O circuito equivalente será o da Fig. 6.11.

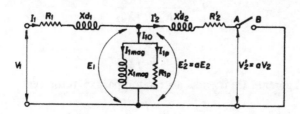

Figura 6.11 Circuito equivalente, por fase, de uma máquina assíncrona com rotor bloqueado, podendo representar as duas situações, ou seja, circuito secundário aberto ou fechado (s = 1).

A equação da tensão V_1 é a mesma anterior e as relações de f.e.m. serão

$$\frac{\dot{E}_1}{\dot{E}_2} = \frac{N_{1\,efet}}{N_{2\,efet}} = \frac{N_1\,k_{e1}}{N_2\,k_{e2}} = a.$$

Nessa situação também não há conversão e nem transferência de energia do primário para o secundário, a não ser as perdas no núcleo do rotor, as quais foram transferidas do estator para o rotor.

2. *Circuito rotórico fechado* (rotor de gaiola ou rotor do tipo bobinado com anéis em curto-circuito ou fechados através de uma impedância externa). É o mesmo caso de um transformador, com uma corrente de carga I_c. A componente primária da corrente secundária está relacionada com a própria I_c, segundo a mesma expressão do transformador, ou seja,

$$\frac{\dot{I}'_2}{\dot{I}_c} = \frac{N_{2\,efet}}{N_{1\,efet}} = \frac{1}{a}.$$

Conseqüentemente, para $\dot{I}_1$, vem

$$\dot{I}_1 = \dot{I}_{10} + \dot{I}'_2,$$

e, para a tensão primária $\dot{V}_1$,

$$\dot{V}_1 = (R_1 + jX_{d1})\dot{I}_1 + \dot{E}_1 = (R_1 + jX_{d1})\dot{I}_1 + jX_{1\,mag}\dot{I}_{1\,mag}.$$

Se considerarmos os parâmetros da impedância externa adicionados aos próprios do rotor, teremos, para o secundário, a equação

$$\dot{V}_2 = 0 = \dot{E}'_2 - (R'_2 + jX'_{d2})\dot{I}'_2, \tag{6.28}$$

onde

$$R'_2 = a^2 R_2\,; \quad X'_{d2} = a^2 X_{d2}$$

são a resistência e a reatância rotóricas, na freqüência f_1, e referidas ao estator, por fase do mesmo.

Nessa situação haverá conjugado (conjugado de partida do motor de indução), mas não haverá conversão eletromecânica de energia, pois a potência mecânica desen-

volvida será nula ($\Omega_r = 0$). Há, no entanto, um fluxo de energia do primário ao secundário, e toda ela ficará confinada ao circuito elétrico do rotor.
Pela expressão (6.28), vem

$$\dot{I}'_2 = \frac{\dot{E}'_2}{R'_2 + jX'_{d2}} \qquad (6.29)$$

ou

$$\dot{I}_2 = \frac{\dot{E}_2}{R_2 + jX_{d2}}. \qquad (6.30)$$

A potência aparente transferida do estator para o rotor será

$$S_{tr} = E_1 I'_2 = aE_2 \frac{I_c}{a} = E_2 I_c = Z_2 I_c^2. \qquad (6.31)$$

A parte ativa transferida e dissipada na resistência do circuito rotórico será

$$P_{tr} = E_2 I_c \cos \varphi_2 = R_2 I_c^2. \qquad (6.32)$$

6.12 CIRCUITO EQUIVALENTE EM REGIME PERMANENTE SENOIDAL, COM ESCORREGAMENTOS DIFERENTES DE 0 e 1

Nessas situações haverá f.e.m. induzida no circuito secundário, haverá $I_2 \neq 0$, haverá $C \neq 0$, haverá $\Omega_r \neq 0$ e, conseqüentemente, haverá conversão eletromecânica com potência mecânica em jogo. Suponhamos que a máquina assíncrona em questão não apresente perdas no núcleo rotórico, mas apenas no estator. Essa aproximação é razoável para o funcionamento na região de motor e gerador com baixos escorregamentos, visto que a freqüência de alternância do fluxo magnético no núcleo rotórico é muito baixa e, conseqüentemente, terá pequenas perdas Foucault e histerética. Tomemos um circuito equivalente com os parâmetros e variáveis do secundário não referidas ao primário, como o circuito que está na Fig. 2.24. Se a máquina assíncrona está girando com escorregamento s, a f.e.m. do secundário será $E_{2s} = sE_2$ e não E_2. A reatância de dispersão secundária será sX_{d2} e não X_{d2}. A resistência secundária será, por ora, suposta não-variável com a freqüência f_2, ou seja, com o escorregamento. Teremos, então, o circuito da Fig. 6.12.

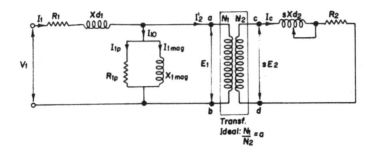

Figura 6.12 Circuito equivalente por fase de uma máquina assíncrona com escorregamento s, com secundário não referido ao primário e cuja potência no secundário representa apenas a potência elétrica desenvolvida no rotor

Motores e geradores assíncronos

A corrente $\dot{I}_c$ será

$$\dot{I}_c = \frac{s\dot{E}_2}{R_2 + jsX_{d2}}. \qquad (6.33)$$

A potência aparente elétrica no circuito secundário será

$$S_{elet} = sE_2 I_c = Z_{2s} I_c^2, \qquad (6.34)$$

onde a impedância

$$\dot{Z}_{2s} = R_2 + jsX_{d2},$$

ou

$$Z_{2s} = \sqrt{R_2^2 + (sX_{d2})^2}, \qquad (6.35)$$

é a impedância rotórica para escorregamento s.
A parte ativa dessa potência será

$$P_{elet} = sE_2 I_c \cos \varphi_{2s} = R_2 I_c^2. \qquad (6.36)$$

E a reativa

$$Q_{elet} = sX_{d2} I_c^2. \qquad (6.37)$$

Mas a potência aparente transferida do estator ao rotor, através do acoplamento magnético, será

$$S_{tr} = E_1 I_2'. \qquad (6.38)$$

Substituindo E_1 por a E_2, vem

$$S_{tr} = aE_2 I_2' = E_2 I_c. \qquad (6.39)$$

Nota-se, comparando a expressão (6.39) com a (6.34), que a potência desenvolvida no circuito elétrico secundário é s vezes a potência transferida, ou seja,

$$S_{tr} = \frac{1}{s} S_{elet}. \qquad (6.40)$$

Então um circuito equivalente que representa toda a potência transferida do primário ao secundário, dada pela expressão (6.39), deverá ter uma corrente I_c com uma f.e.m. secundária E_2 e não sE_2. Será um circuito como o que está desenhado na Fig. 6.13.

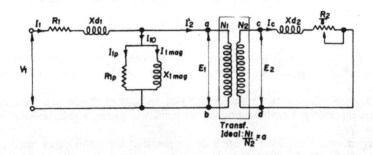

Figura 6.13 Circuito equivalente análogo ao da Fig. 6.12, porém com uma potência secundária representando toda a potência transferida do estator ao rotor, englobando a elétrica mais a mecânica

Ora, para que nesse circuito a corrente seja I_c, mas com f.e.m. E_2, a impedância deverá ser

$$\frac{1}{s}\dot{Z}_{2s} = \frac{R_2}{s} + jX_{d2},$$

ou

$$\frac{1}{s}Z_{2s} = \sqrt{\left(\frac{R_2}{s}\right)^2 + (X_{d2})^2} \qquad (6.41)$$

[basta examinar (6.33) e dividir numerador e denominador por s].

Essa impedância pode ser chamada de impedância secundária equivalente da máquina assíncrona. É uma impedância idealizada para fins de circuito equivalente (Fig. 6.13). Conseqüentemente a parte ativa dessa potência será

$$P_{tr} = \frac{R_2 I_c^2}{s}, \qquad (6.42)$$

e a parte reativa,

$$Q_{tr} = X_{d2} I_c^2. \qquad (6.43)$$

A diferença entre a parte ativa da potência transferida e a parte ativa da potência elétrica secundária (dissipada por efeito Joule na resistência R_2) é igual à quantidade de potência, por fase, que foi convertida em forma mecânica. Pelas expressões (6.42) e (6.36), vem

$$P_{mec} = \left(\frac{R_2}{s} - R_2\right) I_c^2 = \frac{1-s}{s} R_2 I_c^2. \qquad (6.44)$$

Isso sugere desmembrar a resistência R_2/s em duas partes, ou seja,

$$\frac{R_2}{s} = R_2 + \frac{1-s}{s} R_2.$$

A primeira parte, quando aplicada a I_c^2 dá a perda Joule ocorrida no circuito secundário, e a segunda parte, quando aplicada a I_c^2, proporciona numericamente o valor da potência mecânica desenvolvida pela máquina de indução com escorregamento s. Por isso ela é chamada de resistência equivalente de carga mecânica total, por fase (*total* porque inclui não somente a potência mecânica útil mas também as perdas mecânicas).

Mas o circuito mais cômodo é obtido suprimindo-se o transformador ideal e referindo-se às grandezas secundárias ao primário. Isso resulta no circuito da Fig. 6.14, onde

$$X'_{d2} = a^2 X_{d2}; \quad R'_2 = a^2 R_2; \quad \frac{1-s}{s} R'_2 = a^2 \frac{1-s}{s} R_2. \qquad (6.45)$$

Note-se que, tanto na região de freio ($s > 1$), como na de gerador assíncrono ($s < 0$), teremos a resistência equivalente de carga mecânica negativa, o que significará P_{mec} negativa (Fig. 6.7).

Nesse circuito equivalente a parte resistiva do secundário é que se tornou variável com o escorregamento e a reatância ficou independente e com o valor medido na freqüência $f_2 = f_1$.

Esse circuito da Fig. 6.14 é idêntico ao de um transformador cujas resistências e reatâncias de dispersão são R'_2 e X'_{d2}, e alimentando uma carga resistiva $R'_2 (1-s)/s$. No final deste capítulo serão focalizados os ensaios e medidas para se obter os parâmetros do circuito equivalente. O circuito equivalente da máquina assíncrona pode ser posto

Motores e geradores assíncronos 345

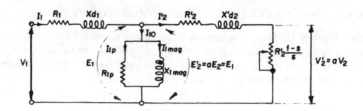

Figura 6.14 Circuito equivalente completo, por fase, referido ao primário, com potência secundária igual a toda potência transferida do estator para o rotor

sob outras formas (inclusive normalizadas) que facilitam a sua utilização (5), porém a forma apresentada na Fig. 6.14 tem a vantagem didática da semelhança com o circuito do transformador.

6.13 DIAGRAMA DE FASORES PARA A MÁQUINA DE INDUÇÃO

Não somente os circuitos equivalentes, mas também o diagrama fasorial da máquina assíncrona de indução é inteiramente análogo ao caso do transformador com carga resistiva (veja a Seç. 2.9).

6.14 SOLUÇÃO POR MODELOS DE CIRCUITOS EQUIVALENTES APROXIMADOS

Da mesma maneira que no transformador, aqui também podemos fazer aproximações (veja 2.17.1), como, ramo magnetizante ($X_{1\,mag}$ e $R_{1\,p}$) na entrada do circuito equivalente (Fig. 6.15) ou omissão de $R_{1\,p}$ e $X_{1\,mag}$ por serem grandes em face da impedância $Z_{1\,cc}$, a qual é definida como para o transformador, ou seja,

$$Z_{1cc} = (R_1 + R'_2) + j(X_{d1} + X'_{d2}),$$

onde X'_{d2} é medido na freqüência $f_2 = f_1$.

Nas máquinas assíncronas, porém, o erro é muito maior, pelo fato de as correntes de excitação (tanto a parcela magnetizante como a parcela de perdas no núcleo) serem muito maiores em valor p.u. do que as dos transformadores de núcleo ferromagnético. E a razão é que as perdas no núcleo são mais elevadas em valor p.u., dado que as solicitações magnéticas são muito maiores. As densidades de fluxo, principalmente nos dentes, são da ordem de 1,5 a 2,0 Wb/m². A corrente de magnetização também é percentualmente elevada, devido não só às maiores densidades de fluxo mas, principalmente, à presença do entreferro no circuito magnético, coisa que não ocorre nos transformadores normais. A corrente de magnetização é da ordem de 0,2 ou 0,3 p.u. da corrente nominal, chegando mesmo a 0,5 p.u., nos casos de pequenos e médios motores de indução de grande número de pólos e freqüência industrial de 50 ou 60 Hz.

Nas máquinas assíncronas normais de maior potência, também ocorre uma predominância das reatâncias de dispersão em relação às resistências.

Modernamente, com o crescente emprego dos inversores eletrônicos a semicondutores, torna-se necessário o estudo da operação de motores assíncronos em freqüência variável, ou com tensão não-senoidal com elevado conteúdo de harmônicas, com forte influência sobre os parâmetros do circuito equivalente. É um tema especializado, por isso recomendamos a referência (31).

6.15 EQUAÇÃO DO CONJUGADO ELETROMECÂNICO

Se a máquina assíncrona funciona, por exemplo, como motor, ela deve desenvolver um conjugado total que inclua o conjugado de perdas mecânicas (veja a Seç. 4.3) e o conjugado total que iremos calcular como uma relação entre a potência mecânica total e a velocidade angular do rotor, será

$$C = \frac{P_{mec}}{\Omega_r}.$$

Como a potência mecânica, para qualquer escorregamento, pode ser posta como função da resistência equivalente de carga mecânica total, teremos, pela expressão (6.44),

$$C = m \frac{1-s}{s\Omega_r} R'_2 I'^2_2 = m \frac{R'_2 I'^2_2}{s\Omega_s}, \text{ pois } \Omega_r = (1-s)\Omega_s \quad (6.46)$$

onde m é a quantidade de fases da máquina, visto que todos os parâmetros anteriormente definidos são do circuito equivalente por fase.

Vamos, para maior simplicidade, utilizar um circuito equivalente aproximado, com o ramo magnetizante na entrada (Fig. 6.15).

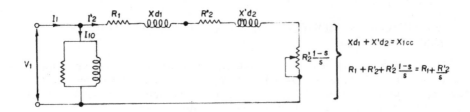

Figura 6.15 Circuito equivalente aproximado com ramo magnetizante na entrada

Nesse circuito temos

$$I'_2 = \frac{V_1}{\sqrt{(R_1 + \frac{R'_2}{s})^2 + X^2_{1cc}}}. \quad (6.47)$$

Substituindo em (6.46), vem

$$C = \frac{mV^2_1}{s\Omega_s} \frac{R'_2}{\left(R_1 + \frac{R'_2}{s}\right)^2 + X^2_{1cc}}, \quad (6.48)$$

ou, sob outra forma, multiplicando numerador e denominador por s,

$$C = \frac{mV^2_1}{\Omega_s} \frac{R'_2 s}{(sR_1 + R'_2)^2 + s^2 X^2_{1cc}}. \quad (6.49)$$

Motores e geradores assíncronos

Essa equação resolvida para valores usuais de máquinas assíncronas normalizadas dará, graficamente, com boa aproximação, a curva de conjugado da Fig. 6.2. Por essa equação se pode avaliar quantitativamente a influência da tensão aplicada e a dos parâmetros, para confirmar a previsão qualitativa já feita nas seções iniciais.

Efetuando-se a derivação (6.49), em relação a s, e igualando-se a zero, podemos determinar os valores máximo e mínimo, bem como o escorregamento onde eles se verificam, ou seja,

$$s_{c\,max} = \pm \frac{R'_2}{\sqrt{R_1^2 + X_{1\,cc}^2}}. \quad (6.50)$$

O valor positivo vale para as regiões de motor e freio e o valor negativo para a região de gerador assíncrono. Substituindo $s_{c\,max}$ em (6.49), vem

$$C_{max} = \pm \frac{mV_1^2}{\Omega_s} \frac{1}{2(\sqrt{R_1^2 + X_{1\,cc}^2} \pm R_1)} \quad (6.51)$$

Como se vê, pela presença dos sinais + e − precedendo R_1, o máximo da função na região de freio ou de motor é ligeiramente menor que o manifestado na região de gerador. Conjugado (+) corresponde a freio ou motor e(−) a gerador.

Aqui se confirma quantitativamente a afirmação feita nas seções anteriores de que a curva $C = f(s)$ muda a inclinação com a resistência secundária, afastando os pontos de máximo para escorregamentos maiores. Basta verificar que $s_{c\,max}$ é proporcional a R'_2. Contudo o valor máximo do conjugado independe de R'_2 [expressão (6.51)].

Uma aproximação razoável para máquinas assíncronas médias e grandes é desprezar-se R_1^2 em face de $X_{1\,cc}^2$. Para $s_{c\,max}$, em particular, a expressão se torna bastante simples, ou seja,

$$s_{c\,max} = \frac{R'_2}{X_{1\,cc}}. \quad (6.52)$$

Exemplo 6.2. Seja um motor de indução trifásico de rotor bobinado, com 6 (seis) pólos, potência nominal de 809 KW (1 100 CV), 60 Hz, 2,2 kV, e ligação do estator em estrela. Conhecemos os seguintes parâmetros do circuito equivalente: $R_1 = 0,047\,\Omega$, $X_{d1} = 0,480\,\Omega$, $R'_2 = 0,057\,\Omega$, $X'_{d2} = 0,520\,\Omega$ em 60 Hz.
1. Vamos calcular

a) a potência mecânica total desenvolvida quando o escorregamento for 1,0% (0,01 p.u.), o conjugado e a freqüência de rotação,

b) o conjugado de partida com o enrolamento rotórico curto-circuitado e o conjugado máximo dessa máquina assíncrona como motor e como gerador assíncrono,

c) a resistência externa a ser adicionada ao circuito rotórico para que o conjugado de partida do motor seja o maior possível.

Nota. Utilizar o circuito equivalente aproximado da Fig. 6.15.

2. Se o motor funcionar acionando uma carga mecânica de conjugado resistente variável, vamos justificar graficamente a sua aplicação como motor de indução de velocidade variável, característica essa, muitas vezes, desejável, como, por exemplo, num laminador de aço.

Solução

1a) Como a *potência mecânica total* é numericamente representada, no circuito equivalente, pelo efeito Joule na resistência equivalente de carga mecânica total, temos

$$P_{mec\ tot} = P_{mec\ útil} + P_{mec} = I_2'^2 \left(\frac{1-s}{s}\right) R_2'.$$

Para a ligação $\curlywedge$, teremos, para a tensão de fase,

$$V_1 = \frac{2\ 200}{\sqrt{3}} \cong 1\ 270\ V.$$

I_2' pode ser calculada pela expressão (6.47), onde X_{1cc} é a soma $X_{d1} + X_{d2}' = 0,480 + 0,520 = 1,00\ \Omega$,

$$I_2' = \frac{1\ 270}{\sqrt{\left(0,047 + \frac{0,057}{0,01}\right)^2 + (1,00)^2}} = 218\ A.$$

Aplicando a expressão de $P_{mec\ tot}$ para $m = 3$ fases, vem

$$P_{mec\ tot} = mI_2'^2 \left(\frac{1-s}{s}\right) R_2' = 3 \times (218)^2 \times \frac{1-0,01}{0,01} = \times 0,057 = 804534\ W,$$

ou

$$P_{mec\ tot} = 804,5 \times 1,36 \cong 1\ 094\ CV.$$

Essa potência inclui a potência útil no eixo mais as perdas mecânicas. Como se vê, com esse escorregamento o motor está praticamente à plena carga, pois as perdas mecânicas não devem ultrapassar 1 ou 2% da potência mecânica útil.

Conjugado

Calculemos antes a velocidade angular síncrona:

$$\Omega_s = 2\pi n_s = 2\pi \frac{f_1}{p} = 2\pi \frac{60}{3} = 40\pi\ \frac{rad\ geom}{s}.$$

O conjugado nominal é o quociente entre a potência mecânica nominal e a velocidade angular nominal do rotor. Vamos calcular o conjugado para $s = 0,01$, aplicando a expressão (6.46), e obteremos:

$$C_{(s=0,01)} = 3(218)^2 \frac{0,057}{0,01 \times 40\pi} = 6\ 467\ N \cdot m$$

ou

$$C_{(s=0,01)} = \frac{6\ 467}{9,81} = 659\ kgf \cdot m.$$

O motor estava praticamente em plena carga com esse escorregamento $s = 0,01$; logo, o conjugado calculado anteriormente é praticamente o nominal do motor. O conjugado básico difere do nominal de $(1 - s)$, pois, por definição, o conjugado básico é o quociente da potência mecânica nominal pela velocidade angular síncrona, ou seja,

$$C_b = \frac{809\ 000}{40\pi} = \frac{P_{mec\ nom}}{\Omega_s} = 6\ 437\ N \cdot m.$$

Freqüência de rotação

$$n_s = \frac{f}{p} = \frac{60}{3} = 20 \text{ rps; ou } 1\,200 \text{ rpm,}$$
$$n_r = (1 - s)n_s = (1 - 0,01)20 = 19,8 \text{ rps ou } 1\,188 \text{ rpm.}$$

1b) *Conjugado de partida*
Aplicando a expressão (6.49) para $s = 1$, vem

$$C_p = C_{(s=1)} = \frac{3(1\,270)^2}{40\pi} \cdot \frac{0,057}{(0,047 + 0,057)^2 + (1,00)^2} = 2\,171 \text{ N} \cdot \text{m,}$$

ou, em valor relativo do conjugado básico, será:

$$C_p = \frac{C_{(s=1)}}{C_{nom}} = \frac{2\,171}{6\,467} = 0,336 \text{ p.u. ou } 33,6\%.$$

O conjugado de partida dos grandes motores de rotor bobinado, sem resistência adicionada ao rotor, é normalmente pequeno.
Conjugado máximo. Aplicando (6.51), vem

$$C_{max} = \left| \frac{3(1\,270)^2}{40\pi} \cdot \frac{1}{2(\sqrt{(0,047)^2 + (1,00)^2} \pm 0,047)} \right|$$

$C_{max \; motor} = 18\,368 \text{ N} \cdot \text{m,}$
$C_{max \; gerador} = 20\,179 \text{ N} \cdot \text{m.} > C_{max \; motor}$

Em valor relativo, para o caso de motor, vem

$$C_{max} = \frac{18\,368}{6\,467} = 2,84 \text{ p.u.; ou } 284\%.$$

1c) Para que $C_p = C_{max}$, basta que $s_{c\,max} = 1$ e aplicando a expressão (6.50) para a região de motor, vem

$$R'_2 = \sqrt{(0,047)^2 + (1,00)^2} = 1,002 \; \Omega.$$

Sendo
$$R'_2 = R'_{2\,int} + R'_{2\,ext},$$
temos
$$R'_{2\,ext} = 1,002 - 0,057 = 0,945 \; \Omega,$$

em valor relativo,

$$R'_{2\,ext} = \frac{0,945}{0,057} R_{int} = 16,58 \; R_{int}.$$

Logicamente a resistência do reostato a ser ligado aos anéis, deverá ter, por fase, um valor dado por

$$R_{2\,ext} = \frac{0,945}{a^2} = \frac{0,945}{\left(\dfrac{N_{1kc1}}{N_{2kc2}}\right)^2} \; \Omega.$$

2. Tracemos por pontos as curvas $C = f(s)$ para resistências externas ao rotor, iguais a 0, a 7,8 $R_{2\,int}$, a 16,58 $R_{2\,int}$ e a 100 $R_{2\,int}$ (Fig. 6.10). Com $R_{2\,ext} = 0$, nota-se que para conjugado resistente variando entre zero e o valor máximo, a variação de velocidade é pequena, isto é, aproximadamente 5,7%, pois,

$$S_{c\,max\,motor} = \frac{R'_2}{\sqrt{R_1^2 + X_{1cc}^2}} = \frac{0,057}{\sqrt{(0,047)^2 + (1,00)^2}} = 0,0569,$$

ou

$$S_{c\,max} = 5,69\%.$$

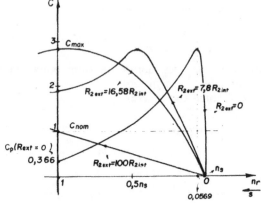

Figura 6.16 Influência de R_2 sobre a curva $C = f(s)$, mostrando as resistências que produzem na partida, C_{max} e C_{nom}

Por isso o motor de indução de pequena resistência rotórica é dito de *característica em derivação* (ou *shunt*) por apresentar pequena variação de velocidade de vazio para plena carga, como acontece com os motores de corrente contínua de excitação em derivação (ou *shunt*) a serem estudados no próximo capítulo. É uma analogia de formas das curvas $C = f(n_r)$.

Para resistências inseridas maiores, por exemplo, 16,6 $R_{2\,int}$, a mesma variação de conjugado produz uma variação de 100% na velocidade. Por essa razão, ele, o motor de indução com grande resistência rotórica, é, às vezes, dito *de característica série*, isto é, apresenta uma grande variação de velocidade de vazio para plena carga, analogamente ao motor de C.C. de excitação em série que também será visto no próximo capítulo.

6.16 FATOR DE POTÊNCIA, PERDAS E RENDIMENTO DOS MOTORES DE INDUÇÃO

Na Seç. 4.3 já foram focalizados os tipos e a localização das perdas nos conversores eletromecânicos, bem como a definição de rendimento. Os rendimentos em potência, dos motores assíncronos, situam-se numa larga faixa, com valores mais baixos para as máquinas pequenas e mais altos para as médias e grandes. Eles dependem do tamanho e do número de pólos dos motores. Em particular, as máquinas médias, normais, apresentam um rendimento da ordem de 0,85 a 0,95.

Motores e geradores assíncronos

Quanto ao fator de potência no primário (oferecido à linha de alimentação) logicamente será sempre indutivo, devido principalmente ao fato de a máquina assíncrona magnetizar-se pela própria linha, coisa que não ocorre nas máquinas síncronas. O fator de potência também varia com o tamanho e número de pólos da máquina. Como valores representativos de máquinas médias normais poderíamos citar uma faixa aproximada de 0,7 a 0,85. O melhor é complementar com o exemplo dado a seguir.

Exemplo 6.3. Para o motor do Exemplo 6.2, funcionando com $s = 0,01$, vamos calcular a) a potência elétrica de entrada, b) o fator de potência primário, a corrente elétrica de entrada e o rendimento.

Para isso conhece-se, também por ensaios, a potência reativa de magnetização = = 250 kVAr; perdas mecânicas em baixos escorregamentos = 15 kW (note que essas perdas variam com a velocidade, e devem ser dadas em função dela); perdas no núcleo em baixo escorregamento e perdas adicionais somando 15 kW.

Nota. Pelo valor da potência reativa de magnetização relativo a potência nominal comprova-se a afirmação de que $I_{1\,mag}$ é apreciável nas máquinas assíncronas, relativamente a I'_2.

Solução

a) $P_{elet} = P_{mec\,tot} + p_J + (p_{Fe} + p_{adic})$. No valor de $P_{mec\,tot} = 804\,534$ W, já calculada no exemplo 6.2, estão incluídas as perdas mecânicas. De acordo com o circuito aproximado da Fig. 6.17, vem

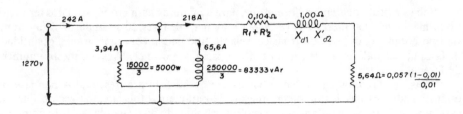

Figura 6.17 Circuito equivalente aproximado, com os valores dos parâmetros e variáveis do problema 6.3.

$$P_{elet} = 804\,534 + m(R_1 + R'_2)I'^2_2 + 15\,000,$$
$$P_{elet} = 804\,534 + 3 \times 0,104 \times (218)^2 + 15\,000 = 834\,361 \text{ W}.$$

b) f_{p1} (fator de potência). A potência reativa total, absorvida, vale

$$Q = Q_{mag} + Q_{dispersão} = Q_{mag} + mI'^2_2(X_{1cc}),$$

$$Q = 250.000 + 3 \times (218)^2 \times 1,00 = 392\,270 \text{ VAr},$$

$$\text{tg } \varphi_1 = \frac{Q}{P_{elet}} = \frac{392\,570}{834\,361} = 0,471.$$

Logo,

$$f_{p1} = \cos \varphi_1 = 0,905.$$

Corrente de linha,

$$I_1 \text{ (fase)} = \frac{\dfrac{P_{elet}}{m}}{V_1 \cos \varphi_1} = \frac{834\,361}{3 \times 1\,270 \times 0{,}905} = 242 \text{ A, por fase}$$

Como a ligação é $\curlywedge$, temos

$$I_{linha} = I_1 = 242 \text{ A.}$$

Fica como exercício o cálculo de $\dot{I}_{10} = I_{1p} - jI_{1\,mag}$ (V_1 como referência), que somado a I'_2 deve reproduzir I_1 em módulo e fase.

Rendimento,

$$\eta = \frac{P_{mec\ util}}{P_{mec\ util} + \Sigma_p}.$$

Como em $P_{mec\ tot} = 804{,}5$ kW já estão incluídas as perdas mecânicas (15 kW), vem

$$\eta = \frac{P_{mec\ tot} - P_{mec}}{P_{elet}} = \frac{804\,534 - 15\,000}{834\,361} = 0{,}946 \text{ ou } 94{,}6\%.$$

6.17 INDEPENDÊNCIA DA QUANTIDADE DE FASES DO CIRCUITO ROTÓRICO

Sob este título queremos afirmar que, para a máquina assíncrona, vista dos terminais do primário, não há interesse em se saber o número de fases do secundário. Seja o rotor do tipo bobinado, difásico ou trifásico, seja do tipo gaiola com uma grande quantidade de fases no secundário, para a linha tudo se passa como se ele tivesse o mesmo número de fases do estator.

Aliás, os circuitos equivalentes vistos até agora foram apresentados por fase do estator. Todos os ensaios de determinação de parâmetros (que iremos ver no final do capítulo) são feitos indistintamente, seja o rotor bobinado ou de gaiola. A razão é simples, suponhamos o primário sempre trifásico.

a) Quanto ao conjugado, suponhamos que a corrente primária por fase seja I_1. Os valores de pico da f.m.m. e de H estatóricos são dados pela expressão (5.41). Para se manifestar um determinado conjugado, o valor de pico de f.m.m. e de H rotórico devem ter valores adequados provenientes de uma corrente rotórica que aparecerá, em cada fase, de acordo com o comentário c do mesmo exemplo 5.2, isto é, de acordo com o número de fases do rotor.

b) Quanto à potência transferida (ativa e reativa) do estator ao rotor, essas potências se dividem em 1/3 para cada fase nos enrolamentos estatóricos simétricos equilibrados. No rotor elas se dividem em $1/m_2$ para cada fase, onde m_2 que é o número de fases do rotor, pode ser igual a 2,3, etc.

A conclusão é que não há impedimento em se considerar sempre o rotor tendo um enrolamento trifásico equivalente, com parâmetros e corrente adequados para o seu conjugado e sua potência rotórica, que lhe é transferida pelo estator trifásico.

Para o projetista é necessário conhecer as relações entre os parâmetros e variáveis próprios de cada fase do enrolamento não-trifásico para o trifásico equivalente (12), porém para o utilizador, que encara um motor assíncrono dos terminais primários, não há esse interesse.

6.18 POTÊNCIA MECÂNICA E PERDA JOULE ROTÓRICA EM FUNÇÃO DO ESCORREGAMENTO

Basta multiplicar o conjugado total desenvolvido, dado pela expressão (6.49), por Ω_r, e temos a potência mecânica total (inclusive perdas mecânicas):

$$P_{mec} = mV_1^2 \frac{R_2' s(1-s)}{(sR_1 + R_2')^2 + s^2 X_{1cc}^2}. \tag{6.53}$$

Ela é nula para $s = 1(\Omega_r = 0)$ e $s = 0(\Omega_r = \Omega_s)$.

A perda Joule rotórica, como pode ser visto na expressão (6.42), deve ser s vezes a potência ativa transferida ao rotor.

$$P_{J\,rot} = R_2 I_c^2 = sP_{tr}, \tag{6.54}$$

ou, ainda, pela expressão (6.44), deve ser

$$P_{J\,rot} = \frac{s}{1-s} P_{mec}, \tag{6.55}$$

onde P_{mec} é também função de s dada por (6.53).
Na Fig. 6.18 está desenhada a curva de $P_{mec} = f(s)$.

Exemplo 6.4. Em certas aplicações, como alguns tipos de ferramentas manuais de grandes indústrias, motores para fins aeronáuticos e de controle, utilizam-se freqüências mais altas, como 180, 200 e 400 Hz. De um desses motores de indução de rotor em gaiola, de aproximadamente 0,5 CV, são conhecidos, através dos ensaios em vazio e em curto-circuito, análogos aos transformadores (veja o parágrafo final), os seguintes parâmetros aproximados, por fase

$$R_1 = R_2' = \frac{R_{1cc}}{2} = 2,6\,\Omega;\ X_{d1} \cong X_{d2}' = \frac{X_{1cc}}{2} = 12,0\,\Omega;$$

resistência equivalente de perdas no ferro $R_{1p} = 700\,\Omega$, e $X_{1\,mag} = 340\,\Omega$. A ligação do estator é Δ e tensão de linha 110 V.

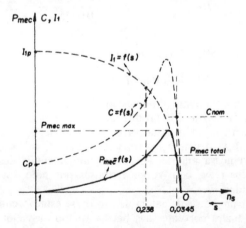

Figura 6.18

O motor fornece potência nominal igual a 0,5 CV. As perdas mecânicas somam 30 W. Vamos calcular a resistência equivalente de carga mecânica total para as condições do problema, utilizando o circuito equivalente aproximado.

Costuma-se, às vezes, englobar as perdas mecânicas no parâmetro R_{1p}, porém, para nós, ela representa somente as perdas no ferro. As perdas mecânicas estão somadas à potência mecânica útil e é dada pela expressão (6.53).

$$P_{mec\ tot} = 0,5 \times 736 + 30 = 398\ W$$

Para ligação Δ,

$$V_1 = V_{linha} = 220\ V,$$
$$m = 3\ \text{fases},$$

e, substituindo, juntamente com R_1, R'_2, X_1 e X'_2, em (6.53), chegamos à equação

$$s^2 - 0,273\ s + 0,0082 = 0,$$

que, resolvida, fornece

$$s = \frac{0,273 \pm \sqrt{(0,273)^2 - 0,0328}}{2},$$
$$s_1 = 0,238\ \text{ou}\ 23,8\%,$$
$$s_2 = 0,0345\ \text{ou}\ 3,45\%.$$

Das duas soluções a que tem valor prático é a de $s = 0,0345$, pois, embora o motor forneça a mesma potência com os dois escorregamentos, a condição de $s = 0,238$ é extremamente desfavorável, apresentando péssimas características, elevada corrente (veja a Fig. 6.18), grandes perdas Joule e alto escorregamento. A elevada perda Joule rotórica devida a elevado escorregamento pode também ser vista em (6.54).

Concluindo, a resistência equivalente de carga mecânica total, para essa condição de carga, será

$$R'_2 \frac{1-s}{s} = 2,6\ \frac{1 - 0,0345}{0,0345} = 72,7\ \Omega.$$

6.19 MOTORES DE INDUÇÃO MONOFÁSICOS

6.19.1 PRINCÍPIO DE FUNCIONAMENTO

Tomemos um enrolamento monofásico elementar, de dois pólos, colocado num estator, como o da Fig. 5.4(a). Ele produz f.m.m. e H estacionários no espaço, mas pulsantes no tempo com a freqüência da corrente de excitação, e cujo valor de pico é dado pela expressão (5.16). As distribuições espaciais de f.m.m. e H são retangulares, mas podemos tomar, para nossa análise, apenas as fundamentais dessas distribuições. Nos motores monofásicos reais, com várias ranhuras por pólo, essas distribuições já são praticamente senoidais.

Vamos colocar um rotor de gaiola dentro desse estator, como está na Fig. 6.19. O campo pulsante induzirá correntes nas barras, quando estacionárias, dando origem a forças (pela interação entre o campo e as correntes) que são iguais e contrárias nas duas metades do rotor e se anulam. Portanto o motor não apresenta conjugado para $\Omega_r = 0$.

Mas, a fim de aproveitarmos toda a análise quantitativa de conjugado e potência mecânica, apresentada para os motores de indução polifásicos que possuem campo rotativo, podemos, através de um artifício, explicar de outra maneira a inexistência de conjugado no motor monofásico quando as barras estão estacionárias. Partamos da seguinte identidade trigonométrica (para simplificar vamos tomar o co-seno):

$$\cos \alpha = \frac{1}{2} \cos \alpha + \frac{1}{2} \cos(-\alpha). \tag{6.56}$$

Fazendo $\alpha = \omega t$ e multiplicando ambos os membros da expressão (6.56) por $H_{1\,pico\,max}$, teremos

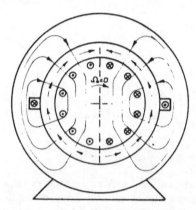

Figura 6.19 Corte esquemático de um motor monofásico de gaiola, com enrolamento estatórico elementar, de dois pólos, com uma ranhura por pólo. Aplicando $\vec{i\ell} \wedge \vec{B}$ conclui-se que as forças nas duas metades são iguais e contrárias quando $\Omega_r = 0$.

$$H_{1\,pico\,max} \cos \omega t = \frac{1}{2} H_{1\,pico\,max} \cos \omega t + \frac{1}{2} H_{1\,pico\,max} \cos(-\omega t). \tag{6.57}$$

O primeiro membro de (6.57) nada mais é que $H_{1\,pico}(t)$ de um campo estacionário pulsante [veja expressão (5.16), com co-seno em vez de seno].

Se fizermos $\omega = \Omega_s$, no segundo membro, teremos

$$H_{1\,pico}(t) = \frac{H_{1\,pico}}{2} \cos \Omega_s t + \frac{H_{1\,pico}}{2} \cos(-\Omega_s t), \tag{6.58}$$

ou seja, o campo estacionário, de dois pólos, pulsante co-senoidalmente no tempo, pode ser interpretado como dois campos rotativos com velocidade angular síncrona iguais a $+\Omega_s = +\omega$ e $-\Omega_s = -\omega$, e com intensidade constante igual à metade do pico máximo, como mostra a Fig. 6.20, por meio de dois vetores girantes no plano.

A componente de campo rotativo de velocidade $+\Omega_s$ é dita de rotação direta ou positiva e a de velocidade $-\Omega_s$ é dita de rotação inversa ou negativa (achamos o termo *rotação* melhor do que *seqüência*, para não confundir com a nomenclatura dos componentes simétricos).

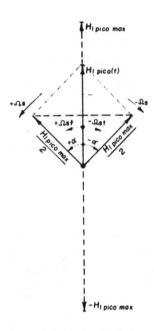

Figura 6.20 Decomposição gráfica de um H estacionário, de valor de pico $H_{1\ pico}\cos \omega t$, em dois campos rotativos de intensidade constante e igual à metade do pico de H_1. Em qualquer instante a composição das duas metades resulta em $H_{1\ pico}(t)$

A demonstração para um número de pólos maior que dois é análoga e será proposta como exercício no final do capítulo. Basta considerar a relação entre velocidade angular geométrica (em radianos geométricos por segundo) e magnética (em radianos magnéticos por segundo). Se encararmos o campo estacionário como se fosse a composição de dois campos rotativos de igual intensidade e de rotações contrárias, concluímos que os conjugados, que se manifestam devido à ação de cada campo, se anulam.

Sendo C_p = conjugado motor resultante de partida, teremos, conforme a Fig. 6.21,

$$C_p = C_p(+\Omega) + C_p(-\Omega) = 0. \tag{6.59}$$

Porém, para qualquer outra situação de $\Omega_r \neq 0$, existirá conjugado resultante diferente de zero. A razão é que, para cada componente rotativo de H, podemos associar uma curva de conjugado típica da Fig. 6.2, ou seja, uma com conjugado no sentido direto de rotação ($+\Omega_r$ ou n_r) e outra com conjugado no sentido inverso ($-\Omega_r$ ou $-n_r$). Essas curvas estão na Fig. 6.21, que focaliza apenas as regiões de motor para as duas componentes.

O conjugado resultante, para uma velocidade do rotor $+\Omega_r$ ou $-\Omega_r$, será no sentido dessa velocidade, dado que a componente de conjugado correspondente ao sentido de giro do rotor sobrepuja a do outro sentido (Fig. 6.21).

Na verdade, a composição dos conjugados não é tão simples, pois a intensidade do fluxo magnético da componente de H, que gira ao contrário do rotor, é afetada e resulta numa modificação do conjugado previsto para ela. A curva de conjugado-velo-

Motores e geradores assíncronos

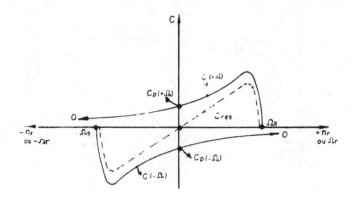

Figura 6.21 Composição gráfica das curvas de conjugado para as componentes de campo direta e inversa, dando o conjugado resultante do motor monofásico nos dois sentidos de rotação do rotor

cidade real, do motor monofásico, é melhor do que a prevista por esse método qualitativo aproximado. [Para uma análise quantitativa correta sugerimos a referência (3)]. Assim sendo, se em um motor monofásico ligado à linha, com o rotor parado, provocamos um pequeno desequilíbrio do rotor em qualquer sentido, será o suficiente para manifestar-se um conjugado motor resultante no mesmo sentido da aceleração inicial. Esse seria um método, manual, para partida de motores de indução monofásicos.

6.19.2 MÉTODOS DE PARTIDA

Se, além da bobina de funcionamento (ou de regime), colocarmos no estator, como o da Fig. 6.19, mais uma bobina em quadratura com a primeira, teremos conseguido um enrolamento difásico elementar, que alimentado com um sistema de correntes difásicas produzirá um campo rotativo. Esse segundo enrolamento é chamado *auxiliar*, ou de *partida*. Esse nome se prende ao fato de que interessa criar o campo rotativo apenas no processo inicial de aceleração do rotor, para suprir conjugado de partida que inexistiria no motor com enrolamento estritamente monofásico.

Após o rotor atingir uma velocidade, em que o conjugado motor resultante já seja suficiente para vencer o conjugado resistente da carga e continuar a aceleração [Fig. 6.22(a)] pode-se desligar o enrolamento auxiliar, e o motor continuará funcionando sobre a curva de conjugado de motor monofásico. A maneira prática, mais usual, de se conseguir correntes difásicas a partir de uma fonte monofásica, é através de um capacitor, com capacitância adequada, colocado em série com o enrolamento auxiliar, para adiantar a corrente $\dot{I}_a$ desse enrolamento em relação à tensão aplicada $\dot{V}_1$.

Como a corrente $\dot{I}_p$ do enrolamento principal, sempre de natureza indutiva, é atrasada em relação a $\dot{V}_1$, podemos ter no final um ângulo de fase de 90° entre as duas correntes, como se faz necessário para o enrolamento difásico [veja a Fig. 6.22(c)]. O desligamento do enrolamento auxiliar é feito através de um contato acionado por um mecanismo centrífugo montado sobre o eixo do motor [Fig. 6.22(b)].

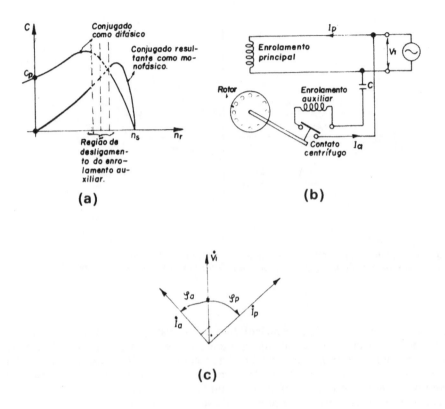

Figura 6.22 (a) Curvas de partida de motor monofásico com enrolamento auxiliar; (b) ligações do enrolamento, (c) diagrama de fasores para as correntes

Existe também um método em que se substitui o capacitor por resistência fazendo com que o ângulo de fase φ_a (que também será em atraso) seja menor que φ_p. Isso dá um sistema de correntes difásicas longe do caso simétrico, equilibrado e, portanto, com uma curva de conjugado-velocidade como difásico, muito insatisfatória, com baixo conjugado de partida. Esse método é pouco usado; o método de partida por capacitor é o predominante. É utilizado em quase todas as aplicações domésticas que exigem potências de 1/4 a 1 kW e em pequenas oficinas onde não se dispõe de rede trifásica. É normalmente construído em grandes séries com dois e quatro pólos, 50 e 60 Hz. A inversão de velocidade se consegue pela inversão da seqüência de fases, ou seja, invertendo-se os terminais de um dos enrolamentos do difásico [veja o comentário c) do exemplo 5.2].

Existe ainda uma outra maneira de se conseguir partida de motores monofásicos de gaiola que é através de uma espira em curto-circuito colocada no estator, na superfície do entreferro. É utilizado em pequenas potências, comumente até um décimo de quilowatt, e utilizado em aparelhos domésticos como relógios, ventiladores, toca-discos e, às vezes, em certas aplicações de comando e controle. Recebe o nome de motor de *campo distorcido*. O nome consagrado em inglês é *shaded pole*.

Motores e geradores assíncronos

O estator não é feito comumente na forma convencional cilíndrica, mas como se fosse um núcleo de um transformador monofásico (Fig. 6.23). Raramente é construído em mais de dois pólos. Funciona da seguinte maneira: uma parcela do fluxo magnético alternativo que atravessa a superfície do entreferro é ligado à espira em curto-circuito

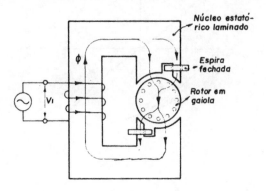

Figura 6.23 Corte transversal esquemático de um motor monofásico do tipo de campo distorcido

que tem resistência e indutância. Ele induz f.e.m. e corrente nessa espira e, como conseqüência, aquela parcela de fluxo se atrasa em relação à outra. Então a densidade de fluxo atinge o valor de pico, na região da espira, atrasado em relação àquele da região fora da espira. Tudo se passa como se o campo fosse rotativo no entreferro, o que persiste, não somente durante a partida, mas durante todo o funcionamento. Como esse motor dispensa o enrolamento distribuído em ranhuras, o enrolamento auxiliar e o contato centrífugo, ele é de baixo custo e bastante confiável. Apresenta, porém, baixíssimo rendimento, mas que interessa pouco nas aplicações a que se destina.

6.20 MÁQUINA ASSÍNCRONA COMO ELEMENTO DE COMANDO E CONTROLE

São muitas as variações das máquinas assíncronas para esses fins. Vamos focalizar apenas as mais consagradas.

6.20.1 SERVOMOTOR DE INDUÇÃO DIFÁSICO, AUTOFREANTE

Em muitas aplicações de controle deseja-se não somente que o motor apresente proporcionalidade entre o sinal e a resposta mecânica mas também apresente baixo momento de inércia e pare, mais ou menos rapidamente, após a retirada do sinal. O motor do título possui essas características e funciona da seguinte maneira: tomemos um motor monofásico de gaiola, mas com alta resistência rotórica, de tal modo que o ponto de C_{max} se desloque para a região de freio na curva conjugado-velocidade de cada componente rotativa do campo estacionário. Essas curvas serão, portanto, praticamente retas nas regiões de motor de cada componente rotativa.

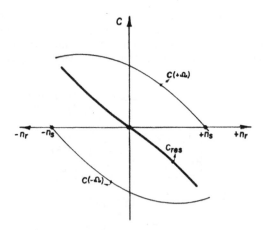

Figura 6.24 Curva de C_{res} para motor monofásico de alta resistência rotórica

Como se vê pela Fig. 6.24, se por qualquer processo acelerarmos o rotor no sentido da componente ($+\Omega$) e, em seguida, anularmos a causa da aceleração, ele fica sujeito a um conjugado negativo que o faz frear e retornar ao repouso. O raciocínio é análogo para um desequilíbrio no sentido de ($-\Omega$). Isso sugere tomar uma segunda bobina em quadratura, como mostra a Fig. 6.25(a), transformando o motor em difásico. Aplica-se numa delas uma tensão de referência $\dot{V}_a = V_a \underline{|0°}$ e na outra uma tensão $\dot{V}_b$ defasada de 90°, atrasada ou adiantada, e cujo módulo seja uma fração k de V_a, isto é,

$$\dot{V}_b = jk\dot{V}_a = kV_a\underline{|90°}. \qquad (6.60)$$

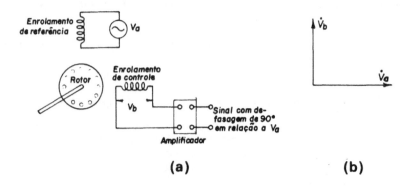

Figura 6.25 (a) Esquema do motor difásico de controle, (b) diagrama de fasores das tensões

Se $k = 1$ teremos um sistema de tensões difásico simétrico, equilibrado, com a melhor curva de conjugado-velocidade da Fig. 6.26. Para $k = 0$, voltamos novamente à curva de conjugado negativo para rotação positiva, como monofásico de alta resistência rotórica. As curvas intermediárias são para $0 < k < 1$. A Fig. 6.26 está desenhada apenas para k positivo, na região de motor para rotações positivas. Com a inversão de V_b pode-se inverter a velocidade. Nota-se que as curvas de conjugado são aproximadamente retas paralelas (principalmente nas proximidades de $\Omega_r = 0$), elas têm inclinação negativa e os conjugados de cada reta são aproximadamente proporcionais a k. Assim sendo, se a tensão V_b for proveniente de um sinal de erro de um sistema de controle, quanto maior for o sinal, mais intensa será a resposta do motor, ou seja, maior será seu conjugado e sua aceleração a fim de corrigir o erro. E uma vez findo o sinal ele freia, sem continuar a funcionar como motor monofásico. Para uma análise quantitativa desse motor o interessado pode consultar a referência (4).

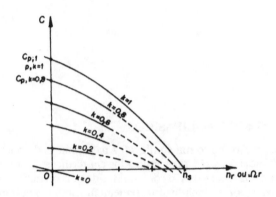

Figura 6.26 Curvas conjugado velocidade para motor difásico de controle com vários valores da tensão de controle

6.20.2 MOTOR DE INDUÇÃO DE ROTOR EM LÂMINA

Dentre outros motores assíncronos utilizados em controle, é este o que apresenta menor momento de inércia na parte rotativa, o que lhe assegura rápida resposta. A "gaiola", na verdade, é constituída de uma lâmina condutora (cobre ou alumínio) em forma de cilindro oco, como se fosse uma taça (daí o nome consagrado em inglês, *drag--cup*). Assim sendo, o fluxo rotativo atravessa dois entreferros e a própria lâmina não--ferromagnética, o que aumenta consideravelmente o consumo de potência reativa de magnetização. As f.e.m. e conseqüentes correntes induzidas nesse cilindro pelo fluxo rotativo produzem o conjugado de maneira semelhante a uma gaiola. A diferença é que as forças tangenciais manifestam-se no próprio condutor em vez de no núcleo ferromagnético como seria no caso de condutores colocados em ranhuras (veja a Seç. 3.3). Por tudo isso, e pela pequena espessura da lâmina condutora, a sua construção é frágil, o que não é relevante para o caso dos pequenos conjugados e potências para os quais esses motores são construídos.

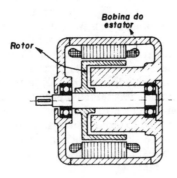

Figura 6.27   Motor de indução de rotor em lâmina

6.20.3 EIXOS ELÉTRICOS POLIFÁSICOS

Estes, na verdade, são muito mais utilizados nas técnicas de potência que de sinal. Os eixos elétricos monofásicos são mais utilizados em técnicas de controle e serão vistos no próximo parágrafo. Os trifásicos são constituídos de dois ou mais motores assíncronos trifásicos do tipo de rotor bobinado que podem funcionar sincronizadamente.

Suponhamos um sistema mecânico onde existam dois eixos mecânicos que devam ser acionados com a mesma velocidade. Suponhamos ainda que a solução por acoplamento mecânico seja problemática, não somente pela grande distância entre eles, como também pelas mudanças de direção que esse acoplamento teria de fazer. Como os motores de indução apresentam um escorregamento que depende da carga mecânica, seria praticamente impossível conseguir velocidades iguais devido a diferenças naturais entre as cargas. Mas existem duas maneiras de se conseguir a sincronização de marcha, através de dois motores de indução idênticos.

1. Ligando-se os terminais de dois rotores entre si, com uma única resistência externa bem maior do que as internas dos rotores [Fig. 6.28(a)]. A tensão primária aplicada aos dois motores é a mesma. Com isso consegue-se que a tensão nos terminais secundários V_2 dos dois motores seja a mesma. Os dois motores terão o mesmo escorregamento, e enviam corrente ao mesmo reostato. A sincronização em velocidades próximas do sincronismo (baixo escorregamento) é precária e normalmente não se vai a escorregamentos menores que 30%, exigindo grandes R_2 com conseqüentes perdas Joule. Aí as duas máquinas funcionam como motor vencendo os conjugados resistentes das cargas mecânicas.
2. A modalidade preferida, porém, é a seguinte: ligando-se os estatores da mesma maneira que no caso anterior, mas nos rotores dispensa-se a resistência externa [Fig. 6.28(b)]. Imagine os dois motores em repouso, com os estatores ligados à linha. Se os módulos das duas f.e.m. induzidas nos secundários dos dois motores, são iguais,

Motores e geradores assíncronos

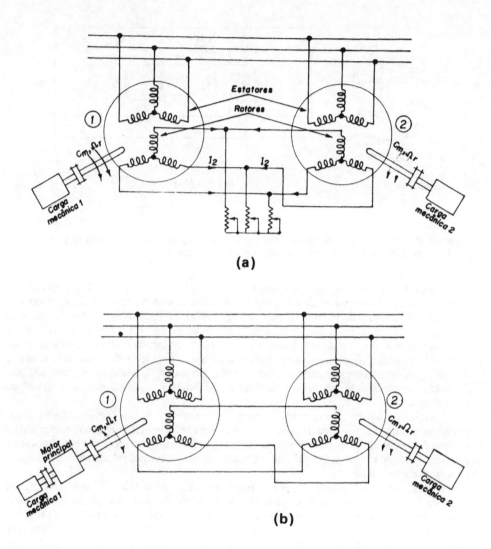

Figura 6.28 Duas maneiras de ligação de dois motores de indução, para marcha sincronizada

somente circulará corrente se houver diferença de fase entre elas [Fig. 6.29(a)]. E essa diferença entre as $\dot{E}_2$ será aplicada nas impedâncias rotóricas, como mostra o circuito equivalente da associação de dois motores, apresentado na Fig. 6.29(b). Ora, essa diferença de fase entre as duas $\dot{E}_2$ é um resultado da posição relativa dos enrolamentos rotóricos com as ondas dos campos rotativos. Se cada fase de cada enrolamento rotórico estiver na mesma posição, relativamente à onda de B, as f.e.m. nelas induzidas estão em fase, isto é, elas passarão pelos mesmos valores nos mesmos instantes (veja, por exemplo, a Fig. 6.3). Nessa situação não circulará corrente I_2. Se, porém,

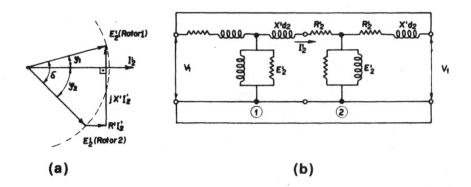

Figura 6.29 (a) diagrama de fasores das f.e.m. e corrente secundária, (b) circuito equivalente, por fase, da associação dos dois motores com rotores parados

avançarmos o rotor do motor 1 um ângulo δ (radianos magnéticos), conservando o outro rotor na mesma posição, as f.e.m. de cada fase dos rotores ficarão defasadas entre si de um ângulo δ, como mostra a Fig. 6.29(a), e circulará I_2. Conseqüentemente haverá conjugado. Esse conjugado é no sentido de fazer os rotores se alinharem novamente, isto é, no sentido de atrasar aquele que avançamos (rotor) e avançar o que estava atrasado. Se o conjugado manifestado no rotor 2 for suficiente para vencer o conjugado resistente ele acompanhará o rotor do motor 1, como se existisse um eixo mecânico acoplando um ao outro. Esse é o chamado "funcionamento estático" do eixo elétrico.

Imagine-se agora que o rotor 1 esteja em movimento com velocidade $\Omega_r \neq \Omega_s$, podendo mesmo ser velocidade contrária ao campo rotativo (Ω_r negativo), o que aliás é a situação preferida por produzir uma sincronização mais estável. Esse rotor pode ser acionado por um motor principal que tenha conjugado suficiente para, além de acioná-lo, vencer a carga mecânica 1.

A f.e.m. do rotor 1 será sE_2 e sua reatância sX_{d2}. Se o rotor 2 estiver na mesma velocidade do rotor 1, sua f.e.m. e sua reatância serão também sE_2 e sX_{d2}. Se o conjugado resistente no eixo do rotor 2 fosse nulo eles caminhariam alinhados, com corrente rotórica nula e não haveria transmissão de conjugado entre as máquinas. Porém, havendo conjugado resistente, o rotor 2 caminhará na mesma velocidade do rotor 1, mas atrasado um ângulo δ suficiente para produzir uma corrente I_2 adequada ao conjugado motor necessário. Tudo acontecerá de maneira análoga ao caso dos rotores parados. Se o conjugado resistente ultrapassar a máxima disponibilidade de transmissão de conjugado entre as máquinas, elas perderão o sincronismo. Essa situação é dita *funcionamento dinâmico*, do eixo elétrico. O caso estático é utilizado para modificar a posição angular de eixo à distância. O caso dinâmico é utilizado para acionamento sincronizado de cargas mecânicas como, por exemplo, as rodas motrizes de um pórtico, os guinchos de levantamento de uma grande comporta, etc.

Esse sistema de sincronização por motores trifásicos é, muitas vezes, chamado de *sincros de potência*. Os nomes mais consagrados são, em inglês, *power selsyn*, *self-syncronous* e *autosyn*. A máquina transmissora de conjugado, que está acoplada ao motor principal, é chamada *sincro transmissor* ou *sincro gerador* e a outra é chamada *sincro receptor* ou *sincro motor*.

Motores e geradores assíncronos

6.20.4 EIXOS ELÉTRICOS MONOFÁSICOS

Esses são essencialmente utilizados em técnica de controle e construídos para pequenos conjugados e tamanhos reduzidos (dificilmente ultrapassam 150 ou 200 mm de diâmetro e de comprimento). Vamos denominá-los *sincros de controle* ou *de sinal*.

Embora monofásicos, a construção do estator é semelhante ao da máquina trifásica. No caso do enrolamento elementar, concentrado, de dois pólos, seriam três bobinas dispostas a 120° uma da outra. A representação é a da Fig. 6.30. É uma representação que lembra a disposição espacial das bobinas. As duas máquinas são idênticas: uma funcionará como sincrotransmissor e a outra como receptor.

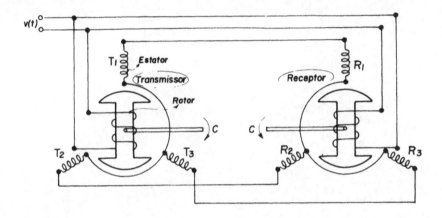

Figura 6.30 Representação esquemática de dois sincros monofásicos em ligação típica

A construção do rotor é como o das máquinas síncronas de indutor rotativo do tipo de pólos salientes. A excitação dos dois rotores vem de uma fonte de tensão alternativa de freqüência angular ω. Se supusermos quedas desprezíveis, temos

$$v(t) = V_{max} \, \text{sen} \, \omega t = E_{max} \, \text{sen} \, \omega t. \qquad (6.61)$$

Essa excitação produz um fluxo (suposto com densidade senoidalmente distribuída no entreferro) estacionário, em relação às peças polares, mas pulsante no tempo. Suponhamos os rotores parados nas posições da Fig. 6.30. Esse fluxo se concatenará com as três bobinas estatóricas, mas não da mesma maneira, como veremos a seguir.

Tomemos o transmissor, com as peças polares alinhadas segundo o eixo da bobina T_1, todo o fluxo será concatenado com ela, e a f.e.m., nela induzida, será a maior das três bobinas, como se fosse um transformador. Então,

$$e_{T1} = E_{max \, T1} \, \text{sen} \, \omega t. \qquad (6.62)$$

Sendo $N_{1\,efet}$ a quantidade efetiva de espiras do enrolamento distribuído do indutor e $N_{2\,efet}$ do induzido, temos

$$\frac{E_{max}}{E_{max \, T1}} = a = \frac{N_{1\,efet}}{N_{2\,efet}} \qquad (6.63)$$

Substituindo na expressão (6.62), vem

$$e_{T1} = \frac{E_{max}}{a} \text{ sen } \omega t. \tag{6.64}$$

Nas outras duas bobinas do transmissor (T_2 e T_3) os fluxos concatenados serão menores e, conseqüentemente, as f.e.m. também serão [veja a Fig. 6.31(a)].

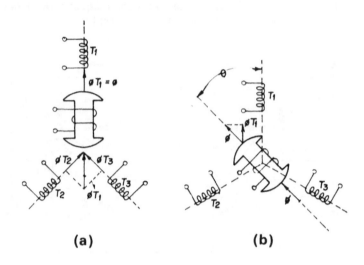

Figura 6.31 (a) Fluxos em cada bobina para o rotor centrado com a bobina *T*1, (b) para o rotor fazendo um ângulo *θ* com a linha central da bobina *T*1

Suponhamos, agora, o rotor ainda parado, mas fazendo um ângulo θ com a bobina T_1, conforme a Fig. 6.31(b). A f.e.m. da bobina T_1 passará a ser dada pela expressão (6.64) mas atenuada por cos θ, como um transformador no qual se reduzisse o acoplamento entre primário e secundário. Assim, para $\phi_{T1} = \phi \cos \theta$, teremos

$$e_{T1} = \frac{E_{max}}{a} \text{ sen } \omega t \cos \theta. \tag{6.65}$$

Conseqüentemente nas outras duas bobinas, que estão a 120° e a 240° de T_1, teremos

$$e_{T2} = \frac{E_{max}}{a} \text{ sen } \omega t \cos (\theta - 120°), \tag{6.66}$$

$$e_{T3} = \frac{E_{max}}{a} \text{ sen } \omega t \cos (\theta - 240°). \tag{6.67}$$

Como se pode observar, com o rotor parado, temos três f.e.m. de mesma freqüência e em fase (sistema monofásico) mas com valores máximos ou eficazes diferentes segundo o ângulo θ. Essas bobinas podem ser ligadas com um ponto em comum, como mostra a Fig. 6.30.

Tomemos agora o receptor. Se o seu estator for ligado ao do transmissor (Fig. 6.30) e o rotor estiver fazendo o mesmo ângulo θ com a bobina R_1 (correspondente a T_1) as f.e.m. induzidas nas três bobinas serão idênticas às dadas pelas expressões (6.65), (6.66) e (6.67). Isso faz com que haja uma compensação de tensões e não haverá corrente circulante. Se, porém, forçarmos o rotor do transmissor a modificar o ângulo θ, as suas f.e.m. ficarão diferentes das do receptor e circulará corrente nos estatores, que, interagindo com os campos produzidos pelos rotores, resultarão em conjugados que tendem a fazer os rotores voltarem à situação de mesmo θ, ou seja, o rotor do receptor deverá acompanhar as modificações de θ impostas ao transmissor. Esse *funcionamento estático* dos sincros de controle é muito utilizado, principalmente em instrumentação como transmissores de conjugado para fins de indicação de posição. Esse conjugado varia aproximadamente senoidalmente com o ângulo θ. Um exemplo típico é o acionamento de ponteiros à distância. Erros de indicação angular, da ordem de um grau são típicos desses sincros.

No *funcionamento dinâmico*, ou seja, um movimento de rotação $\theta(t)$ imposto ao transmissor, será acompanhado pelo receptor. Se tivéssemos $\theta(t) = \Omega t$, as f.e.m. seriam de freqüência angular ω, mas teriam as amplitudes moduladas segundo a freqüência angular Ω. Note-se ainda que essa modulação com freqüência Ω será trifásica, isto é, com amplitudes defasadas 120° uma da outra [observe as expressões (6.65), (6.66) e (6.67) colocando $\theta = \Omega t$ e procure resolver o exercício 9, no final deste capítulo].

6.20.5 SINCROS DE CONTROLE COMO DETETORES DE ERRO ANGULAR

Vamos tomar novamente a Fig. 6.30, mas no lugar do sincro receptor vamos colocar um sincro transformador. Este último apresenta uma construção análoga aos já vistos, com a única diferença que o rotor é normalmente do tipo análogo ao das máquinas síncronas de rotor cilíndrico (rotor liso). Na Fig. 6.32 estão as representações e as ligações utilizadas. O sincro transformador tem a função de fornecer um sinal elétrico (nos terminais R_1 e R_2 do rotor) de intensidade que é função de um ângulo que é a diferença entre as posições angulares do rotor do transmissor (θ) e do seu próprio rotor (α).

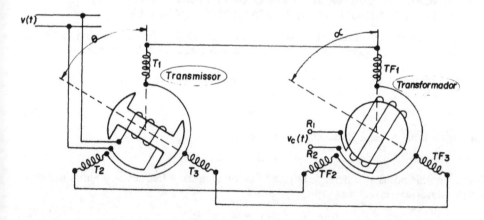

Figura 6.32 Sincros monofásicos: transmissor e transformador

Suponhamos que se deseja conhecer o desvio angular entre dois eixos mecânicos, quer seja em funcionamento estático ou dinâmico. Acopla-se um dos eixos ao rotor do transmissor (denominado eixo de referência) e o outro ao sincro transformador. As f.e.m. do transmissor em função de θ são as dadas pelas expressões (6.65), (6.66) e (6.67).

Supondo quedas desprezíveis, essas f.e.m. serão as tensões aplicadas ao estator do transformador. O sincro transformador comporta-se, então, como um transformador de três primários e um secundário, com acoplamentos diferentes entre este e cada primário. A f.e.m. que cada primário induz no secundário é proporcional aos co-senos dos ângulos α; $\alpha - 120°$ e $\alpha - 240°$.

Isso é facilmente concluído pelo que já verificamos no fenômeno inverso do sincro gerador (indução do rotor para as bobinas do estator). Assim sendo, basta aplicar a relação de transformação (agora $N_2/N_1 = 1/a$), e os aludidos co-senos, nas expressões (6.65), (6.66) e (6.67). Supondo válida a superposição de efeitos e desprezando quedas de tensão, teremos, para a tensão de saída (ou tensão de controle) nos terminais do rotor, a soma das três f.e.m. induzidas pelos três primários, ou seja,

$$e_c(t) = v_c(t) = E_{max} \operatorname{sen} \omega t \left[\cos \theta \cos \alpha + \cos (\theta - 120°) \cdot \right.$$
$$\left. \cdot \cos (\alpha - 120°) + \cos (\theta - 240°) \cos (\alpha - 240°)\right], \qquad (6.68)$$

onde $E_{max} \operatorname{sen} \omega t$ é a própria $v(t)$ de excitação do rotor do transmissor. Elaborando a expressão (6.68), obtemos

$$v_c(t) = \frac{3}{2} v(t) \cos (\theta - \alpha) = \frac{3}{2} v(t) \cos \theta_c. \qquad (6.69)$$

Como se pode observar, a tensão de saída varia co-senoidalmente com o erro angular θ_c entre o eixo de referência e o eixo do sincro transformador, considerando a origem de α coincidente com o eixo da bobina TF_1. O desvio θ_c pode ser função de tempo, isto é, $\theta_c(t)$. Nota-se ainda que $v_c(t)$ é uma tensão com a freqüência ω da tensão $v(t)$ e modulada com a variação de $\theta_c(t)$. Essa propriedade é utilizada na técnica de controle. O sinal de desvio angular é amplificado, processado e aplicado a um motor (por exemplo, um servomotor difásico) que faz a correção no eixo a ser controlado.

6.20.6 SINCRO DE CONTROLE COMO DETETOR DE ERRO DE VELOCIDADE OU DE DESLOCAMENTO ANGULAR

Tecnicamente qualquer máquina assíncrona polifásica de rotor bobinado pode funcionar como tal. Suponhamos o caso mais simples de dois pólos, embora para mais de dois pólos o raciocínio seja análogo.

Já verificamos que a máquina assíncrona produz conjugado quando a freqüência f_2 do enrolamento rotórico é igual a sf_1; ou

$$\omega_2 = s\omega_1. \qquad (6.70)$$

Por outro lado a velocidade angular rotórica é

$$\Omega_r = \Omega_s - s\Omega_s. \qquad (6.71)$$

Como em dois pólos a velocidade angular síncrona é igual à freqüência angular das correntes estatóricas e teremos

$$\Omega_r = \omega_1 - s\omega_1 = \omega_1 - \omega_2 \qquad (6.72)$$

ou, ainda,

$$n_r = f_1 - f_2. \qquad (6.73)$$

Assim, se injetarmos no enrolamento estatórico um sinal de freqüência f_1 e no enrolamento rotórico um sinal de freqüência f_2 (maior ou menor que f_1) a freqüência de rotação do eixo dessa máquina será a diferença das freqüências. Aliás, segundo esse princípio funcionam algumas máquinas assíncronas especiais de velocidade ajustável equipadas com comutador, das quais a mais utilizada é o motor Schrage (27).

Na técnica de controle utiliza-se para isso uma pequena máquina assíncrona, trifásica no estator e no rotor, denominada sincro diferencial. Pode funcionar em conjunto com dois sincros transmissores (Fig. 6.33) que por sua vez estão acoplados a dois eixos cuja diferença de velocidade se deseja medir. As freqüências f_1 e f_2 da Fig. 6.33 são as freqüências proporcionais às velocidades dos eixos dos transmissores, que estão moduladas sobre a freqüência de excitação dos rotores (6.20.4). No eixo do sincro diferencial teremos a diferença dessas freqüências. Esse funcionamento do diferencial é denominado *motor diferencial*.

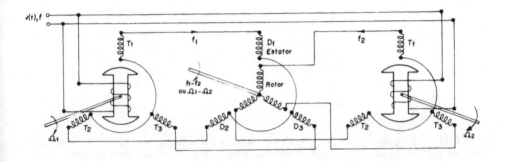

Figura 6.33 Sincro diferencial em associação com dois sincros transmissores, funcionando como motor diferencial

Uma outra maneira de se associar o sincro diferencial é entre um sincro transmissor e um receptor. Nesse caso o transmissor e o diferencial estão acoplados a dois eixos, cuja soma ou a diferença dos seus deslocamentos angulares se deseja conhecer. Se o sincro transmissor estivesse diretamente ligado ao receptor este repetiria, no seu eixo, o movimento do transmissor. Com o diferencial intercalado, transmite-se ao receptor a diferença dos movimentos dos eixos do transmissor e do diferencial. Deixamos ao aluno desenhar o esquema de ligações dessa modalidade e interpretar o seu funcionamento. Esse funcionamento é denominado *gerador diferencial*. Para as variadas aplicações dos sincros de controle sugerimos uma obra mais especializada, como por exemplo a referência (5).

6.21 MÁQUINA ASSÍNCRONA COMO VARIADOR DE TENSÃO

Esse variador de tensão cumpre a mesma finalidade dos variadores tipo potenciômetro indutivo que já vimos no Cap. 2, porém com a vantagem de não possuir contatos deslizantes (escovas) sobre o enrolamento. Esse variador é chamado de *regulador de tensão de indução* ou, simplesmente, regulador de indução. É também um autotransformador de tensão de saída ajustável e com campo rotativo. Portanto apresenta as ligações de um autotransformador trifásico, como mostra a Fig. 6.34(a).

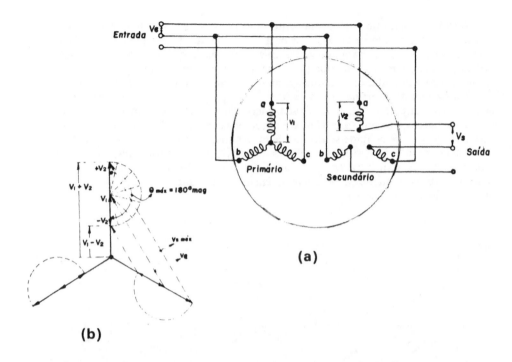

Figura 6.34 (a) Ligações entre primário e secundário de um regulador de indução, (b) diagrama fasorial para as três fases do regulador, mostrando a máxima e a mínima tensão de saída

O princípio de funcionamento é o seguinte: seja V_1 o valor eficaz da tensão de fase do primário e V_2 induzida no secundário segundo a relação de espiras $N_{1\,efet}/N_{2\,efet}$ (estamos desprezando quedas internas). Se não houvesse ligação entre primário e secundário e este fosse disposto, por exemplo, em estrela, teríamos na saída $\sqrt{3} \cdot V_2$. Porém, como cada fase do secundário está em série com cada linha de entrada, a tensão de saída será a soma da tensão de entrada com a tensão do secundário, mas não uma soma algébrica porque pode existir diferença de fase entre elas. Vejamos, liguemos o estator à linha. Se o rotor for mantido estacionário, em tal posição que suas fases a, b e c estejam em frente das fases a, b e c do estator, o campo rotativo induzirá V_1 e V_2, em fase, isto é, elas passarão pelos mesmos valores nos mesmos instantes. A situação é exatamente a de um primário e secundário de transformador. Se deslocarmos o rotor por um ângulo θ (graus magnéticos) no mesmo sentido do campo rotativo, os valores de V_2 acontecerão após os de V_1, e V_2 ficará atrasada em relação a V_1. Se deslocarmos no sentido contrário ela ficará avançada.

Assim sendo, com um deslocamento de 180° magnéticos, podemos fazer V_2 variar, desde em fase, até em oposição com V_1 conforme o diagrama de fasores da Fig. 6.34(b). A amplitude da variação na saída será de $2V_2$ (de $V_1 - V_2$ até $V_1 + V_2$) e logicamente depende da relação N_1/N_2 (efetiva). O deslocamento relativo entre rotor e estator é feito normalmente por meio de um mecanismo com retenção de conjugado, para que o sistema se mantenha na posição pré-fixada, e o seu acionamento pode ser manual ou através de um servomotor. Presta-se tanto para sistemas de simples comando como para controles automáticos. É bastante utilizado como fonte trifásica de tensão ajustável.

6.22 MÁQUINA ASSÍNCRONA COMO ACOPLAMENTO ENTRE EIXOS

Consiste, em princípio, em um núcleo ferromagnético excitado com corrente contínua (I_{exc}), ao qual se impõe um movimento de rotação, acoplado mecanicamente a um eixo. Isso provoca um campo rotativo. Outro núcleo, também cilíndrico, e colocado internamente ao primeiro (Fig. 6.35) é acoplado ao outro eixo. Nessa parte podem existir barras condutoras como se fosse um motor em gaiola, nas quais se induziriam as correntes i_2 e, assim, se desenvolveria um conjugado. Pode mesmo ser um cilindro maciço de material ferromagnético, onde as correntes i_2 aconteceriam nessa massa metálica (daí o nome usual de *acoplamento de corrente Foucault* para esse tipo de equipamento).

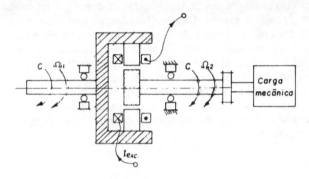

Figura 6.35 Corte esquemático (de princípio) de um acoplamento de indução

Embora esse dispositivo excitado com corrente contínua não esteja realmente dentro do conceito de máquina assíncrona, ele foi inserido neste capítulo devido ao fato da sua característica conjugado × velocidade (conjugado × escorregamento) ser análoga à das máquinas assíncronas, como a dos geradores C.A., alimentando carga isolada do sistema de potência (veja a Seç. 5.23).

As curvas conjugado × escorregamento terão o aspecto já estudado para as máquinas assíncronas, mas o valor do conjugado em cada escorregamento dependerá da intensidade do fluxo no entreferro, ou seja, da corrente de excitação. Esse fato sugere a utilização desse equipamento como um modificador de velocidade. Para se ajustar a velocidade numa carga mecânica de conjugado resistente C, acopla-se a mesma (através de um desses acoplamentos Foucault) a um motor que apresente conjugado C e ajusta-se a corrente de excitação para que esse conjugado seja transmitido com um escorregamento absoluto $\Omega_1 - \Omega_2$ (Fig. 6.35). A potência mecânica de entrada será $C\Omega_1$ e a de saída será $C\Omega_2$, e a perda por escorregamento será

$$p = C(\Omega_2 - \Omega_1).$$

Por aí se conclui que, para regulação de velocidade em faixas largas, o rendimento do sistema é muito pequeno e sua utilização fica restrita a serviços intermitentes. Esse equipamento é, às vezes, também utilizado para freagem dinâmica de motores em equipamentos industriais e para ensaios de motores em laboratórios.

6.23 MÁQUINA ASSÍNCRONA PLANA

Se ao construir uma máquina assíncrona polifásica de dois ou mais pólos, ao invés de fazer o estator e o rotor cilíndricos, construíssemos ambas as partes planas (como aquelas representações de enrolamentos planificados que apresentamos no início do Cap. 5), as distribuições de *H* e *B*, teriam um movimento de translação e não de rotação. O "rotor", com um certo escorregamento, acompanharia aquele movimento de translação (linear) do campo, daí o nome bastante divulgado de *motor linear* para esse dispositivo assíncrono. Preferimos a denominação *motor plano* deixando o termo linear para a designação de sistemas que cumpram a definição de linearidade (veja o Cap. 1). A idéia do motor plano (e também do motor em disco) não são novas, porém nos últimos anos é que se conseguiu um desenvolvimento da teoria e da tecnologia dessas máquinas, principalmente com vistas aos casos de acionamentos de movimentos retilíneos e harmônicos de certas máquinas operatrizes e certos equipamentos de transportes internos.

A aplicação do motor plano em tração elétrica, como pontes rolantes e locomotivas, está em pleno desenvolvimento. Os interessados podem recorrer à referência (33).

No Cap. 5 chegamos à conclusão de que o campo móvel, no caso de enrolamento polifásico disposto sobre um estator cilíndrico, se deslocava por um ângulo igual a um duplo passo polar no intervalo de tempo correspondente a um período das correntes de linha. Assim, no enrolamento cilíndrico, a velocidade angular dependia da freqüência da corrente e do número de pares de pólos dispostos sobre o cilindro. No enrolamento plano o campo móvel percorrerá o comprimento do duplo passo polar, num período da corrente e daí se conclui que sua velocidade de translação é função desse comprimento (resolva o exercício 10).

6.24 SUGESTÕES E QUESTÕES PARA LABORATÓRIO

Vamos nos ater às verificações que possam interessar a uma disciplina como Conversão Eletromecânica de Energia. Os ensaios específicos de máquinas elétricas, principalmente os de caráter industrial não serão focalizados (8). Em princípio qualquer motor de indução de rotor bobinado serviria para os ensaios que proporemos a seguir. Porém, é conveniente uma máquina apropriada a laboratório de conversão, como aquela descrita no Cap. 5, principalmente por ser de rotor bobinado.

6.24.1 ENSAIO EM VAZIO

Liga-se o estator à linha com o reostato rotórico inserido, deixa-se acelerar em vazio, curto-circuitam-se as escovas e procedem-se as medidas. O ensaio é, em tudo, análogo ao ensaio em vazio do transformador monofásico apresentado em 2.20.2. A diferença é que, sendo o primário trifásico, alimentado por fonte trifásica simétrica, equilibrada, teremos de utilizar um wattômetro trifásico [ou dois wattômetros monofásicos com ligação adequada Fig. (6.36)] e destinar 1/3 da potência total para cada fase. Conhecendo-se a ligação do estator (Δ ou $\curlywedge$) tem-se facilmente a tensão e a corrente de fase do enrolamento primário. A partir daí, variando-se V_{10} aplicada, pode-se traçar as curvas de I_{10} e P_{10} em função de V_{10}. Um fato novo que ocorre na curva de P_{10}, é que ela não é nula para V_{10} nula, como acontece nos transformadores. Na máquina assíncrona ela deve tender para um valor igual às perdas mecânicas, que dependem da velocidade e não da tensão. De toda a potência ativa absorvida na tensão nominal (P_{10}) desconta-se a perda mecânica (que é o valor de P_{10} para V_{10} tendendo a zero) e obtém-se perda no núcleo (p_{Fe}). Com $V_{10\,nom}$ e p_{Fe}, obtém-se $R_{1\,p}$. Com P_{10}, I_{10}, V_{10} e $\cos\varphi_{10}$, obtém-se $I_{1\,mag}$ e $X_{1\,mag}$ (veja as equações de 2.20.2).

Motores e geradores assíncronos

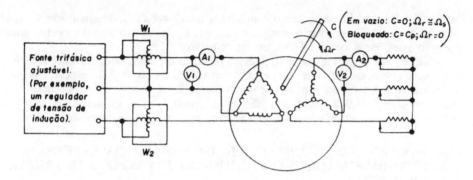

Figura 6.36 Ligações do estator a linha para os ensaios em vazio e em curto circuito

Nota. Quando V_{10} chega próximo de zero, a corrente I_{10} começa a crescer, embora a componente $I_{1\,mag}$ diminua com V_{10}. Isso ocorre porque as perdas mecânicas não diminuem e a corrente ativa absorvida deve aumentar muito quando se chega com V_{10} próximo de zero. Normalmente se interrompe as medidas de P_{10} quando I_{10} começa a crescer e determinam-se as perdas mecânicas ($P_{mec} = P_{10}$ para $V_{10} = 0$) por extrapolação da curva de P_{10}, a partir do ponto em que se interrompeu as medidas.

6.24.2 ENSAIO COM ROTOR BLOQUEADO

Trava-se o eixo, procedem-se as medidas com as escovas curto-circuitadas. Esse ensaio é também denominado *de curto-circuito* por ser inteiramente análogo ao ensaio em curto-circuito do transformador monofásico, de 2.20.3. Repartindo-se a potência total em 1/3 por fase e conhecendo-se V_{1cc} e I_{1cc} de fase, com o auxílio das equações de 2.20.3, determina-se R_{1cc} e X_{1cc} (por fase). Podem, também, ser traçadas as curvas de P_{1cc} e V_{1cc} em função de I_{1cc}. Quanto à repartição de X_{1cc}, meio a meio para X_1 e X'_{d2}, pode-se assegurar que o erro é ainda maior que em transformadores, principalmente quando a forma das ranhuras rotóricas é muito diferente da das estatóricas. Essa repartição é apenas razoável para os motores de rotor bobinado de pequena potência. Na técnica de máquinas elétricas são conhecidos meios mais seguros para essa repartição. *Nota.* Se o motor ensaiado for de gaiola, tudo se passará, do ponto de vista do estator, como se o rotor tivesse o mesmo número de fases do primário (veja a Seç. 6.17).

6.24.3 TRAÇADO DAS CURVAS DE CONJUGADO E CORRENTE PRIMÁRIA EM FUNÇÃO DO ESCORREGAMENTO FUNCIONANDO COMO MOTOR

Utilizando um motor de indução com carcaça oscilante, como aquele do equipamento descrito na Seç. 5.27, podemos, através de uma balança ou de um dinamômetro, medir o conjugado de reação na carcaça, o qual devidamente corrigido, será o conjugado no eixo do motor. A carga mecânica para o motor de indução a ser ensaiado pode ser tanto o gerador de C.C. como o de C.A., também descritos naquela seção. A variação de carga mecânica pode ser conseguida variando-se a corrente de excitação, através do reostato de excitação desse gerador, ao qual se aplica no induzido uma resistência de carga constante. O levantamento da curva $C = f(s)$ desde zero até C_{max} é perfeitamente viável, porém de C_{max} até C_p é bastante difícil e exige técnica especial, dada a inclinação ascendente da curva do conjugado motor nesse trecho, o que dá cruzamento instável com a característica da carga mecânica utilizada (veja o exercício 3 no final do capítulo).

Para as finalidades do nosso curso é suficiente medir até C_{max}, depois medir C_p (com rotor bloqueado) e interpolar o trecho de C_{max} até C_p de acordo com o aspecto comum esperado para essas curvas de motor de indução.

Além da curva para $R_{2\,ext} = 0$, pode-se repetir a experiência com resistências inseridas entre as escovas do motor de anéis. As curvas de I_1, como já foi exposto em parágrafos anteriores, têm forma muito próxima de I_2, devendo-se lembrar no entanto que para $\Omega_r = \Omega_s$ e $C = 0$, a corrente I_1 não é nula como I_2, mas apresenta um valor I_{10}. Pode-se inclusive traçar as curvas em valores p.u. em vez de absolutos.

6.24.4 VERIFICAÇÃO DA INFLUÊNCIA DA RESISTÊNCIA EXTERNA SECUNDÁRIA SOBRE O CONJUGADO E A CORRENTE PRIMÁRIA DE PARTIDA

Mantendo-se o eixo bloqueado e aplicado ao dinamômetro, basta alimentar o motor com tensão V_1 constante e ir variando a resistência $R_{2\,ext}$. Se o reostato de partida for do tipo usual ele deve proporcionar C_p e $I_{1\,p}$ próximos dos nominais do motor. A medida que se diminui $R_{2\,ext}$ o conjugado e a corrente $I_{1\,p}$ devem ir aumentando até se atingir $C_p = C_{max}$. A partir daí C_p começa a diminuir e $I_{1\,p}$ persiste aumentando. Pode-se traçar as curvas de $C = f(R_{2\,ext})$ e $I_{1\,p} = f(R_{2\,ext})$.

6.24.5 INFLUÊNCIA DA TENSÃO V_1 SOBRE O CONJUGADO E A CORRENTE DE PARTIDA

Pode-se, ao invés de utilizar a fonte trifásica ajustável, lançar mão das várias possibilidades de ligação do estator (ΔΔ/Δ/ 人人/ 人) aplicando-se sempre um V_1 correspondente à ligação de menor tensão nominal. O executante deve concluir valores e relações de corrente e conjugado possíveis de obter dessa maneira.

6.24.6 SUGESTÃO PARA MEDIDA DE ESCORREGAMENTO NOMINAL EM MOTORES DE ANÉIS

A medida do escorregamento nominal (que como se sabe tem valores muito pequenos), é muito suscetível a erros. Imagine um motor de quatro pólos, 60 Hz, onde $n_s = $ = 30 rps ou 1 800 rpm. Se a freqüência de rotação em carga nominal é, por exemplo, 1 760 rpm, e está sendo medida com um tacômetro cujo erro é da ordem de $\pm 0,5\%$, o erro no escorregamento será da ordem de mais de 20%, como pode facilmente ser verificado.

Se o motor for de rotor bobinado, pode-se intercalar, entre uma das escovas e o ponto do curto-circuito, um amperômetro do tipo de ferro móvel e contar as oscilações do ponteiro num certo intervalo de tempo. O ponteiro certamente acompanhará as oscilações da corrente I_2, que nessa situação tem freqüência bastante pequena. Aqui surgem as questões: sendo o amperômetro de ferro móvel, a qual valor da corrente corresponde a máxima deflexão do ponteiro em cada oscilação (veja o Cap. 4)? Qual a relação entre a freqüência de oscilação do ponteiro e a freqüência da corrente rotórica? Conhecendo-se a freqüência da corrente rotórica, quais as relações a serem utilizadas para se calcular os escorregamentos relativo e absoluto?

6.24.7 OUTRAS QUESTÕES

a) Com um voltímetro adequado, imagine uma maneira de se medir a relação de transformação primário/secundário em um motor de anéis.

b) Acionando-se um alternador de quatro pólos com 1 500 rpm; através de um motor de C.C., pode-se obter uma fonte trifásica de tensões de 50 Hz. Aplique essa freqüência no primário do motor de indução e verifique as diferenças de corrente magnetizante, velocidade, conjugados, parâmetros, etc. O fluxo por pólo, para a mesma tensão, aumentará? As perdas no núcleo aumentarão ou diminuirão?

c) *Sincro de potência.* Tomando-se duas máquinas de rotor bobinado, trifásicas (do equipamento já descrito), e acoplando-se a duas máquinas de C.C. pode-se fazer um sincro onde as duas máquinas sejam motor (reostato secundário único), conforme foi descrito em 6.20.3. Nesse caso as duas máquinas de C.C. funcionam como gerador e representam carga mecânica aos motores assíncronos. Pode-se também constituir um sincro gerador (transmissor) e um sincro motor (receptor) sem reostato secundário. Basta que a máquina de C.C. acoplada ao transmissor funcione como motor, e aquela acoplada ao receptor funcione como gerador. Pode-se medir o conjugado tanto no transmissor como no receptor. Nessas experiências deve-se tomar cuidados especiais no instante da ligação dos sincros à linha, pois, se nesse instante os seus rotores se encontrarem em posições relativas muito diferentes (muito desalinhados), podem ocorrer fortes conjugados que fazem os motores partirem rapidamente e oscilarem, com prejuízos para o equipamento.

Aconselha-se ligar inicialmente os estatores a duas linhas do sistema trifásico, esperar os rotores se acomodarem, e depois ligar a terceira linha.

d) *Sincros monofásicos de controle.* Podem-se ligar esses sincros (transmissor, receptor, transformador e diferencial) das maneiras indicadas em 6.20.4, e efetuar medidas de tensões, correntes, etc. Uma verificação interessante é o traçado da curva de conjugado transmitido em função do ângulo num sistema sincro transmissor — sincro receptor. Aplica-se um pequeno dinamômetro (ou uma balança) ao eixo do receptor para se medir o conjugado. Coloca-se um transferidor no transmissor (escala de ângulos fixa à carcaça e ponteiro preso ao eixo). À medida que vão sendo forçados deslocamentos angulares no eixo do transmissor, vão sendo efetuadas medidas de conjugado no receptor e traçada a curva. Pode-se determinar também o erro em deslocamento angular, isto é, o ângulo que se deve forçar o transmissor para que se inicie o deslocamento no receptor, com o eixo livre.

e) *Motor de indução monofásico.* Num motor monofásico de gaiola, que tenha os terminais do enrolamento auxiliar acessível, meça o conjugado de partida e as correntes I_a e I_p, primeiro com o capacitor e depois com um resistor em série com o enrolamento auxiliar. Justifique as diferenças.

6.25 EXERCÍCIOS

1. Como se pode inverter o sentido de rotação de um motor de indução? a) Bifásico, b) trifásico, c) monofásico de partida por capacitor. Justificar plenamente.
2. Numa máquina rotativa explique por que, se o número de pólos do enrolamento estatórico não for igual ao número de pólos do rotor, o conjugado médio será nulo.
3. A carga de um motor de indução é uma bomba hidráulica do tipo centrífuga com características praticamente parabólicas ($C = Kn_r^2$). Imagine um motor assíncrono de rotor bobinado de quatro pólos, 60 Hz, que apresenta escorregamento nominal igual a 0,02 (anéis curto-circuitados) e conjugado nominal 4 kgf m ($\cong$ 40 N m). Um ponto da característica da bomba é 60 N · m com 2 000 rpm.

Supondo que C_{max} e C_p do motor sejam 85 N · m e 50 N · m, trace a curva $C = f(s)$ como se ele possuísse uma curva típica de motor de indução normal.

a) Determine o ponto de funcionamento motor-bomba para os anéis curto-circuitados (somente R_2 interno) e para uma resistência externa no circuito rotórico igual a três vezes a interna.
b) O mesmo que a), porém com uma tensão de 70% da nominal aplicada ao primário do motor.
c) O cruzamento das curvas do conjugado resistente da carga e do conjugado motor (com $R_{2\,ext} = 0$) tem característica de cruzamento estável ou instável? (Aplique critério de raciocínio análogo ao empregado nas curvas força × entreferro do exemplo 4.3.).

4. Um motor de indução bifásico, de parâmetros normais e usuais, é ligado a uma rede bifásica e acelera com sua inércia própria mais a da carga.
  a) Desligando-se uma fase apenas, o que sucederá? Justificar.
  b) Desligando-se as duas fases e aplicando-se imediatamente tensão contínua a uma delas, o que sucederá? O que acontecerá com a energia cinética armazenada nas partes rotativas? Justificar.

5. São conhecidos alguns valores de um motor de indução trifásico: diâmetro do rotor, 150 mm; comprimento do rotor, 50 mm; rotor em gaiola com 45 barras de cobre ou alumínio; quatro pólos; freqüência de rotação a plena carga, 1 760 rpm; densidade de fluxo suposta distribuída senoidalmente ao longo do entreferro; com amplitude $B_{max} = 0.8$ Wb/m²; freqüência da tensão de linha, 60 Hz. Pede-se
  a) a freqüência da f.e.m. induzida em cada barra, sua forma de onda e seu valor eficaz no instante inicial da partida,
  b) idem, com o rotor girando a plena carga,
  c) resolver o item b) aplicando a definição de escorregamento relativo s.

6. Um motor de indução polifásico de rotor bobinado, de 50 CV, dois pólos, 60 Hz, apresenta em funcionamento uma f.e.m. induzida no enrolamento primário de 204 V por fase. A f.e.m. induzida no enrolamento secundário é de 6,4 V por fase. A relação do número de espiras efetivas do primário para o secundário é 1,12.
  a) Qual o escorregamento nessa situação de funcionamento?
  b) Qual a freqüência de rotação do rotor e a freqüência da corrente rotórica?

7. Para o motor do Exemplo 6.4 desenhe o circuito equivalente aproximado (com ramo magnetizante na entrada) calculando e indicando valores de I'_2, I_1 e I_{10} e faça um diagrama fasorial para o mesmo. Exprima as correntes em p.u. de um valor base igual ao nominal do motor.

8. Demonstrar que o campo estacionário pulsante de um motor assíncrono monofásico de p pares de pólos também pode ser encarado como a composição de dois campos rotativos de rotações contrárias, e com valores de velocidade apropriados ao número p de pares de pólos.

9. Faça o gráfico das tensões em função do tempo, para um sincro transmissor de controle, excitado com tensão monofásica de 60 Hz, para o rotor girando com $\Omega_r < \Omega$ (modulação trifásica), por exemplo, $\Omega_r = 2\pi \, 12$ rad/s. Verifique que se o sincro fosse de 400 Hz, em vez de 60 Hz, obteríamos o mesmo resultado com Ω_r quase sete vezes maior.

10. Pode-se construir o estator de um motor de indução retificado (plano). Um carro metálico suposto sem atrito pode deslocar-se sobre o estator e funciona como um secundário de um motor assíncrono. O enrolamento estatórico é ligado a uma linha trifásica de $f = 60$ Hz. O passo polar tem 0,5 m. Qual a velocidade limite que o carro pode atingir? E se se modificar o passo das bobinas do estator de tal modo que resulte um enrolamento de passo polar igual a 0,6 m?

CAPÍTULO 7

MOTORES E GERADORES DE TENSÃO CONTÍNUA

7.1 INTRODUÇÃO

Como nos dois capítulos precedentes, vamos focalizar também neste capítulo, com mais ênfase, as máquinas do tipo de potência, às quais apresentam nos terminais em regime permanente, uma tensão contínua constante. Essa categoria de máquinas é normalmente designada por *máquinas de corrente contínua*. Conforme já foi exposto em 4.14.3, vamos nos limitar às máquinas de corrente contínua com comutador. Se as modalidades predominantes na utilização das máquinas síncronas e assíncronas são respectivamente a do gerador e a do motor, nas máquinas de corrente contínua, nos últimos anos, é predominantemente a de motor. As facilidades de obtenção, com custo relativamente baixo, de tensões contínuas constantes ou ajustáveis através de diodos de silício ou retificadores de silício controláveis (tiristores), diminuíram o emprego do gerador de corrente contínua rotativo (dínamo). Por outro lado, essas mesmas facilidades fazem crescer o emprego do motor de corrente contínua que passa a ser utilizado em muitas aplicações de velocidade ajustável que anteriormente eram solucionadas com sistemas mais complexos, como, por exemplo, máquinas de C.A. com comutador, motores assíncronos acoplados através de redutores mecânicos de relação ajustável ou através de acoplamentos eletromecânicos deslizantes (acoplamento de Foucault). A solução clássica mais comum para motores de C.C., nas aplicações de velocidade ajustável e velocidade controlada, era a utilização de conversor C.A.-C.C. rotativo, composto de um motor síncrono ou assíncrono e um dínamo de tensão controlável, que alimentando um motor C.C. recebia o nome de sistema Ward-Leonard.

Os motores de C.C. são utilizados em todas as faixas de potência: micromotores, motores de potência fracionária, pequenas, médias e grandes potências.

7.2 PRINCÍPIOS DE FUNCIONAMENTO

Acreditamos que procedendo-se uma revisão nos princípios de funcionamento expostos em 4.14.3 já teremos elementos suficientes para prosseguir. Mais pormenores serão introduzidos progressivamente nos parágrafos que se seguem.

7.3 FORMAS CONSTRUTIVAS

As máquinas de C.C., motores ou geradores, compõem-se, na grande maioria, de um indutor de pólos salientes, fixo à carcaça (estator) e um induzido rotativo semelhante ao indutor das máquinas síncronas de pólos salientes fixos e induzido rotativo representado na Fig. 6.1. Quanto ao indutor, na Fig. 7.1 está representado um caso de máquinas de C.C. de quatro pólos, e aí se nota que entre as peças polares principais (excitação principal) existem pequenas peças polares que são denominadas interpolos ou pólos auxiliares de comutação ou, simplesmente, pólos auxiliares. A não ser em pequenas máquinas de C.C. de potência fracionária, esses pólos auxiliares estão sempre presentes, e sua função de proporcionar melhor "comutação" será focalizada na Seç. 7.5.

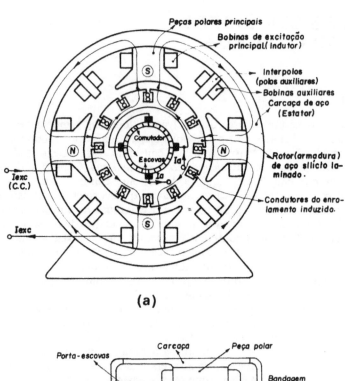

(a)

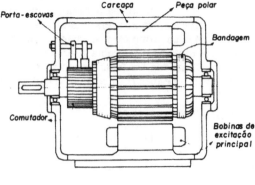

(b)

Figura 7.1 Cortes esquemáticos de uma máquina de C.C. de quatro pólos, (a) transversal, (b) longitudinal

Motores e geradores de tensão contínua

O rotor compõe-se da armadura e do comutador. Na armadura localiza-se o enrolamento induzido, distribuído em muitas bobinas parciais, alojadas em ranhuras, cujos terminais de cada bobina é soldado às lâminas do comutador.

As características desse tipo de enrolamento ligado a comutador serão vistas mais adiante. Um comutador típico, do tipo cilíndrico, está representado nas Figs. 7.2(a) e (b).

A indução magnética varia em cada ponto do rotor devido ao seu movimento de rotação submetido a um campo magnético estacionário no espaço e produzido pelo enrolamento do estator excitado com corrente contínua. Portanto, com a finalidade de diminuição de perdas histeréticas e Foucault, o material ferromagnético do núcleo do induzido é normalmente o aço silício laminado.

Nessas lâminas são estampados os cortes radiais (ranhuras) e depois prensadas formando o "pacote do rotor". O anel ferromagnético da carcaça, a não ser em alguns casos de máquinas especiais, não precisa ser de aço-silício em lâminas, pois o fluxo no

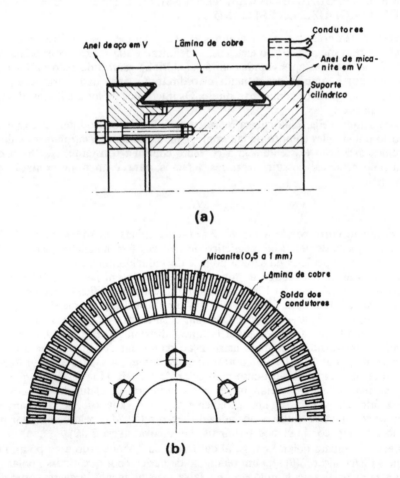

Figura 7.2 (a) Corte longitudinal de um comutador do tipo cilíndrico. (b) Vista frontal

estator da máquina de C.C. em regime permanente, é constante no tempo. A carcaça é normalmente de aço doce (aço de baixo carbono) em construção fundida ou soldada. As peças polares dos pólos principais e dos interpolos e principalmente as sapatas polares, são quase que invariavelmente construídas de chapas estampadas com a forma adequada e depois prensadas para formar os "pacotes dos pólos". Quanto à proteção, a forma construtiva mais comum em motores e geradores de C.C. é aberta com fluxo de ar interno (8), embora existam também as fechadas com ventilação externa, cuja refrigeração é feita somente pela superfície externa, sem contato do ar externo com as partes ativas da máquina. Existem também grandes máquinas de C.C. cuja dissipação do calor é feita através de trocadores de calor de água ou mesmo de ar.

Os contatos deslizantes (escovas) são dos mais variados tipos e composições. Nas máquinas mais comuns são de partículas de carbono sinterizadas, ou misturas sinterizadas de pó de grafita e cobre (26).

7.4 f.m.m. INTENSIDADE DE CAMPO. DENSIDADE DE FLUXO E FLUXO PRODUZIDOS PELO INDUTOR

Devemos lembrar que nas máquinas de C.C. também se prefere apresentar os ângulos em graus magnéticos ou elétricos. A definição e sua relação com o ângulo geométrico são as mesmas apresentadas em 5.4.2. A linha central de ação da f.m.m. principal do indutor é também denominada eixo direto. O eixo quadratura deve fazer um ângulo de 90° magnéticos com o eixo direto. Os interpolos (pólos auxiliares) devem agir segundo esse eixo.

Examinemos a Fig. 7.3(a), nessa representação foi omitido o interpolo. O induzido foi suposto um simples cilindro de material ferromagnético, sem enrolamento, de modo que a única excitação existente seja a corrente contínua constante, I_{exc}. Se a bobina de cada pólo principal possuir N espiras, teremos, para a f.m.m. de excitação principal, por pólo,

$$\mathscr{F}_p = NI_{exc}. \qquad (7.1)$$

Essa f.m.m. corresponde a f.m.m. $\mathscr{F}_0$ das máquinas síncronas (Cap. 5). Se desprezarmos a queda de potencial magnético do material ferromagnético, isto é, $\mu_{Fe} = \infty$, teremos entre as superfícies da sapata polar e do induzido, uma diferença de potencial igual a $\mathscr{F}_p$, constante ao longo de todo o entreferro de um passo polar. A distribuição espacial dessa $\mathscr{F}_p$ está na Fig. 7.3(b) em representação retificada, seguindo as mesmas diretrizes adotadas em 5.4.1. E também uma distribuição simétrica de meio período $[\mathscr{F}_p(\theta) = -\mathscr{F}_p(\theta + \pi)]$. Nas máquinas síncronas de pólos salientes o caso normal era uma forma de sapata polar tal que a distribuição $H(\theta)$ e $B(\theta)$ fossem senoidais, embora provocadas por uma distribuição retangular de f.m.m. [veja a expressão (5.1)]. Nas máquinas de C.C., ao contrário, quase sempre a sapata é de tal forma (25) que provoca uma distribuição quase retangular de H_o e B_o [Fig. 7.3(b)] o que ocasionará f.e.m. induzidas quase retangulares nos condutores do induzido em movimento. Mas esse fato, em vez de ser um inconveniente, é até vantajoso, se lembrarmos que as f.e.m. de todos os condutores do induzido serão retificadas pelo comutador para se obter uma tensão contínua nos terminais das escovas (veja 3.8.2).

O arco da sapata polar é em geral da ordem de 0,65 a 0,7 do arco polar, fazendo com que a distribuição $B(\theta)$ seja um retângulo de base menor que o passo polar e apresente um valor praticamente nulo em uma faixa mais ou menos larga em torno do eixo quadratura [Fig. 7.3(b)].

Motores e geradores de tensão contínua

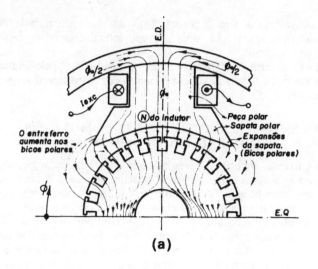

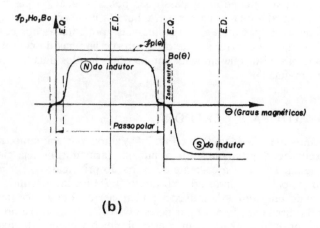

Figura 7.3 (a) Representação em corte de um pólo principal de máquina C.C. mostrando as linhas de fluxo provocadas pelo indutor; (b) distribuição da f.m.m. e de B ou H no entreferro, provocadas pela excitação principal agindo isoladamente

Esse fato traz vantagens na comutação e será focalizado mais adiante.

O fluxo por pólo (ϕ_0) produzido somente com o indutor excitado, será como no caso da máquina síncrona, dado por

$$\phi_0 = \int_0^\pi B_0(\theta) lr \, d\theta. \tag{7.2}$$

Deve-se, portanto, conhecer a forma de $B_0(\theta)$ para se proceder a integração. É um procedimento comum fazer-se a integração gráfica sobre o desenho da distribuição $B_0(\theta)$. Nos casos normais, a relação entre ϕ_0 calculado por essa integração e ϕ_0 calculado como se $B_0(\theta)$ fosse retangular em todo o passo polar é da ordem de 0,66 a 0,7.

O fluxo concatenado com o enrolamento do indutor em cada pólo, será constante no regime permanente ($\lambda_0 = N\phi_0$) e não induzirá f.e.m. variacionais nem mocionais nesse enrolamento.

Antes de examinarmos a f.m.m., H, B e ϕ produzidos pelo induzido vamos verificar com mais pormenores o funcionamento dos enrolamentos pseudo-estacionários das máquinas de C.C.

7.5 ENROLAMENTOS DE INDUZIDO COM COMUTADOR – AÇÃO MOTORA E AÇÃO GERADORA – COMUTAÇÃO

No Cap. 4 fizemos menção a esses enrolamentos chamados pseudo-estacionários. Em 3.8.2 chegamos a examinar um desses enrolamentos na sua forma mais elementar, ou seja, com uma única bobina e duas lâminas. Nos casos reais de máquinas C.C. médias e grandes, esses enrolamentos têm uma grande quantidade de ranhuras e lâminas, sendo comum enrolamentos de máquinas de dois pólos com comutador de mais de quarenta lâminas, de quatro pólos com mais de cem lâminas, ou de seis pólos com mais de duzentas lâminas. Apenas para não complicar, vamos utilizar, para nossa exposição, um enrolamento de uma máquina C.C. de dois pólos, oito ranhuras (quatro ranhuras por pólo), dupla camada, oito bobinas, passo das bobinas igual ao passo polar, ou seja, passo de bobina igual a quatro passos de ranhura (a nomenclatura aqui utilizada, bem como as definições de passos, etc. são as mesmas apresentadas nos parágrafos iniciais do Cap. 5). Na Fig. 7.4 conclui-se que o número de lâminas do comutador é igual ao número de bobinas, visto que em cada lâmina estão ligados dois terminais de bobina: um inicial e um final.

7.5.1 AÇÃO MOTORA E GERADORA

Examinemos mais detidamente a Fig. 7.4. Vamos, por enquanto, manter os interpolos sem excitação. Suponhamos que o induzido (armadura) esteja girando com uma velocidade angular Ω_r e que a corrente de excitação principal (I_{exc}) seja tal que resulte uma f.m.m. principal $\mathscr{F}_p$ agindo no eixo direto ($E.D.$) e com o sentido marcado na figura, provocando um campo de induções no entreferro, com a peça polar da esquerda sendo N e a da direita sendo S. O par de escovas ① e ② está fixa no espaço, preso à carcaça, numa posição alinhada com o eixo direto. Na técnica de máquinas elétricas essa posição é conhecida como "posição normal de escovas". Não pensemos por ora no comutador e suponhamos que a armadura esteja girando com uma velocidade angular Ω_r no sentido anti-horário, como na Fig. 7.4. É fácil constatar pela regra da mão esquerda ($\vec{qu} \wedge \vec{B}$; Cap. 3) que as polaridades das f.e.m. mocionais de todos os condutores do lado esquerdo são concordantes e representadas na figura por pontos (⊙). Todas as do lado direito são contrárias às do lado esquerdo e cada uma está representada por uma cruz (⊕).

Suponhamos, para maior facilidade de representação, que, no instante focalizado, os sentidos de corrente em todos os condutores do lado esquerdo sejam "correntes saindo" (também representadas por pontos ⊙) e em todos os lado direito, "correntes entrando" (⊕). A situação seria então de sentido de correntes concordantes com as f.e.m. e, conseqüentemente, a máquina apresentaria nesse instante uma ação geradora, com conjugado desenvolvido contrário ao sentido de rotação. Ela estaria absorvendo potência mecânica no eixo e fornecendo potência elétrica à linha. Para a constatação do sentido do conjugado basta lembrar a expressão $\vec{F} = I\vec{\ell} \wedge \vec{B}$ e concluímos que as

Motores e geradores de tensão contínua

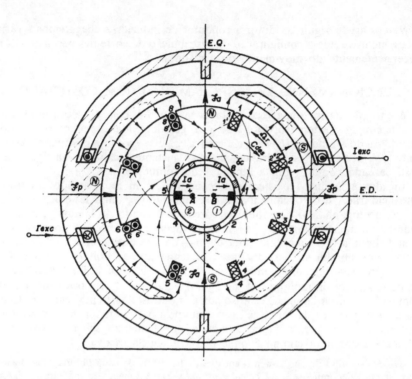

Figura 7.4 Desenho esquemático, em corte transversal, de uma máquina C.C. de dois pólos, mostrando a distribuição de f.e.m. e correntes nos condutores do induzido para um caso de desenvolvimento de ação geradora. Para maior facilidade as escovas foram desenhadas na parte interna do comutador, mas na prática elas fazem contato com a superfície externa

forças da esquerda e da direita são no sentido de desenvolver um conjugado (C_{des}) no sentido horário. Mas a interpretação pode também ser dada pela interação entre campos. Note-se que se tomarmos o eixo quadratura (*E.Q.*) como um eixo de simetria da distribuição de corrente dos condutores na situação da figura, constata-se facilmente, pela regra do parafuso destrógiro (Cap. 3), que a f.m.m. $\mathscr{F}_a$ produzida por esses condutores apresenta uma linha central de ação coincidente com o eixo *E.Q.* Se conferirmos à f.m.m. um sentido de ação, poderemos representá-la dirigida de baixo para cima. A f.m.m. $\mathscr{F}_a$ é denominada de f.m.m. de reação de armadura ou de induzido. Logo, nessa situação, a tendência de alinhamento entre $\mathscr{F}_p$ e $\mathscr{F}_a$ (veja o Cap. 3) manifesta-se através de um conjugado no sentido horário, coincidindo com o que já havíamos concluído pelo processo anterior. Suponhamos agora que o sentido de rotação da armadura fosse o contrário do anterior. As f.e.m. em todos os condutores da esquerda passariam a ($\oplus$) e as da direita seriam ($\odot$). Mas suponhamos ainda que a distribuição de corrente fosse a mesma anterior, isto é, todos os condutores da esquerda continuassem com corrente ($\odot$) e os da direita com ($\oplus$). Teríamos um sentido de corrente contrário à f.e.m. induzida e a máquina estaria absorvendo potência elétrica da fonte elétrica e fornecendo potência mecânica no eixo. Facilmente se conclui que o conjugado desenvolvido não mudou de sentido e agora é favorável à rotação, vencendo um conjugado resistente externamente aplicado. A máquina desenvolve ação motora.

Vamos agora seguir condutor a condutor do induzido e chegaremos a várias conclusões, inclusive que a configuração da distribuição de correntes permanece a mesma, independentemente do movimento da armadura.

7.5.2 FUNCIONAMENTO DO ENROLAMENTO COM COMUTADOR

A situação da máquina representada na Fig. 7.4, com aqueles sentidos de rotação e de conjugado desenvolvido, é de ação geradora, logo, se a corrente contínua de induzido ou de armadura (I_a) sai pela escova ②, essa escova é positiva e a escova ① é negativa. A armadura está girando, mas, no instante focalizado na figura, a escova ① está fazendo contato com a lâmina 1 do comutador.

Ligados à lâmina 1 existem dois condutores, um representado em traço cheio e outro em tracejado. Podemos iniciar o seguimento por um deles e depois repetir para o outro, acompanhando o sentido da corrente. Partindo da lâmina 1, nota-se que o condutor em traço cheio "entra" ⊕ na parte superior da ranhura 1 constituindo o lado inicial da bobina 1. Cada bobina pode ter mais de uma espira (mais de dois condutores), porém, para simplificar, suponhamos que tenha apenas dois condutores. Como as bobinas têm passo pleno, o condutor corresponde ao seu lado final estará retornando pela parte inferior da ranhura 5 (5' na figura), e daí "sai" ⊙ em tracejado, para ligar-se à lâmina 2. Como a lâmina 2 está isolada das outras, a corrente segue em traço cheio para a parte superior da ranhura 2 e retorna pela parte inferior da ranhura 6 (6'). Daí segue em tracejado para a lâmina 3, e assim por diante, até sair pela parte inferior da ranhura 8 e chegar à lâmina 5 onde é coletada pela escova ②.

Nota. Esse tipo de enrolamento em que os terminais de cada bobina estão ligados à lâminas vizinhas denomina-se, na técnica, *embricado*. Existe uma outra maneira de executar um enrolamento de máquina C.C. onde os terminais de cada bobina estão ligados a lâminas distantes angularmente de aproximadamente 360° magnéticos, chamado enrolamento "ondulado", mas como ele não tem interesse prático em máquinas de dois pólos, só será examinado posteriormente.

Partindo agora da lâmina 1 e seguindo o condutor representado em tracejado, nota-se que ele entra pela parte inferior da ranhura 4 (4') retorna pela parte superior de 8, segue para a lâmina 8, daí para 3 (3') e, assim por diante, até chegar também à lâmina 5 e à escova ②.

A configuração das correntes é portanto aquela já suposta, ou seja, com todas as correntes (⊙) sob um pólo principal N e todas as correntes (⊕) sob um pólo S e com $\mathscr{F}_a$ agindo segundo E.Q. Uma representação mais usual na técnica é a planificada, como a da Fig. 7.5. Convém, como exercício, que o leitor faça o seu seguimento, comparando-o com o da Fig. 7.4.

Vamos agora dar ao rotor (armadura e comutador) um deslocamento angular igual a um passo de lâmina (360°/8 = 45°) em qualquer sentido. Digamos que o deslocamento foi no sentido da rotação. Então a lâmina 2 passa a fazer contato com a escova ① e a lâmina 6 com a escova ②. Se repetirmos todo o seguimento anterior, iremos notar que nada se altera, isto é, a distribuição de corrente permanece a mesma e $\mathscr{F}_a$ também permanece com a mesma intensidade, direção e sentido, em nada alterando a intensidade e o sentido do conjugado. Se formos dando sucessivos deslocamentos verificamos que tudo se repete. Daí surgem as conclusões enunciadas a seguir.

1.º) As configurações de correntes e de f.m.m. do induzido são estacionárias no espaço, embora o rotor se movimente. Essa é a razão do nome pseudo-estacionário.

2.º) O enrolamento é fechado sobre si mesmo, não sendo composto de partes (fases) como os enrolamentos pseudo-rotativos polifásicos.

Motores e geradores de tensão contínua

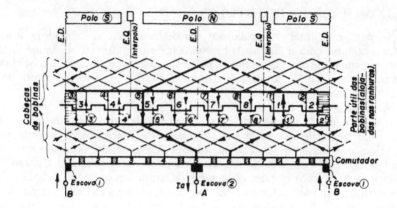

Figura 7.5 Representação planificada do enrolamento induzido e do comutador do mesmo enrolamento da Fig. 7.4.

3.º) A corrente contínua I_a que entra pela escova ① divide-se em duas partes iguais, cada uma percorrendo metade do número total de condutores do enrolamento. Cada parte denomina-se derivação [Fig. 7.6(a)].

4.º) Se seguirmos novamente o enrolamento para o caso representado na Fig. 7.4, agora percorrendo segundo os "sentidos" (polaridades) das f.e.m, teremos novamente entre as escovas ① e ② duas vias paralelas, cada uma contendo metade do número total de espiras do enrolamento. Em cada metade a f.e.m. de cada condutor se soma com a do outro, isto é, entra pela ⊕ sai pelo ⊙, e assim sucessivamente. A f.e.m. (E_0) coletada pelas escovas é então metade daquela que obteríamos se todas as espiras se comportassem em série [Fig. 7.6(a)]. Se a máquina não tivesse resistência ôhmica nos condutores da armadura a tensão nos terminais seria $V_0 = E_0$. A representação simbólica da armadura de uma máquina de C.C. está na Fig. 7.6(b).

5.º) Embora a corrente I_a e a f.e.m. E_0 sejam contínuas e constantes nos terminais das escovas, elas são alternativas nos condutores. Essa é a função retificadora do comutador. Na Fig. 7.4 nota-se, com facilidade, que um condutor ⊕ que estava sob um pólo S, ao passar para o pólo N, modificou para ⊙, e assim sucessivamente. A corrente e a f.e.m. completam um ciclo em uma volta completa do comutador, no caso de máquina de dois pólos.

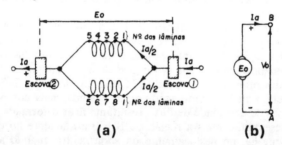

Figura 7.6 (a) Representação das duas derivações (cada uma com quatro bobinas) do enrolamento da Fig. 7.4, para a máquina funcionando como gerador; (b) símbolo da armadura de uma máquina C.C.

7.5.3. COMUTAÇÃO – INTERPOLOS

No parágrafo anterior, ao darmos um deslocamento na armadura, a escova ①, que fazia contato com a lâmina 1, passou a fazer contato com a lâmina 2. Durante o trajeto, por menos espessa que seja, na prática, a escova curto-circuita a bobina formada pelos condutores 1 e 5'. No mesmo instante o mesmo fato ocorreu com a bobina 5-1', ligada às lâminas 5 e 6 (escova ②).

Na prática raramente as densidades de corrente elétrica em escovas vão além de 0,1 a 0,2 A/mm^2. dependendo de uma série de fatores, como, regime de funcionamento, material utilizado na escova, aquecimento (refrigeração), resistência de contato, velocidade periférica do comutador, etc. Assim sendo, para que as escovas não se tornem muito longas, elas devem ser feitas com a maior espessura possível. Quanto mais espessa for a escova, maior o intervalo de tempo em que aquelas bobinas permanecerão curto-circuitadas pelas escovas durante o movimento de rotação do rotor. É conveniente que as f.e.m. induzidas nos condutores 1-5' e 5-1' sejam praticamente nulas durante esse intervalo, para reduzir as correntes de curto-circuito, embora na prática as escovas apresentem apreciáveis resistências ôhmicas próprias e de contato com o comutador. Mas deve-se notar que aqueles condutores estão trafegando nas imediações do eixo quadratura durante o curto-circuito, e nessa região a densidade de fluxo, em vazio, é feita nula em uma faixa mais ou menos larga (Seç. 7.4.), o que deve garantir uma f.e.m. induzida nula. Por esse motivo essa região do eixo quadratura recebe, na técnica de máquinas elétricas, o nome de *zona neutra* ou simplesmente *linha neutra*.

Se a máquina estiver em carga ($I_a \neq 0$) ainda ocorre mais um fenômeno importante durante a passagem daquelas lâminas sob as escovas, ou seja, a inversão da corrente na bobina curto-circuitada. Nota-se, na Fig. 7.4, que o condutor 1 passa de ⊕ para ⊙ após cruzar o eixo quadratura. Quantitavamente vale dizer que ele passa de corrente $+I_a/2$ para zero e de zero para $-I_a/2$, ou seja, haverá uma variação de corrente igual a I_a, em um intervalo de tempo Δt, que dependerá da velocidade Ω_r e da espessura das escovas. Isso provoca a indução de uma f.e.m. variacional (f.e.m. de autoindução $L\Delta i/\Delta t$) que é proporcional à indutância própria (L_c) da bobina curto-circuitada. Essa f.e.m. age no sentido de tender a conservar a corrente no seu valor inicial (lei de Lenz), contrariando a modificação do seu valor. Isso se traduz em atraso na interrupção e na inversão da corrente que ainda persiste mesmo quando a lâmina em movimento já está deixando a escova, manifestando-se um arco elétrico na saída da lâmina (faiscamento). É um fenômeno que lembra a formação de arco na abertura de circuitos indutivos. Esse faiscamento é extremamente prejudicial não somente ao comutador como às escovas, e será tanto mais intenso quanto maior for a corrente de carga (I_a) do induzido.

Denomina-se *comutação* o conjunto de fenômenos que ocorrem na passagem das lâminas sob as escovas e *condutores comutados*, isto é, aqueles que estão conectados a essas lâminas. A descrição acima apresentada é uma visão superficial da comutação, que é estudada com pormenores nas obras dedicadas às máquinas elétricas de C.C. (25) (26). Após analisarmos a f.m.m. produzida pelo enrolamento induzido (parágrafo seguinte), verificaremos que a comutação torna-se ainda mais complexa, devido ao fato de a distribuição de densidade de fluxo resultante ficar deformada com a máquina em carga, não apresentando mais a região de $B = 0$ exatamente no eixo quadratura. Costuma-se dizer que há um deslocamento da zona neutra quando a máquina entra em carga, e como as escovas não mudaram de posição elas passarão a curto-circuitar condutores que estão trafegando em uma região de $B \neq 0$, portanto, com f.e.m. não nula, fato esse que agrava o problema da comutação.

Em pequenas máquinas de potência fracionária, onde o circuito formado pela escova e bobina curto-circuitada apresenta resistência apreciável em face da indutância, o fenômeno de faiscamento não é tão pronunciado e o funcionamento é aceitável, sem se lançar mão de elementos corretivos. O processo denomina-se *comutação resistiva*. Porém na quase totalidade das máquinas de C.C. é necessário um elemento corretivo da comutação, que é o interpolo. Os interpolos são construídos para produzirem f.m.m. e, conseqüentemente, distribuição de B_i, confinadas às imediações dos eixos quadratura, e com tal intensidade que, além de anular o efeito da distorção da distribuição de B em carga, ainda provoquem nos condutores comutados, f.e.m. mocionais ($E_c = B\ell u$) iguais e contrárias às f.e.m. variacionais devidas às inversões de corrente. É como se anulássemos as indutâncias das bobinas comutadas. O dimensionamento e a maneira de se excitar os interpolos serão vistos mais adiante.

7.5.4 INFLUÊNCIA DA POSIÇÃO DAS ESCOVAS

Todas as máquinas normais providas de interpolos funcionam com as escovas nas imediações da posição normal, mas mesmo assim vamos analisar a influência do deslocamento de escovas, não somente porque existem máquinas especiais funcionando fora daquela posição [por exemplo, os amplificadores rotativos (29)], mas também pelo bom efeito didático dessa análise.

Tomemos novamente o enrolamento da Fig. 7.4, que representa um funcionamento como gerador, e desloquemos de 45° o par de escovas, no sentido de rotação, como mostra a Fig. 7.7(a). Se mantivermos as escovas fixas nessa posição e seguirmos todo o enrolamento acompanhando o sentido da corrente I_a a partir da escova ①, que no instante desenhado faz contato com a lâmina 8, obteremos a configuração de correntes que é apresentada na Fig. 7.7(a). E, além disso, chegaremos às mesmas conclusões anteriores, isto é, que os condutores se comportam como duas vias em paralelo, que a direção e sentido de $\mathscr{F}_a$ não se altera com o movimento da armadura, etc. Nota-se, entretanto, que o eixo de simetria da distribuição de corrente mudou do mesmo ângulo do deslocamento das escovas, logo a linha central de ação de $\mathscr{F}_a$ passou a fazer 45° com E.Q. Assim sendo $\mathscr{F}_a$ passa a ter componentes segundo os dois eixos $\mathscr{F}_{ad}$ e $\mathscr{F}_{aq}$, denominadas f.m.m. de reação de armadura segundo o eixo direto e segundo o eixo quadratura. Nota-se que nesse caso, $\mathscr{F}_{ad}$ tem um efeito desmagnetizante, contrariando a f.m.m. principal $\mathscr{F}_p$ [Fig. 7.7(a)]. Se, porém, dermos um mesmo deslocamento do par de escovas no sentido contrário ao de rotação do gerador, concluiremos que $\mathscr{F}_a$ se desloca nesse mesmo sentido e que a componente $\mathscr{F}_{ad}$ será magnetizante [Fig. 7.7(b)].

Um primeiro resultado do deslocamento de escovas é que os condutores comutados não estão mais na zona neutra, o que torna a comutação difícil. O outro resultado evidente é que para a mesma corrente I_a (mesma intensidade da f.m.m. $\mathscr{F}_a$) teremos um menor conjugado, pois o máximo conjugado por unidade de f.m.m. se dá para os campos cruzados (sen $\delta_c = 1$), ou seja, para escovas na posição normal. Para escovas no E.Q., a f.m.m. $\mathscr{F}_a$ só terá componente $\mathscr{F}_{ad}$ e o conjugado será nulo mesmo para $I_a \neq 0$.

Se repetíssemos todo o processo para a máquina apresentando ação motora, tudo se repetiria, com a única diferença que para o mesmo sentido das correntes a rotação será invertida, ou para o mesmo sentido de rotação as correntes serão invertidas.

Vamos agora seguir o enrolamento a partir da escova ①, porém percorrendo e computando as f.e.m. Acontecerá o seguinte: tomemos a Fig. 7.4, mas com as escovas fazendo contato com as lâminas 8 e 4, isto é, deslocadas 45° no sentido da rotação do gerador. Como a posição dos pólos principais e sua distribuição de B permanecem as

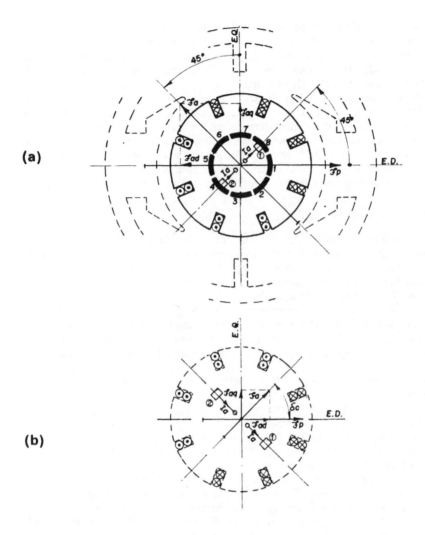

Figura 7.7 Deslocamento do conjunto de escovas e sua influência sobre a f.m.m. de reação de armadura de um gerador. (a) No sentido da rotação. (b) No sentido contrário

mesmas, a configuração das f.e.m. mocionais induzidas nos condutores permanece a mesma, isto é, as da esquerda continuam ⊙ e os da direita ⊕, mas a soma das f.e.m. resultante nos terminais das escovas é que será diferente. Vejamos, partindo da lâmina 8 e seguindo o traço cheio, entramos no primeiro condutor com ⊙ em vez de ⊕, localizado na parte superior da ranhura 8. Chegando ao segundo condutor, saímos pelo ⊕ em vez de ⊙ localizado na parte inferior da ranhura 4. Voltando pelo tracejado chegamos à lâmina 1, e daí seguindo o traço cheio entramos no terceiro condutor ⊕, na ranhura 1, e saímos no quarto condutor com ⊙ na ranhura 5, e assim, resumidamente, no quinto condutor entramos por ⊕, no sexto condutor saímos por ⊙, no sétimo con-

Motores e geradores de tensão contínua **389**

dutor entramos por ⊕, no oitavo saímos por ⊙, e, finalmente, atingimos a lâmina 4 e a escova ②. Computando as f.e.m. teremos nos dois primeiros condutores sentidos (polaridades) contrários às dos outros seis condutores. O resultado final será como se tivéssemos apenas $6 - 2 = 4$ condutores de polaridade concordantes. Com as escovas na posição normal tínhamos os oito condutores com polaridades concordantes. Se repetirmos o processo para a outra derivação, isto é, partirmos da lâmina 8 pelo tracejado, chegaremos ao mesmo resultado, ou seja, as duas derivações apresentam a mesma f.e.m.

Portanto o deslocamento de escovas produziu uma diminuição da f.e.m. resultante nos terminais das escovas. Se o deslocamento tivesse sido dado no sentido contrário ao da rotação, a diminuição de f.e.m. seria a mesma. Para um deslocamento de 90° magnéticos, em vez de 45°, é fácil chegar à conclusão de que a f.e.m. resultante nos terminais das escovas será nula.

Exemplo 7.1. Suponhamos um caso ideal em que a distribuição de densidade de fluxo provocada pela excitação principal fosse perfeitamente retangular, com base igual ao passo polar. O valor de B é, portanto, constante (igual a 0,65 Wb/m^2) sob todo o passo polar. A máquina tem dois pólos. O diâmetro e o comprimento da armadura são iguais a 0,10 m. A freqüência de rotação do rotor é 1 800 rpm. O número de ranhuras é $Q = 18$; o passo de bobinas é pleno (1 a 10), e o número de lâminas é 36. O enrolamento do induzido é do tipo embricado de dupla camada, e o número de espiras em cada bobina é 10. Vamos calcular a) o número total de espiras e de condutores do enrolamento e o número de condutores ativos por derivação, e b) a tensão nos terminais em vazio ($I_a = 0$) para escovas na posição normal; a tensão entre lâminas e a freqüência de alternância da f.e.m. em cada bobina.

Solução

a) Nota-se neste caso que o número de lâminas é o dobro do número de ranhuras. Como a quantidade de lâminas deve ser igual à de bobinas, deve corresponder duas bobinas para cada ranhura (quatro lados de bobina) em vez de uma bobina para cada ranhura como era o caso da Fig. 7.4. Nesse caso, o número de bobinas é, portanto, 36 e o número de condutores para cada ranhura é 40.

Aliás, esse recurso de se colocar duas ou mais bobinas para cada ranhura é freqüentemente utilizado nos projetos de máquinas de corrente contínua. Pode-se, com isso, obter uma grande quantidade de lâminas com uma quantidade relativamente pequena de ranhuras. A quantidade de lâminas é uma exigência da tensão entre os terminais das escovas, visto que a tensão entre lâminas é limitada a valores relativamente baixos por questões de funcionamento e isolação (raramente se usa acima de 15 a 20 V entre lâminas). Achamos desnecessário repetir um desenho como o da Fig. 7.4, pelo fato de termos um número diferente de ranhuras e quatro lados de bobina para cada ranhura. O aluno pode fazê-lo como exercício. Apenas como complementação mostramos na Fig. 7.8(b) como fica a disposição dos lados de bobinas (em corte) nas ranhuras, para os casos de mais de dois lados de bobina para cada ranhura. O número total de espiras será

$$N = 36 \times 10 = 360.$$

E o de condutores ativos,

$$Z = 2N = 720.$$

O número de espiras e de condutores por derivação será, de acordo com as conclusões dos parágrafos anteriores (duas derivações), respectivamente,

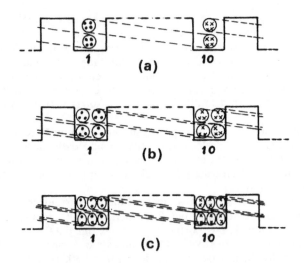

Figura 7.8 Disposição, em corte, dos lados de bobinas nas ranhuras. (a) Caso de dois lados de bobina para cada ranhura, (b) quatro lados para cada ranhura, (c) seis lados

$$N_a = \frac{N}{2} = 180 \text{ espiras por derivação,}$$

$$Z_a = \frac{Z}{2} = 360 \text{ condutores por derivação.}$$

b) A velocidade tangencial (u), perpendicular à distribuição radial de B, vale

$$u = \frac{\pi D n}{60} = \frac{\pi \times 0{,}10 \times 1\,800}{60} = 9{,}42 \ m/s.$$

Se a distribuição de B é retangular, a f.e.m. em cada condutor será constante durante todo o trajeto do condutor sob um passo polar, e pode ser facilmente calculada na forma mocional, isto é,

$$e_c = B\ell u = 0{,}65 \times 0{,}10 \times 9{,}42 = 0{,}61 \text{ V.}$$

A f.e.m. por espira vale

$$2 \times 0{,}61 = 1{,}22 \text{ V,}$$

e por bobina deve ser

$$10 \times 1{,}22 = 12{,}2 \text{ V.}$$

Como a f.e.m. em cada condutor é a mesma, e é constante durante o movimento, a f.e.m. resultante de todos em série valerá

$$E_s = Z \cdot e_c = 720 \times 0{,}61 = 440 \text{ V.}$$

Como temos duas derivações, a tensão V_0 entre escovas vale

$$V_0 = E_0 = \frac{E_s}{2} = Z_a \times 0{,}61 = 220\,\text{V}.$$

O número de lâminas entre escovas é 36/2, logo, a tensão entre lâminas será

$$E_1 = \frac{220}{18} = 12{,}2\,\text{V}.$$

A freqüência da f.e.m., em cada condutor, é dada genericamente por $f = pn$, onde p é o número de pares de pólos. Logo,

$$f = pn = 1 \times \frac{1\,800}{60} = 30\,\text{Hz}.$$

7.6 f.m.m., H, B e ϕ PRODUZIDOS PELO ENROLAMENTO INDUZIDO

Agora estamos em melhores condições para analisar a distribuição da f.m.m. $\mathscr{F}_a$ da reação de armadura e seus efeitos indiretos.

Na Fig. 7.9 está representado, em corte retificado, um trecho de uma armadura de $2p$ pólos com seis ranhuras por pólo. Os pólos principais e os interpolos estão desexcitados. Em cada ranhura podem existir vários condutores, mas como todos têm o mesmo sentido de corrente, eles foram representados apenas por um único ⊙ ou por uma única ⊕. A Fig. 7.9 apresenta um caso de gerador com sentido de conjugado contrário ao de rotação. O eixo de ação de $\mathscr{F}_a$ é, como sabemos, coincidente com E.Q., pois vamos tratar apenas do caso de escovas em posição normal. Além disso, a distribuição dessa f.m.m. é estacionária no espaço independentemente do movimento da

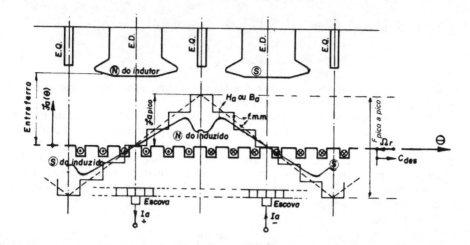

Figura 7.9 Corte retificado de uma armadura de um gerador C.C., mostrando a distribuição espacial escalonada de $\mathscr{F}_a$ (aproximada para uma distribuição triangular) e as conseqüentes distribuições de H e B no entreferro. Somente o induzido está excitado. Nota-se que com o sentido de corrente e conjugado desta figura, a máquina poderia também ser motor, bastando para isso girar ao contrário do sentido indicado.

armadura. É fácil concluir que a distribuição espacial dessa f.m.m. é escalonada. A cada ranhura da Fig. 7.9 soma-se algebricamente um degrau de f.m.m. correspondente ao produto do número de condutores da ranhura pela corrente do condutor que nada mais é do que a corrente de armadura dividida pelo número de derivações do enrolamento.

Se adotarmos o mesmo critério utilizado no Cap. 5 para a representação das distribuições de f.m.m. o valor de pico no entreferro, por pólo do induzido, será metade do valor total de pico a pico e a onda ficará simétrica em relação ao eixo θ. Vamos determinar esse valor de pico da f.m.m. $\mathscr{F}_a$ por pólo. Mais adiante vamos verificar que existem enrolamentos de induzido de mais de dois pólos, que comportam duas derivações e outros que comportam mais de duas derivações. Mas o número de derivações será sempre um número par. Se designarmos por a o número de pares de derivações teremos, no caso geral, $2a$ derivações.

Logo, a corrente por derivação, ou corrente nos condutores será

$$I_c = \frac{I_a}{2a}. \qquad (7.3)$$

O número de condutores sob um pólo será

$$Z_p = \frac{Z}{2p}. \qquad (7.4)$$

onde Z é o número total de condutores ativos do induzido.

O valor de pico a pico da Fig. 7.9 é dado pelo produto desses Z_p condutores pela sua corrente. Logo, utilizando as expressões (7.3) e (7.4), vem

$$F_{a\ pico\ a\ pico} = \frac{ZI_a}{4ap}. \qquad (7.5)$$

E o valor de pico da f.m.m. por pólo será

$$F_{a\ pico} = \frac{ZI_a}{8ap}. \qquad (7.6)$$

Como estamos supondo $\mu_{F_c} = \infty$, toda essa f.m.m. aparecerá como uma diferença de potencial magnético aplicada ao entreferro.

Na prática é comum aproximar-se a distribuição escalonada de $\mathscr{F}_a$, de uma distribuição triangular (em tracejado na Fig. 7.9) e essa aproximação será tanto melhor quanto maior for o número de ranhuras por pólo. Nota-se contudo na Fig. 7.9 que o valor de pico manifesta-se no eixo quadratura. Nas imediações desse eixo a relutância magnética é bem maior do que sob a sapata polar principal. Os interpolos, além de serem bem estreitos, apresentam em geral um entreferro maior do que o entreferro da região central dos pólos principais.

A distribuição de H é dada por

$$H_a(\theta) = \frac{\mathscr{F}_a(\theta)}{e(\theta)}. \qquad (7.7)$$

Teremos um H_a no entreferro variando proporcionalmente (triangularmente) com θ na região central da sapata polar, pois aí o entreferro é normalmente constante como θ. A medida que se aproxima das expansões polares H_a diminui a sua taxa de crescimento, o que se acentua nas imediações do eixo quadratura (Fig. 7.9). A menos da constante μ_0 a distribuição de $B_a(\theta)$ no entreferro confunde-se com $H_a(\theta)$.

Embora $\mathscr{F}_{a\ pico}$ possa ser elevado, o valor de B_a que ela provoca no eixo quadratura é relativamente baixo, o que não deixa de ser uma vantagem para a comutação da máquina C.C. em carga. Funcionando com corrente $I_a \neq 0$, examinando a Fig. 7.10, nota-se que as linhas de força do fluxo ϕ_a, da reação da armadura, são concordantes com as do fluxo principal nos dentes e expansões polares do lado esquerdo das sapatas, e são discordantes no lado direito, para o caso desenhado. Em outras palavras, há uma concordância de sentidos (soma) quando temos uma superfície N provocada por $\mathscr{F}_p$ na sapata que está em frente a uma superfície S, provocada por $\mathscr{F}_a$ na

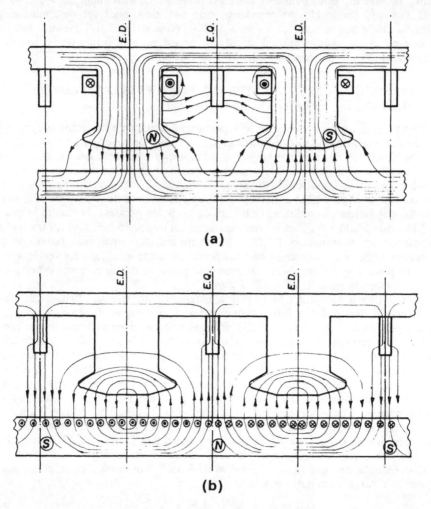

Figura 7.10 Representação planificada das configurações das linhas de fluxo. (a) Para a excitação principal agindo isoladamente, (b) para o induzido agindo isoladamente. Os sentidos das correntes são os das Figs. 7.3(a) e 7.9 e os interpolos não estão excitados

armadura, ou uma superfície S da sapata em frente a uma superfície N da armadura. Há uma discordância (subtração) quando tivermos, frente a frente, superfícies do mesmo nome da sapata e do induzido.

Em geral os dentes são as partes mais solicitadas (quase saturadas) da estrutura magnética das máquinas C.C. mesmo quando $\mathscr{F}_p$ age isoladamente ($I_a = 0$) e, portanto, eles estão, nos casos normais, além do comportamento linear de uma estrutura magnética. As densidades de fluxo nas raízes dos dentes da armadura são comumente de 2 Wb/m², ou mais. Com valores dessa ordem ocorre que 15 a 20% das f.m.m. atuantes por pólo, sejam consumidas no material ferromagnético restando apenas 80 a 85% para o entreferro. Esse fato faz com que o circuito magnético de ϕ_a tenha um comportamento não-linear, principalmente do lado onde há concordância de $\mathscr{F}_p$ com $\mathscr{F}_a$.

O fluxo ϕ_a produzido no entreferro, pelo induzido, pode ser determinado por integração desde que se conheça a forma de $B_a(\theta)$ (veja a Seç. 7.4). Devemos notar que com as escovas na posição normal, ϕ_a não se concatena com o indutor, visto que ele age centrado com E.Q. (cruzado com o eixo do indutor).

7.7 DISTRIBUIÇÕES RESULTANTES NO ENTREFERRO E FLUXO RESULTANTE — EFEITO DE SATURAÇÃO

Vamos, mais uma vez, deixar os interpolos sem excitação e tomemos as Figs. 7.3(b) e 7.9. Se considerarmos a saturação magnética teremos de superpor as causas (f.m.m.) e não os efeitos (B). Para se determinar a distribuição resultante das f.m.m. no entreferro, com $\mathscr{F}_p$ e $\mathscr{F}_a$ agindo simultaneamente, temos de somar os módulos de $\mathscr{F}_p$ e $\mathscr{F}_a$ dos lados em que as linhas de fluxo são concordantes [à esquerda das sapatas polares, como mostra as Figs. 7.10(a) e 7.10(b)] e subtrair o módulo de $\mathscr{F}_a$ do módulo de $\mathscr{F}_p$ nos lados das linhas discordantes (à direita das sapatas polares). O resultado está na Fig. 7.11, onde $\mathscr{F}_p(\theta)$ e $\mathscr{F}_a(\theta)$ estão representadas em tracejado e $\mathscr{F}_{res}(\theta)$ em traço cheio. As conseqüentes distribuições $H_{res}(\theta)$ e $B_{res}(\theta)$ no entreferro passarão por valor nulo nos pontos onde $\mathscr{F}_{res} = 0$; crescerão proporcionalmente a $\mathscr{F}_{res}(\theta)$ na região central da sapata polar e terão um valor relativamente pequeno nas imediações do eixo quadratura, apesar do grande valor de $\mathscr{F}_{res}(\theta)$.

Para um caso hipotético de estrutura magnética linear, com distribuição de B_0 retangular e B_a triangular, o fluxo resultante (ϕ_{res}) da composição de ϕ_0 com ϕ_a, deveria ser igual ao fluxo ϕ_0 existente anteriormente ao aparecimento de ϕ_a. Isso se explica pelo fato de o acréscimo em B_0, que seria provocado por $\mathscr{F}_a$ no lado esquerdo da sapata, ter o mesmo valor do decréscimo em B_0 que seria provocado no lado direito e, como conseqüência, o fluxo de B_{res} seria igual ao de B_0. Porém, de acordo com o que foi exposto na seção anterior, temos um comportamento não-linear nos lados em que as f.m.m. são concordantes e um comportamento praticamente linear no lado em que são discordantes. Como conseqüência o acréscimo em B_0, provocado por $\mathscr{F}_a$ no lado esquerdo, será menor que o decréscimo provocado no lado direito, acarretando um fluxo de B_{res} menor que o fluxo de B_0. Nos casos reais a distribuição $B_{res}(\theta)$ no entreferro (Fig. 7.11) sofre um "achatamento" do lado esquerdo da sapata.

Essa redução de fluxo ($\Delta\phi$) é da ordem de 3 a 6% nos casos mais comuns, para a máquina em carga nominal, ou seja,

$$\phi_{res} = \phi_0 - \Delta\phi \cong (0{,}94 \text{ a } 0{,}97) \ \phi_0. \tag{7.8}$$

O fluxo ϕ_{res} é também denominado *fluxo em carga* e o decréscimo $\Delta\phi$, *efeito desmagnetizante indireto da reação de armadura*. Esse nome é justificável pelo fato da reação de armadura, nas máquinas com escovas na posição normal, não apresentar efeito direto magnetizante nem desmagnetizante sobre ϕ_0, mas apenas esse efeito indireto por aumento do estado de saturação de partes da estrutura magnética. Sendo um efeito de saturação ele não é proporcional à corrente I_a.

Na Fig. 7.11 nota-se com clareza que embora $B_{res}(\theta)$ continue com simetria de meio-período, houve um efeito de distorção (já citado em 7.5.3) na sua distribuição em relação a $B_0(\theta)$ quando apareceu a corrente I_a na armadura. Além disso, o valor de $B_{res}(\theta)$ sobre o E.Q., não é mais nulo devido ao deslocamento da linha neutra (ângulo α da Fig. 7.11) no sentido do movimento de rotação, trazendo prejuízos à comutação. Em 7.5.3 vimos que a ação dos interpolos corrige esse inconveniente sem ser necessário alterar a posição das escovas. É fácil também concluir que aquele deslocamento da linha neutra seria no sentido contrário ao de rotação se a máquina estivesse funcionando como motor.

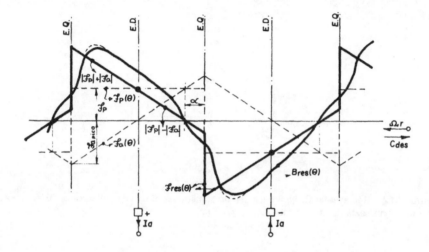

Figura 7.11 Obtenção de $\mathscr{F}_{res}(\theta)$ pela composição de $\mathscr{F}_p(\theta)$ e $\mathscr{F}_a(\theta)$ e obtenção de $B_{res}(\theta)$ no entreferro como consequência de $\mathscr{F}_{res}(\theta)$, considerando estrutura magnética não-linear e interpolos não excitados. Para melhor entendimento compare os sinais das f.m.m. deste gráfico com as polaridades magnéticas da fig. 7.10.

7.8 INTERPOLOS E SUA EXCITAÇÃO

Já enfatizamos a importância dos interpolos como elemento corretivo da comutação. Podemos dizer ainda que uma máquina sem interpolos teria sua capacidade de corrente no comutador bastante reduzida. Já vimos em 7.5.3 a função que devem exercer os interpolos. Vimos, também, que a f.e.m. de auto-indução, por inversão da corrente nas espiras comutadas, depende diretamente da corrente de armadura I_a e que o valor de pico de $\mathscr{F}_a$ é proporcional a essa corrente. Os interpolos devem apresentar uma f.m.m. ($\mathscr{F}_i$) maior que $\mathscr{F}_{a\,pico}$ para não somente anular esse valor nas imediações do E.Q., mas ainda provocar nessa região uma densidade de fluxo B_i, suficiente para induzir nos condutores comutados a f.e.m. mocional necessária para a anulação da f.e.m. de auto-indução. Logo, a melhor maneira de excitar o enrolamento dos interpolos é com uma corrente proporcional a I_a para que ela corrija aqueles efeitos que pelo menos nos comportamentos lineares, seriam proporcionais a I_a. Na grande maioria dos casos ele é ligado diretamente em série com o induzido (Fig. 7.12) e é projetado com uma quantidade de espiras suficiente para cumprir aquele propósito. É por esse motivo que normalmente os interpolos apresentam pequeno número de espiras com condutor de grande seção. Eles possuem, em geral, uma largura muito pequena, de tal modo que sua ação fique confinada exclusivamente às imediações do E.Q., ou seja, fique confinada à "faixa de comutação". Estudos mais pormenorizados sobre o dimensionamento dos interpolos podem ser vistos nas obras especializadas em projeto de máquinas de C.C. (26).

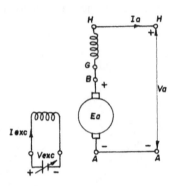

Figura 7.12 Representação simbólica de uma máquina C.C. com interpolos (*GH*) e excitada por uma fonte externa de tensão V_{exc} (excitatriz)

7.9 ENROLAMENTO DE COMPENSAÇÃO

É um enrolamento cuja linha central de ação é coincidente com o E.Q. Não é um enrolamento com bobinas concentradas como as dos pólos principais e auxiliares, mas sim distribuídos em ranhuras feitas nas sapatas polares, de tal modo que produza uma distribuição de f.m.m. escalonada (aproximadamente triangular) e oposta à f.m.m. de reação de armadura, nas máquinas que funcionam com escovas na posição normal.

Se os interpolos estão presentes em todas as máquinas de C.C. (exceção feitas às máquinas de potência fracionária) o enrolamento de compensação é mais raro e normalmente só são executados em grandes máquinas ou naquelas em que se deseja efeitos especiais. O fato de sua f.m.m. se opor à da reação da armadura, elimina aquela deformação que ocorria na distribuição de B_0, possibilitando uma maior solicitação nos projetos, com conseqüente economia.

Além disso, se um enrolamento de compensação fosse feito para "compensar" totalmente a reação da armadura, os interpolos necessitariam apresentar apenas uma f.m.m. necessária para o aparecimento da B_i que produz f.e.m. mocional nos condutores comutados. A excitação do enrolamento de compensação também é feita com a corrente I_a e, por isso, é ligado em série com o induzido.

Motores e geradores de tensão contínua

7.10 FORÇA ELETROMOTRIZ ENTRE ESCOVAS-VALOR MÉDIO

Já verificamos em 3.8.2 que a tensão elétrica entre os terminais (escovas) de uma máquina C.C. elementar, de uma bobina e duas lâminas, com distribuição senoidal de B, em vazio, era uma tensão retificada pulsante (retificação de onda completa) que pode ser encarada como uma componente contínua (valor médio) e harmônicas pares com uma forte ondulação (*ripple*) de segunda harmônica.

Porém nas máquinas C.C. de grande número de bobinas e lâminas a tensão entre terminais, em vazio, em regime permanente, é uma tensão praticamente contínua constante, com pequena ondulação em torno do valor médio, devida à comutação (passagem das lâminas sob as escovas com conseqüente curto-circuito das espiras comutadas), que para grande parte dos efeitos práticos pode ser desprezada.

Vamos procurar a expressão do valor médio da f.e.m. da máquina C.C., que tenha validade tanto em vazio como em carga, para um caso geral de grande número de lâminas e p pares de pólos. Mas para isso devemos lembrar que nas máquinas C.C. a forma da distribuição de densidade de fluxo B, além de não ser senoidal, varia com o estado de carga. Em vazio, com $I_a = 0$ e $I_{exc} \neq 0$, a distribuição $B(\theta)$ está na Fig. 7.3(b). Em carga, e para cada valor da corrente de carga, $B_{res}(\theta)$ tem um aspecto que lembra o da Fig. 7.11. Por esse motivo vamos tomar uma distribuição genérica de $B(\theta)$ ao longo do entreferro, mas que seja simétrica de meio período, como, por exemplo, o da Fig. 7.13. Vamos utilizar escovas na posição normal, e vamos supor que a onda não seja deslocada ($\alpha = 0$), de tal modo que tenha os zeros nos eixos quadratura. A Fig. 7.13 representa uma máquina de dois pólos com bobinas de passo inteiro. A representação está com uma camada de condutores, embora o enrolamento possa ser de dupla camada, o que em nada afetaria o entendimento.

A f.e.m. tanto pode ser calculada do ponto de vista variacional, por variação no tempo do fluxo concatenado com as bobinas, como do ponto de vista mocional. Vamos escolher o segundo por ser de aplicação mais simples no caso [veja o item d) do Exemplo 3.4]. Os condutores estão girando com velocidade angular Ω_r, e a f.e.m. induzida

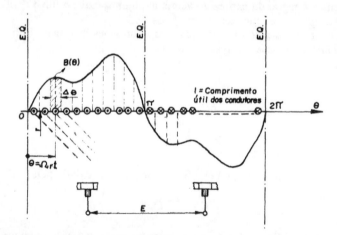

Figura 7.13 Representação dos condutores para fins de cálculo de sua f.e.m. em um caso de dois pólos, com Z condutores e duas derivações

no condutor do lado esquerdo de cada bobina soma-se, seguindo o percurso da bobina, com a f.e.m. induzida no lado direito.

Nas obras de máquinas elétricas, costuma-se em geral apresentar o valor médio da f.e.m. entre escovas como o produto do valor da f.e.m. induzida em um condutor pelo número de condutores de uma derivação, com os condutores se deslocando de 0 a π rad com velocidade Ω_r. Embora o resultado coincida com o que vamos obter, achamos que essa demonstração deixa muito a desejar quanto ao entendimento físico, visto que os enrolamentos de induzido são distribuídos e não concentrados em uma única bobina. Por isso idealizamos a demonstração que se segue, aplicada a um enrolamento real, distribuído.

Focalizemos a bobina cujo lado inicial está na posição θ, submetido a $B(\theta)$, e suponhamos que ela possua apenas uma espira (dois condutores). A f.e.m. (e_c) em cada condutor dessa bobina, em função da posição θ, será

$$e_c(\theta) = B(\theta)\ell u = B(\theta)\ell \Omega_r r. \tag{7.9}$$

A distância angular entre dois condutores, para condutores igualmente espaçados, está mostrada em hachurado na Fig. 7.13, e vale

$$\Delta \theta = \frac{\pi}{Z_a}, \tag{7.10}$$

onde Z_a é o número de condutores em série sob um passo polar (entre escovas), ou seja, é o número de condutores em cada derivação, para esse caso de dois pólos.

Se procurarmos o valor médio da f.e.m. induzida e_c em um intervalo de tempo correspondente ao deslocamento do condutor da posição: $\theta - \Delta\theta/2$ até $\theta + \Delta\theta/2$, teremos, aplicando a definição do valor médio na expressão (7.9),

$$e_{c\ médio} = \ell r \Omega_r \left[\frac{1}{\Delta\theta} \int_{\theta - \Delta\theta/2}^{\theta + \Delta\theta/2} B(\theta) d\theta \right] = \Omega_r \frac{1}{\Delta\theta} \int_{\theta - \Delta\theta/2}^{\theta + \Delta\theta/2} B(\theta)\ell r\, d\theta. \tag{7.11}$$

Nota-se que a integral da expressão acima nada mais é que o fluxo contido na faixa hachurada da Fig. 7.13 e que denominaremos ϕ_i.

Para cada um dos Z_a condutores teremos expressões análogas. Entre as escovas teremos o somatório dessas expressões, ou seja,

$$E = \frac{\Omega_r}{\Delta\theta} \sum_{i=1}^{i=Z_a} \phi_i. \tag{7.12}$$

O somatório dessa expressão é o fluxo por pólo da máquina, isto é

$$\phi = \int_0^\pi B(\theta)\ell r\, d\theta.$$

Substituindo na expressão (7.12) o fluxo por pólo e $\Delta\theta$ dado pela (7.10), teremos

$$E = \frac{Z_a}{\pi} \Omega_r \phi. \tag{7.13}$$

Esse é o valor médio da f.e.m. induzida entre escovas, por movimento da armadura, e durante um deslocamento igual à distância angular entre dois condutores vizinhos. Porém, dadas as propriedades do enrolamento pseudo-estacionário, sabemos que ao se completar esse deslocamento a nova situação de condutores sob a distribuição de B será a mesma anterior ao deslocamento [sai um condutor e entra outro dentro do passo polar (0 até π)] e tudo se repetirá, de modo que a expressão (7.13) dá o valor médio permanente da f.e.m. entre escovas para uma máquina de dois pólos com Z_a condutores em cada uma das duas derivações. Conclui-se que quanto mais finamente distribuído for o enrolamento (menor $\Delta\theta$) menor será a ondulação em torno do valor médio.

Se a máquina possuir $2p$ pólos, a velocidade angular relativa entre condutores e campo magnético (velocidade angular magnética) será $p\Omega_r$. Além disso, já comentamos na Seç. 7.6. que, no caso mais geral, o número de derivações é $2a$ em uma máquina de $2p$ pólos. Logo, o número de condutores por derivação é $Z_a = Z/2a$, e generalizando (7.13), teremos

$$E = \frac{Z}{2a\pi} p\,\Omega_r\,\phi = k_e \Omega_r, \qquad (7.14)$$

onde k_e é uma constante nas máquinas que funcionam com fluxo constante.

Se substituirmos Ω_r por $2\pi n$, onde n é a freqüência de rotação do rotor, teremos

$$E = Zn\,\phi\,\frac{p}{a}. \qquad (7.15)$$

A conclusão interessante é que o valor médio da f.e.m. não depende da forma da distribuição espacial de $B(\theta)$, mas apenas do fluxo por pólo. Pelo fato de serem pequenas as oscilações em torno do valor médio, adotaremos esse valor como sendo contínuo e constante para as máquinas C.C. normais em regime permanente.

Para a máquina em vazio, apenas com a excitação principal, a expressão (7.15) fica

$$E_0 = Zn\,\phi_0\,\frac{p}{a}. \qquad (7.16)$$

Logo, em vazio, a tensão nos terminais ($V_a = V_0 = E_0$) depende do fluxo por pólo, ou seja, da corrente de excitação principal. Em carga, normalmente temos $\phi_{res} < \phi_0$ (Seç. 7.7.), e a expressão (7.15) fica

$$E = Zn\,\phi_{res}\,\frac{p}{a}. \qquad (7.17)$$

A diferença $E_0 - E$, posta em função de $\Delta\phi = \phi_0 - \phi_{res}$, será

$$\Delta E = Zn\Delta\phi\,\frac{p}{a}. \qquad (7.18)$$

Essa diferença, por analogia com $\Delta\phi$, pode também ser denominada *efeito desmagnetizante indireto da reação da armadura*, expresso em termos de f.e.m.

7.11 CONJUGADO DESENVOLVIDO – VALOR MÉDIO

Aqui valem os mesmos comentários iniciais do parágrafo anterior. A máquina de C.C. apresenta, portanto, um conjugado desenvolvido médio praticamente sem ondulações no tempo e por isso vamos considerar esse valor como contínuo e constante nas máquinas normais em regime permanente.

Poderíamos utilizar o mesmo processo do parágrafo anterior para deduzir a expressão do conjugado desenvolvido. Teríamos que calcular o valor médio do conjugado de cada condutor ($\vec{i\ell} \wedge \vec{Br}$, Cap. 3) para o deslocamento $\Delta\theta$, e em seguida procurar o conjugado total resultante da contribuição de cada condutor. Isso seria muito mais trabalhoso do que calculado por aplicação do balanço de conversão de energia (Cap. 3), visto que já possuímos a expressão do valor médio da f.e.m. calculada por aquele processo.

Se a máquina for um motor de C.C. o conjugado total desenvolvido inclui o conjugado de perdas e o conjugado motor útil oferecido no seu eixo. Se for gerador de C.C. o conjugado desenvolvido será a diferença entre o conjugado externamente aplicado ao seu eixo e o conjugado de perdas. A potência mecânica envolvida no processo de conversão, que podemos denominar potência mecânica desenvolvida, será

$$P_{mec\ des} = C_{des}\Omega_r. \qquad (7.19)$$

Se a máquina for motor, absorvendo corrente I_a, a f.e.m. induzida entre escovas será a diferença entre a tensão V_a aplicada à armadura e as inevitáveis quedas de tensão em resistências internas ($V_a - R_a I_a$). A potência elétrica disponível para o processo de conversão ($P_{elet\ des}$) será a diferença entre a potência elétrica de entrada do enrolamento e as perdas Joule, ou seja, será o produto da f.e.m. pela corrente:

$$P_{elet\ des} = EI_a = V_a I_a - R_a I_a^2. \qquad (7.20)$$

Por outro lado, se a máquina for gerador de C.C., teremos para a f.e.m. $E = V_a + R_a I_a$ e a potência elétrica, oferecida nos terminais, será a diferença entre a potência elétrica resultante da conversão (EI_a) e as perdas Joule.

Assim sendo, para aplicar o balanço eletromecânico, basta igualar a potência mecânica desenvolvida com a elétrica desenvolvida. Igualando (7.19) e (7.20), teremos

$$C_{des} = \frac{EI_a}{\Omega_r}. \qquad (7.21)$$

Substituindo E pela expressão (7.14), teremos

$$C_{des} = \frac{Z}{2\pi} \frac{p}{a} \phi I_a = k_e I_a. \qquad (7.22)$$

Como se vê, o conjugado desenvolvido para uma máquina de p pares de pólos e a pares de derivações também depende do fluxo por pólo e não da forma da distribuição de $B(\theta)$ e, além disso, para fluxo constante, está relacionado com a corrente de armadura pela mesma constante k_e, segundo a qual a f.e.m. está relacionada com a velocidade angular.

7.12 CIRCUITO EQUIVALENTE DA MÁQUINA DE C.C. – RESISTÊNCIA DE ARMADURA

Como nas máquinas síncronas, a máquina de C.C. também apresenta uma resistência distribuída no enrolamento do induzido que será designada por R_i (resistência ôhmica interna resultante das derivações do enrolamento induzido). Esse enrolamento normalmente de cobre, apresenta as mesmas variações com a temperatura, já focalizados no Cap. 2 e os mesmos efeitos de aumento (valor efetivo) já vistos para os outros tipos de máquinas. Porém as escovas também apresentam uma resistência

Motores e geradores de tensão contínua **401**

apreciável não somente no seu corpo, mas também na sua superfície de contato com o comutador. Essa resistência (R_e) além de depender do material de que é feita a escova, apresenta uma queda de tensão não-linear com a corrente. Normalmente, como valor prático, adota-se para escovas não-metálicas (grafita, por exemplo) uma queda de tensão da ordem de 1 V no terminal positivo e 1 V no negativo, para máquina em carga nominal, com densidades de corrente usuais. Além disso, ainda existe, no estator, o enrolamento dos pólos auxiliares, ligados em série com a armadura. Podem ainda existir enrolamento de compensação e outros enrolamentos no estator, ligados em série com o induzido (mais adiante veremos as modalidades de ligação dos enrolamentos de excitação principal, sendo mais ou menos comum o *enrolamento de excitação série no eixo direto* que é também excitado pela corrente I_a). A soma das resistências ôhmicas distribuídas nesses enrolamentos será designada por R_s. Logo, a resistência total do circuito do induzido da máquina será a soma

$$R_a = R_i + R_e + R_s. \tag{7.23}$$

A resistência R_a é denominada resistência de armadura. Se for feita a aproximação de considerar R_e constante, independente da corrente, a resistência R_a também o será, para cada temperatura de funcionamento.

Para efeito de circuito, podemos supor os enrolamentos e escovas desprovidos de resistência ôhmica e a resistência R_a concentrada fora dos enrolamentos, como está no circuito equivalente da Fig. 7.14(a).

Devemos no entanto lembrar que nas máquinas de corrente contínua existem dois efeitos que fazem diminuir a tensão nos terminais quando a máquina entra em carga. Um deles é a queda de tensão na resistência ôhmica e o outro é a queda de f.e.m. induzida devido ao efeito desmag. indireto da reação de armadura. Com a máquina em vazio, com uma certa corrente de excitação, temos um fluxo ϕ_0 que corresponde a uma f.e.m. E_0. Porém, em carga, mesmo conservando I_{exc}, o efeito desmagnetizante diminui o fluxo de uma quantidade $\Delta\phi$ que corresponde a uma diminuição de f.e.m. ΔE [expressão (7.18)]. E como o efeito desmagnetizante não é proporcional à corrente de armadura, a diminuição ΔE, é uma função não-linear de I_a, sendo nula para $I_a = 0$. Assim o circuito equivalente da máquina C.C. funcionando como gerador, será o da Fig. 7.14(a), com corrente I_a emitida para a linha, e a equação de tensões para esse circuito fica

$$V_a = [E_0 - \Delta E(I_a)] - R_a I_a = E - R_a I_a, \tag{7.24}$$

onde E é a f.e.m. em carga com a corrente de armadura I_a.

Para I_a teremos

$$I_a = \frac{E - V_a}{R_a}. \tag{7.25}$$

No funcionamento como motor a corrente I_a é absorvida da linha e a queda $R_a I_a$ muda de polaridade. No circuito da Fig. 7.14(b), teremos

$$V_a = [E_0 - \Delta E(I_a)] + R_a I_a = E + R_a I_a. \tag{7.26}$$

Conseqüentemente

$$I_a = \frac{V_a - E}{R_a}. \tag{7.27}$$

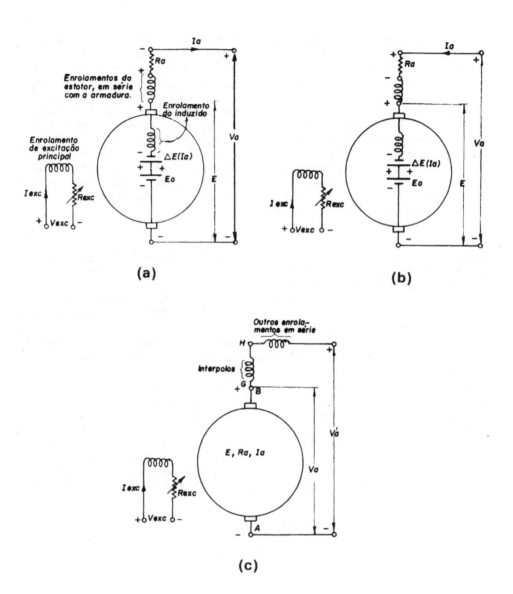

Figura 7.14 (a) Circuito equivalente do gerador de C.C. em regime permanente; (b) idem do motor de C.C., (c) representação simplificada do circuito equivalente da máquina C.C. com interpolos

Na prática é consagrada uma representação mais simplificada dos circuitos equivalentes de motor e gerador C.C., como o da Fig. 7.14(c), onde E é a f.e.m. no estado de carga considerado na solução do problema e a queda em R_a é considerada conforme o sentido da corrente. A Fig. 7.15 mostra um andamento típico de ΔE (em valor p.u. de $E_0 = E_{nom}$) em função de I_a (em valor p.u. de $I_{a\ nom}$), para uma máquina C.C. normal. Por aí se nota que o efeito desmagnetizante é muito forte para as correntes de sobrecarga e praticamente desprezível para correntes da ordem de 50 a 60% da nominal.

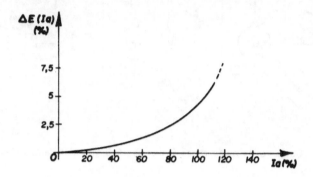

Figura 7.15 Andamento típico da variação do efeito desmagnetizante indireto da reação da armadura, em função de corrente de armadura

7.13 A MÁQUINA DE CORRENTE CONTÍNUA EM LINHA INFINITA EM REGIME PERMANENTE

O problema da máquina de C.C. ligada a barramento infinito é menos complexo que o da máquina síncrona, por não envolver problemas de ângulos de fase entre correntes e tensões e nem troca de potência reativa entre linha e máquina (Seç. 5.14.)

Considéremos um conjunto de máquinas C.C. (motores e geradores) admitidos sem perdas e ligados a um barramento infinito e focalizemos uma delas [Fig. 7.16(a)]. Vamos admitir que a velocidade imposta à máquina, em um certo sentido, seja constante e igual à nominal, mas que a corrente de excitação I_{exc} possa ser ajustada através de um reostato. A tensão nos terminais é constante e igual a V_a, imposta pela linha. Poderão ocorrer os três casos vistos a seguir.

a) $E_0 = V_a$. Se ajustarmos a corrente de excitação de tal modo que resulte f.e.m. igual e contrária à tensão V_a, teremos a máquina flutuando na linha. A corrente I_a será nula e a máquina C.C. não será motor e nem gerador.

b) $E > V_a$. Com corrente I_{exc} que resulte f.e.m. com a mesma polaridade anterior, porém maior que a tensão V_a, teremos a máquina emitindo corrente I_a para a linha, absorvendo potência mecânica no seu eixo e fornecendo potência elétrica para a linha. Essa corrente é dada pela expressão (7.25) e nota-se que uma ligeira diferença $\Delta V = E - V_a$ produz uma grande corrente I_a devido ao fato de R_a ser pequena. A máquina será um gerador cujo conjugado resistente desenvolvido no seu eixo é dado pela (7.22).

c) $E < V_a$. Diminuindo a corrente I_{exc} podemos chegar a uma situação de tensão de linha maior que a f.e.m., e a máquina será motor, absorvendo I_a [expressão (7.27)].

Por analogia com a nomenclatura das máquinas sincronas poderíamos dizer que o caso a) é de excitação normal, o caso b) é de superexcitação e o caso c) de subexcitação.

Podemos ainda fazer a passagem de motor a gerador mantendo-se a corrente de excitação na correspondente ao fluxo ϕ_0 e alterando-se a velocidade. Pela expressão (7.16) conclui-se que para um dado ϕ_0 pode-se ajustar a freqüência de rotação n para

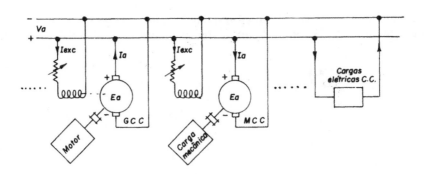

Figura 7.16(a) Conjunto de *n* geradores, *n* motores C.C. e outras cargas elétricas, conectados a sistema infinito.

que se produza $E_0 = V_a$ e a máquina flutue na linha. Se a partir dessa situação abrirmos a admissão de combustível do motor que aciona a máquina C.C., aplicaremos, externamente, um conjugado motor que provoca uma aceleração que faz aumentar a velocidade e, conseqüentemente, a f.e.m. A máquina passa a gerador apresentando conjugado desenvolvido resistente e fornecendo I_a. Se, por outro lado, a partir da flutuação, aplicássemos um conjugado resistente ao eixo da máquina C.C., ela passaria a diminuir a velocidade até um valor de f.e.m. menor que V_a, suficiente para absorver uma corrente I_a e desenvolver um conjugado motor [expressão (7.22)] e equilibrar-se com o da carga mecânica, ou seja, a máquina torna-se motor.

A Fig. 7.16(b) mostra um gráfico aproximado das regiões de motor e gerador. O gráfico foi feito supondo que o relacionamento entre conjugado e freqüência de rotação fosse uma reta, e que fossem conferidos sinais positivos à rotação e ao conjugado desenvolvidos na situação de motor. Na Seç. 7.19 serão examinadas as formas reais dessas curvas para vários tipos de motores C.C. e veremos que em alguns deles a correspondência é aproximadamente uma reta.

Podemos ainda obter a situação de freio. Na situação de motor o conjugado resistente, externamente aplicado, é contrário ao sentido de rotação. Se passarmos esse conjugado externo a conjugado motor, conservando seu sentido anterior, e com um valor tal que consiga inverter o sentido de rotação da máquina, ela passará a freio com seu conjugado desenvolvido no mesmo sentido anterior mas "vencido" pelo conjugado externo. Absorverá potência mecânica e continuará absorvendo potência elétrica da linha, dissipando ambas sob forma de calor. Note a semelhança de situações da Fig. 7.16(b) com a curva $C = f(n)$ das máquinas assíncronas da Fig. 6.2.

Exemplo 7.2. Um tacômetro constituído de um pequeno gerador de corrente contínua, bipolar, de ímã permanente é ligado a um voltímetro indicador. O número de ranhuras é 25 e o número de condutores para cada ranhura é 40. O enrolamento é simples e comporta-se com duas derivações. A resistência de armadura do gerador é $R_a = 500\,\Omega$. O fluxo por pólo no entreferro é $2,88 \times 10^{-4}$ Wb. A resistência do voltômetro é $R_v = 25\,000\,\Omega$. A sua construção é tal que o efeito desmagnetizante indireto da reação da armadura (um efeito não-linear e, portanto, indesejável nos tacômetros) é tão pequeno que pode ser desprezado nestes cálculos (veja o tacômetro de C.C. em 3.8.2).

Vamos procurar a constante n/V_a (rpm/V) lido no instrumento, em função das resistências R_a e R_v e qual o seu valor numérico.

Motores e geradores de tensão contínua

Solução

O número total de condutores é

$$Z = 25 \times 40 = 1\,000.$$

Apliquemos a expressão da f.e.m. induzida entre escovas:

$$E_a = Zn\,\phi_0\,\frac{p}{a}.$$

Adaptemos a expressão para n em rpm em vez de rps, ou seja,

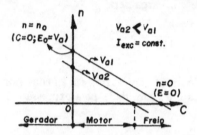

Figura 7.16(b) Uma das máquinas da fig. 7.16(a) funcionando como gerador, motor e freio. As curvas $C = f(n)$ foram supostas retas.

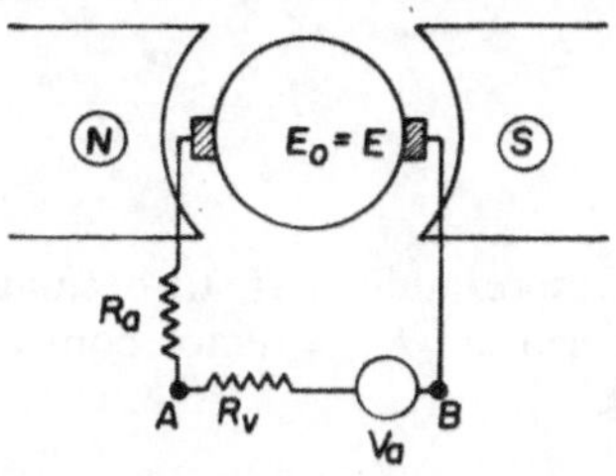

Figura 7.17 Circuito equivalente para a solução do exemplo 7.2

$$E_a(\text{volt}) = Z\,\frac{n(\text{rpm})}{60}\,\phi\,(\text{weber})\,\frac{p}{a}.$$

No caso, temos $p = 1$ e $a = 1$; logo,

$$\frac{E_a}{n} = \frac{1\,000}{60} \times 2{,}88 \times 10^{-4} \times \frac{2}{2} = 0{,}0048 \text{ V/rpm}$$

A tensão V_a, em função de R_v e R_a, será

$$V_a = E_a\,\frac{R_v}{R_a + R_v}. \tag{7.28}$$

Substituindo R_v e R_a pelos seus valores, vem

$$\frac{V_a}{n} = 0{,}0048 \cdot \frac{25\,000}{500 + 25\,000} = 0{,}0047 \text{ V/rpm},$$

ou

$$\frac{n}{V_a} = \frac{1}{0{,}0047} = 213 \text{ rpm/V}.$$

Para $n = 1\,000$ rpm a tensão entre terminais será 4,7 V.

Exemplo 7.3. Uma máquina de C.C. de 3,73 kW (aproximadamente 5 CV) funcionando como motor, com escovas em posição normal, gira em vazio a 1 750 rpm, absorvendo 4 A para suprir suas perdas em vazio, ligada a uma rede com tensão igual a 115 V. A excitação é feita por uma fonte de C.C. independente da fonte de V_a. A resistência de armadura (incluindo escovas) é $R_a = 0,35 \, \Omega$. Vamos calcular a freqüência de rotação dessa máquina, operando como motor em plena carga, sabendo-se que o efeito desmagnetizante da reação de armadura reduz o fluxo por pólo a 94% do valor do fluxo em vazio. Suponha que o rendimento do motor em plena carga (excluindo o consumo de potência de excitação) seja $\eta = 85\%$.

Solução

O circuito equivalente é o da Fig. 7.14(c) com as diferenças de que, nesse caso, não temos outro enrolamento em série com a armadura, a não ser os interpolos.

A potência apresentada para um motor é, salvo indicação em contrário, sempre a potência mecânica no eixo; logo, a corrente em carga será

$$I_a = \frac{P_{entrada}}{V_a} = \frac{P_{mec}}{V_a \eta} = \frac{3,73}{0,85 \times 115} = 38,20 \, \text{A}.$$

Desprezando o efeito desmagnetizante da corrente em vazio, e a quedas por ela produzida em R_a, teremos com boa aproximação, a f.e.m. dada pela expressão (7.16), isto é,

$$E_0 = Z n_0 \phi_0 \frac{p}{a} = 115 \, \text{V}.$$

Em carga, porém, a f.e.m. será, de acordo com o exposto na Seç. 7.12,

$$E_c = V_a - R_a I_a = 115 - 0,35 \times 38,2 \approx 101,6 \, \text{V}.$$

Mas, por outro lado, a f.e.m. será dada por

$$E_c = Z n_c \phi_{res} \frac{p}{a} = 101,6 \, \text{V}.$$

Relacionando as expressões de E_0 e E_c, teremos

$$\frac{n_c}{n_0} = \frac{E_c}{E_0} \frac{\phi_0}{\phi_{res}},$$

donde

$$n_c = 1\,750 \times \frac{101,6}{115,0} \times \frac{1}{0,94} = 1\,750 \times 0,88 \times \frac{1}{0,94} = 1\,645 \, \text{rpm}.$$

Essa será a velocidade para carga nominal.

Por aí se vê, quantitativamente, os efeitos contrários da resistência ôhmica da armadura e da f.m.m. de reação da armadura sobre a rotação do motor C.C. Obtivemos 12% (1 − 0,88) de diminuição da freqüência de rotação devido à queda de tensão na armadura e aproximadamente 6% de aumento de rotação devido à diminuição de fluxo causada pelo efeito indireto da reação da armadura. É fácil concluir que nos geradores C.C., acionados com velocidade constante, os dois efeitos agem no mesmo sentido fazendo com que a tensão oferecida nos terminais em carga seja menor que a f.e.m. E_0.

7.14 DEMONSTRAÇÃO DA QUANTIDADE DE DERIVAÇÕES EM MÁQUINAS COM MAIS DE DOIS PÓLOS

Desde a exposição do enrolamento para dois pólos estávamos devendo a demonstração de que o número de derivações pode ser maior que 2. E o que vamos fazer agora. Porém, achamos que esta seção pode interessar apenas àqueles alunos que desejam justificar as afirmações feitas nas seções anteriores e àqueles que pretendem prosseguir em máquinas elétricas, visto que, para as nossas finalidades quantitativas, é suficiente o que foi exposto até aqui. O assunto é extremamente longo e especializado para ser tratado em pormenores (25). Vamos focalizar apenas os casos simples de enrolamento *embricados* e *ondulados*.

7.14.1 ENROLAMENTO EMBRICADO

Vamos tomar um caso de enrolamento embricado simples, isto é, aquele em que os terminais de cada bobina são ligados a lâminas vizinhas.

A distância angular entre os terminais de cada bobina, expressa em número de passos de lâminas do comutador, é chamado *passo do comutador* do enrolamento. Logo, o passo de comutador para esse caso é igual a um passo de lâmina e pode ser visto na Fig. 7.18, onde a bobina 1-5′ está mostrada em traço forte para distinguir-se das demais.

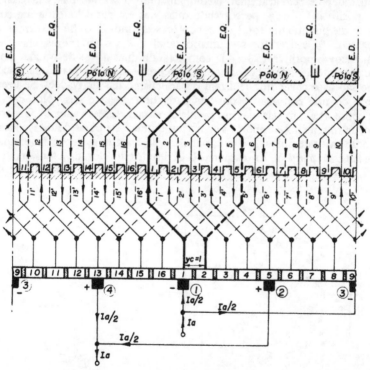

Figura 7.18 Representação planificada (esquema) de um enrolamento embricado simples, para máquina de quatro pólos

Vamos supor que esse enrolamento pertença a um indutor de quatro pólos, como o da Fig. 7.1(a), logo, deveremos ter dois pares de escovas, cada um deles colocado sob um eixo direto. Se supusermos que esse induzido esteja girando no mesmo sentido daquele da Fig. 7.4 e sob uma seqüência *N-S-N-S* de pólos do indutor, teremos as escovas positivas sob os pólos *N* e as negativas sob os pólos *S*. As escovas de mesma polaridade são ligadas entre si, externamente como na Fig. 7.18.

O enrolamento apresentado nessa figura tem apenas dezesseis ranhuras (quatro ranhuras por pólo) e dois lados de bobina para cada ranhura (correspondendo uma bobina para cada ranhura), embora, na prática, o número de ranhuras e o número de lados para cada ranhura sejam quase sempre maiores. O número de bobinas e, conseqüentemente, o de lâminas, deverá ser 16 e o número de lâminas entre uma escova positiva e uma negativa (onde se manifesta a tensão V_a) deverá ser 16/4 = 4. Com a finalidade de simplificar o desenho ele foi executado com apenas uma espira por bobina, embora possa ser feito com mais de uma. O passo de bobina foi feito pleno, ou seja, igual a um passo polar que corresponde a quatro passos de ranhura.

Como temos um número muito pequeno de bobinas, vamos supor que as escovas tenham pequenas espessuras para curto-circuitar apenas uma bobina durante a comutação.

Se seguirmos esse enrolamento, a partir da escova negativa ①, primeiro pelo traço cheio e depois pelo tracejado (acompanhando o sentido das setas), chegaremos às escovas positivas ② e ④ percorrendo duas vias em paralelo, cada um contendo a quarta parte da quantidade total de condutores do induzido. Se partirmos agora da escova negativa ③ e fizermos seguimentos análogos aos anteriores, chegaremos novamente às escovas positivas ② e ④, completando duas novas derivações em paralelo com as duas primeiras. Na Fig. 7.19(a) estão representadas as quatro derivações, mostrando que são as escovas que realizam o paralelismo das derivações. Se fizermos um enrolamento do tipo embricado com três pares de escovas e seis pólos, concluiremos que ele se comporta com seis vias em paralelo, e assim sucessivamente. Generalizando, esse tipo de enrolamento comporta-se com um número de pares de derivações, *a*, igual ao número de pares de pólos (*a = p*) e, por isso, ele é, algumas vezes, denominado *enrolamento de induzido paralelo*. As máquinas C.C. de corrente elevada a tensão muito baixa, como 6, 12, 24 V, etc. são, por esse motivo, normalmente construídos com enrolamentos embricados.

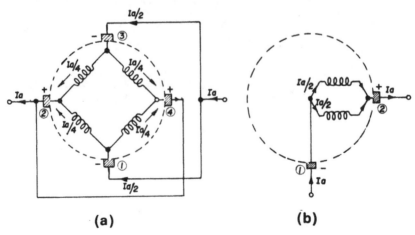

(a)   (b)

Motores e geradores de tensão contínua

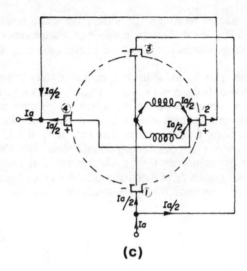

(c)

Figura 7.19 Representação das derivações dos enrolamentos induzidos de quatro pólos. (a) Caso de enrolamento embricado simples com dois pares de escovas; (b) caso de enrolamento ondulado simples necessitando apenas um par de escovas; (c) o mesmo enrolamento anterior com dois pares de escovas para atender vantagens construtivas. (Não foram levadas em conta as assimetrias provocadas nos condutores das derivações durante a comutação)

Nos enrolamentos embricados é normal existirem ligações entre lâminas de comutador distantes angularmente de um duplo passo polar. São as *ligações equipotenciais* (26), assim chamadas pelo fato de dever a diferença de potencial elétrico entre essas lâminas ser nula, o que aliás é fácil de concluir. Como, todavia, podem existir assimetrias construtivas, essas lâminas podem não estar no mesmo potencial, e aquelas ligações permitem a equalização com pequena circulação de corrente que deixam de circular pelas escovas.

Existem ainda os enrolamentos embricados múltiplos cujo passo de comutador não é igual a um passo de lâmina, mas são iguais a 2, 3, etc. Esses enrolamentos recebem a denominação de *múltiplos* porque se comportam com n vezes o número de vias em paralelo do embricado simples. Um enrolamento de multiplicidade n comporta-se com uma quantidade de derivações: $2a = n(2p)$ (25). Por exemplo, os induzidos de quatro pólos, embricado duplo e embricado triplo, terão respectivamente oito e doze derivações. São raros e utilizados em máquinas de corrente muito alta e tensão muito baixa e também em máquinas especiais de corrente alternativa com comutador (27).

7.14.2 ENROLAMENTOS ONDULADOS

Na Fig. 7.20 está representado um enrolamento do tipo ondulado simples. Nota-se que os terminais de cada bobina não estão ligados a lâminas adjacentes, mas sim a lâminas distantes cerca de um duplo passo polar (aproximadamente 360° magnéticos).

Nota-se, na Fig. 7.20, que os terminais da bobina 1-5' estão ligados às lâminas 1 e 9 que distam entre si oito passos de lâmina, sendo que o duplo passo polar corresponde a 8,5 lâminas. Em outras palavras, o passo de comutador é ligeiramente menor que o duplo passo polar.

O enrolamento em questão foi feito com apenas dezessete ranhuras (4,25 ranhuras por pólo), dois lados de bobina para cada ranhura, e uma espira por bobina. O número de lâminas é 17 e o número de lâminas entre uma escova positiva e uma negativa é 4,25. O passo de cada bobina é de 1 a 5, ou seja, um passo de bobina é igual a quatro passos de ranhura. Como o passo inteiro é igual a 4,25 passos de ranhura, as bobinas desse enrolamento têm passo ligeiramente encurtado. Esses pequenos encurtamentos são comuns em máquinas C.C. e não trazem maiores problemas na f.e.m. e nem na comutação, visto que a faixa de baixas induções (zona neutra) e a faixa de ação dos interpolos (faixa de comutação) são relativamente largas.

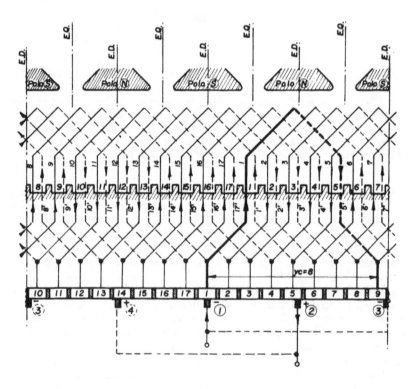

Figura 7.20 Esquema de um enrolamento tipo ondulado simples, para máquina de quatro pólos, com dezessete ranhuras, dois lados de bobina para cada ranhura, passo de bobina 1 a 5

Suponhamos, por ora, que a máquina fosse provida de apenas um par de escovas, uma positiva sob um pólo N, e uma negativa sob um pólo S (representadas em preto na Fig. 7.20). Vamos seguir o enrolamento partindo da escova negativa ①, pelo traço cheio, e acompanhando as setas. Nota-se que, após percorrer metade da quantidade total de condutores, chegamos à escova positiva ②. Partindo novamente da escova ①, agora pelo tracejado, chegamos novamente à escova ② percorrendo a outra metade dos condutores. O enrolamento comportou-se como duas vias em paralelo. As duas derivações estão representadas na Fig. 7.19(b). Se construirmos enrolamentos ondulados com seis pólos e o seguirmos, obteremos novamente um par de derivações, e assim sucessivamente. Independentemente do número de pólos teremos sempre um par de derivações. Por isso esse tipo de enrolamento é, algumas vezes, denominado *enrolamento de induzido série.*

rente I_a, devido às limitações de espessura a que elas estão sujeitas (veja 7.5.3.). Porém, podemos acrescentar mais um par de escovas para dividir a corrente entre elas e o enrolamento ondulado continuará com o mesmo comportamento. Na Fig. 7.20 essas duas novas escovas estão representadas em pontilhado, numeradas com ③ e ④ e ligadas externamente com a ① e ②. Se seguirmos novamente o enrolamento, a partir da escova ①, veremos que as novas escovas ③ e ④ se interligam, também internamente, às escovas ① e ②, através do próprio enrolamento, pelos condutores 1-5' e 1'-14, sem nenhum problema, pois são condutores que estão trafegando pela faixa de comutação. Antes de encerrarmos este resumo sobre os enrolamentos mais simples dos induzidos de máquinas C.C., observaremos alguns pontos enunciados a seguir.

a) Por que adotamos um número ímpar de lâminas (dezessete bobinas com dezessete lâminas) no caso desse enrolamento ondulado de quatro pólos? O motivo é que se tivéssemos adotado, para esse enrolamento um número par de lâminas, como no caso anterior de enrolamento embricado (Fig. 7.14), ocorreria que o condutor 1 da bobina 1 seria ligado à lâmina 1 e o condutor 5' da mesma bobina seria ligado à lâmina 9, distante angularmente 360° magnéticos. Mas, na lâmina 9, também estaria o condutor 9 de uma bobina 9-13', cujo terminal finalizaria em uma lâmina distante 360° magnéticos, isto é, finalizaria na lâmina 1. O enrolamento fechar-se-ia após serem percorridos apenas quatro condutores e isso tornaria a ocorrer se partíssemos sucessivamente das lâminas 2, 3, 4, etc., produzindo vários enrolamentos parciais. Não teríamos um enrolamento único fechado sobre si mesmo, como devem ser os enrolamentos de induzido. No entanto, no enrolamento ondulado da Fig. 7.20, com dezessete bobinas e dezessete lâminas, acontecia que partindo da lâmina 1 (bobinas 1-5') chegávamos à lâmina 9, e da lâmina 9 chegávamos à 17, percorrendo quatro condutores. E continuando, após mais quatro condutores, atingíamos a lâmina 16 e assim, sucessivamente, até finalmente fechar a primeira derivação na lâmina 1.

Por esse motivo os enrolamentos ondulados de quatro pólos, quando são executados com um número par de bobinas (por exemplo, dezesseis bobinas) são ligados a comutador com um número ímpar de lâminas (por exemplo, quinze lâminas) e deixa-se uma bobina com os terminais desligados, utilizando realmente quinze bobinas (ou trinta condutores). Esse tipo de procedimento é mais ou menos comum em máquinas de C.C. e na nomenclatura de máquinas elétricas a bobina desligada se denomina *bobina morta* e as ligadas denominam-se *bobinas ativas*.

b) Na Fig. 7.20 o passo de comutador foi ligeiramente encurtado, ou seja, de 1 a 9 (oito passos de lâmina) visto que o duplo passo polar corresponde a 8,25 passos de lâmina. Mas poderíamos também ter executado o enrolamento com passo de comutador alongado, ou seja, 1 a 10 (9 passos de lâminas) e teríamos o mesmo efeito. Do ponto de vista prático é preferível o primeiro.

c) Embora muito raros os enrolamentos ondulados também podem ser feitos "múltiplos n", com um número de derivações $a = n(26)$.

7.15 MAGNETIZAÇÃO DAS MÁQUINAS DE CORRENTE CONTÍNUA

A correspondência gráfica entre o fluxo por pólo e a f.m.m. de excitação é denominada curva de magnetização. Como o circuito magnético da máquina C.C. é composto em parte de material ferromagnético e em parte de ar (entreferro) essa curva deve apresentar o aspecto típico já discutido no parágrafo referente a eletroímã aberto e em 5.27.2 referente a máquinas síncronas. Como para velocidade constante existe uma correspondência entre f.e.m. e fluxo [expressão (7.16)] e a f.m.m. é proporcional à corrente de excitação, essa curva é apresentada normalmente como f.e.m. em função de corrente de excitação, para uma freqüência de rotação constante.

Existe uma correspondência fluxo × f.m.m. tanto para a condição de vazio como para a condição de carga, bastando lembrar que em vazio o fluxo no entreferro é ϕ_0, e em carga o fluxo é ϕ_{res}, mas pelo fato de o levantamento dessa curva, em laboratório, ser feito com a máquina em vazio, ela é também chamada de *curva de saturação vazio*. Na Fig. 7.21, está desenhada uma curva de magnetização. Em geral, as máquinas de C.C. são dimensionadas com uma densidade de fluxo no material ferromagnético que resulta em um ponto de funcionamento além da parte linear da curva.

Da mesma maneira que a máquina síncrona, desde que já tenha sido magnetizada, ela apresentará a f.e.m. remanente E_r, para $I_{exc} = 0$. Em alguns dos parágrafos posteriores voltaremos a examinar essa curva.

Exemplo 7.4. Uma máquina de C.C. tem os seguintes dados nominais: 250 V, quatro pólos, 100 kW, 1 150 rpm. A resistência do circuito de armadura, incluindo escovas e interpolos, é 0,025 Ω. Funciona com as escovas na posição normal. O único enrolamento de excitação no eixo direto é o enrolamento de excitação principal e o seu número de espiras por pólo é $Np = 1\,000$. A Tab. 7.1 indica alguns valores da correspondência entre corrente de excitação principal e f.e.m. induzida, medida em vazio, para velocidade nominal.

Tabela 7.1

I_{exc}(A)	5,0	5,1	5,2	5,3	5,4	5,5	5,6	5,7	5,8	5,9	6,0
E_0(V)	245	251	256	260	263,5	266,0	267,5	268,3	269,3	270	270,5

Funcionando como dínamo excitado por fonte independente vamos
a) procurar a corrente de excitação com carga nominal,
b) localizar graficamente as tensões e as f.m.m. em jogo para corrente de armadura nominal, bem como o triângulo de Potier. *Nota*. O efeito desmagnetizante da reação da armadura, neste caso, será apresentado em termos de diminuição da f.m.m. principal e vale aproximadamente, nesta máquina, 0,875 Ae por pólo e por ampère de corrente de armadura, para a máquina funcionando com tensões próximas da nominal. Como esse efeito não é linear, esse valor não deve ter validade para outras correntes de cargas e outros valores de V_a muito diferentes dos nominais.

Solução

a) $I_{a\,nom} = \dfrac{P_{nom}}{V_{a\,nom}} = \dfrac{100 \times 1\,000}{250} = 400$ A.

O circuito representativo é o da Fig. 7.14(a), e a f.e.m. em carga, será

$$E = V_a + R_a I_a = 250 + 0,025 \times 400 = 260 \text{ V}.$$

Se fôssemos induzir essa f.e.m. de 260 V com a máquina em vazio, necessitaríamos, conforme a Tab. 7.1, de uma corrente de excitação $I_{exc} = 5,3$ A, ou seja, uma f.m.m.

$$\mathscr{F}_p = N_p I_{exc} = 1\,000 \times 5,3 = 5\,300 \text{ Ae (por pólo)}$$

Porém a f.m.m. necessária para se conseguir aquela f.e.m. de 260 V em carga, é maior que 5 300 Ae. Vejamos a razão,

O balanço das f.m.m. que entram em jogo em uma máquina C.C. em carga, com um único enrolamento de excitação no eixo direto, é o seguinte

$$\mathscr{F} = \mathscr{F}_p \pm \mathscr{F}_{ad} - \mathscr{F}_{a\,ind}, \qquad (7.29)$$

onde

$\mathscr{F}$ é a f.m.m. líquida (resultante),

$\mathscr{F}_p$, a f.m.m. de excitação principal,

$\mathscr{F}_{ad}$, a f.m.m. de efeito direto, provocada pela reação de armadura ($\mathscr{F}_a$) que será tanto maior quanto maior o deslocamento das escovas e pode ser magnetizante (+) ou desmagnetizante (−) conforme o sentido do deslocamento (no caso será nula, pois as escovas estão em posição normal),

$\mathscr{F}_{a\,ind}$, a f.m.m. equivalente ao efeito indireto desmagnetizante da reação da armadura. Será sempre contrário a $\mathscr{F}_p$ (sempre −). É uma f.m.m. que, se fosse subtraída de $\mathscr{F}_p$, resultaria um valor que aplicado à estrutura magnética da máquina produziria um fluxo menor que o provocado por $\mathscr{F}_p$ e igual a ϕ_{res}. E é essa f.m.m. equivalente de efeito desmagnetizante indireto que o enunciado do problema fornece:

$$\mathscr{F}_{a\,ind} = 0,875\, I_a = 0,875 \times 400 = 350 \text{ Ae (por pólo)}.$$

Logo, teremos que aplicar no enrolamento principal uma f.m.m. que, após descontar 350 Ae, resulte, liquidamente, 5 300 Ae, ou seja, pela (7.29), $\mathscr{F}_p$ deve ser

$$\mathscr{F}_p = 5\,300 + 350 = 5\,650 \text{ Ae}.$$

Portanto devemos aplicar, no enrolamento principal, em carga,

$$I_{exc} = \frac{\mathscr{F}_p}{N_p} = \frac{5\,650}{1\,000} = 5,65 \text{ A}$$

Poderíamos apresentar a (7.29) em termos de corrente de excitação principal e isso é preferível do ponto de vista prático. Dividindo a (7.29) por N_p, teremos

$$\frac{\mathscr{F}}{N_p} = \frac{\mathscr{F}_p}{N_p} \pm \frac{\mathscr{F}_{ad}}{N_p} - \frac{\mathscr{F}_{a\,ind}}{N_p}, \qquad (7.30)$$

ou

$$I_{exc\,liquida} = I_{exc} \pm I_{exc \cdot d} - I_{exc\,equiv}. \qquad (7.31)$$

Nesse caso, o efeito desmagnetizante expresso em termos de uma corrente de excitação principal equivalente, seria

$$I_{exc\,equiv} = \frac{350}{1\,000} = 0,35 \text{ A de excitação principal}.$$

A corrente de excitação líquida seria 5,3 A. E necessitaríamos, em carga,

$$I_{exc} = 5,3 + 0,35 = 5,65 \text{ A}.$$

b) Com os valores da Tab. 7.1 podemos desenhar a curva da Fig. 7.21, apenas nas imediações da tensão nominal que é a suficiente para a solução do problema. O resto da curva, por falta de elementos, foi extrapolada. Se a f.m.m. $\mathscr{F}_p$ agisse isoladamente, a f.e.m. seria $E_0 = 268$ V (veja a Fig. 7.21) e essa é a tensão nos terminais em vazio ($V_0 = E_0$).

Como se nota a tensão nos terminais foi o resultado de uma redução de f.e.m. de E_0 para $E (\Delta E = 8,0$ V) devido ao efeito desmagnetizante $\mathscr{F}_{a\,ind}$ e uma queda de tensão ($R_a I_a = 10$ V) devido à resistência R_a. O triângulo retângulo ABC, cujo cateto vertical é $R_a I_a$ e o horizontal é igual a $\mathscr{F}_{a\,ind}$, é denominado, na técnica de máquinas elétricas, *triângulo de Potier*.

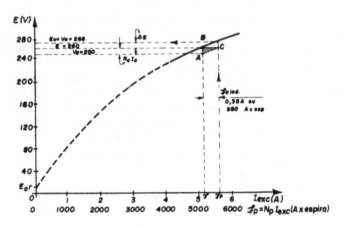

Figura 7.21 Curva de magnetização para o dínamo do exemplo 7.4

7.16 REGULAÇÃO DOS MOTORES E GERADORES DE C.C.

Vamos focalizar as regulações inerentes, isto é, sem dispositivos auxiliares de controle que tendam a corrigir a velocidade dos motores ou a tensão dos geradores.

Quanto aos motores a regulação nominal é definida, em valor p.u., como a diferença entre as freqüências de rotação em vazio (sem potência mecânica aplicada ao seu eixo) e em carga mecânica nominal, relativa à freqüência de rotação nominal.

$$\mathscr{R}_{nom} = \frac{n_0 - n_{nom}}{n_{nom}} = (n_0) - 1. \quad (7.32)$$

Onde (n_0) é a freqüência de rotação em vazio em valor p.u. relativo à base n_{nom}.

Quanto aos geradores é definida (em valor p.u.), como a diferença entre as tensões de armadura em vazio e em carga nominal, relativa à tensão nominal:

$$\mathscr{R}_{nom} = \frac{V_0 - V_{a\,nom}}{V_{a\,nom}} = (V_0) - 1. \quad (7.33)$$

Pode-se também definir essas regulações para outros valores de carga que não os nominais. Como regra geral as regulações de velocidade dos motores, e de tensões dos geradores, são menores quanto maiores forem as máquinas. A máquina ideal (sem R_a e com ϕ independente da carga) teria regulação nula.

Exemplo 7.5. Vamos determinar as regulações do motor do Exemplo 7.3 e do gerador do Exemplo 7.4.

Solução

Aplicando (7.32) para o motor, vem

$$\mathscr{R}_{nom} = \frac{1\,750 - 1\,645}{1\,645} = 0{,}064 \text{ ou } 6{,}4\%,$$

e aplicando (7.33) para o gerador,

$$\mathscr{R}_{nom} = \frac{268 - 250}{250} = 0{,}070 \text{ ou } 7\%.$$

7.17 RENDIMENTO DAS MÁQUINAS C.C.

Quanto às perdas das máquinas C.C. são, em princípio, as mesmas das outras máquinas. As perdas no núcleo (histerética e Foucault) estão restritas praticamente à armadura.

A definição de rendimento e das perdas são as mesmas apresentadas na Seç. 4.3. As pequenas máquinas, nas velocidades usuais de 1 200 e 3 600 rpm, apresentam, em média, rendimentos da ordem de 0,7 a 0,8; as máquinas médias, de 0,8 a 0,9, e as grandes, da ordem de 0,95. As máquinas de potência fracionária têm rendimentos muito baixos, de 0,6 ou menos.

7.18 MODALIDADES DE AUTO-EXCITAÇÃO NO EIXO DIRETO

Entendemos por auto-excitada a máquina de C.C. que utiliza para sua excitação a própria tensão dos terminais do induzido ou a própria corrente de armadura. Por esse motivo ela é, às vezes, também denominada máquina excitada por realimentação.

Já vimos que os enrolamentos dos interpolos e os enrolamentos de compensação, que estão no eixo quadratura, são auto-excitados em série com a armadura. Porém, no eixo direto, até agora só utilizamos, tanto para motores como para geradores C.C., um enrolamento de excitação principal e sempre excitado por uma fonte independente, a excitatriz (Fig. 7.22). Essa excitatriz pode ser rotativa, isto é, um pequeno dínamo, geralmente acoplado ao próprio eixo das máquinas C.C., ou uma bateria de acumuladores, ou, mais corrente nos dias de hoje, uma fonte ajustável de retificadores eletrônicos.

Todavia o enrolamento de excitação principal pode ser excitado pela própria tensão de armadura V_a, como mostra o circuito equivalente da Fig. 7.23. Essa excitação é chamada *em derivação* ou *em paralelo*. Nas oficinas a denominação inglesa, *shunt*, é bastante empregada.

Na Fig. 7.23 nota-se que se a máquina for um gerador, teremos, para a corrente de carga I_c,

$$I_c = I_a - I_{exc}. \tag{7.34}$$

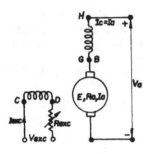
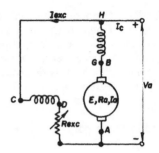

Figura 7.22 Excitação independente

Figura 7.23 Auto-excitação em derivação

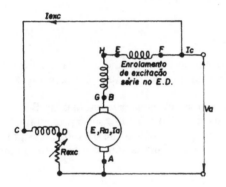
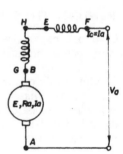

Figura 7.24 Auto-excitação composta

Figura 7.25 Auto-excitação em série

Se a máquina estiver funcionando como motor, teremos

$$I_c = I_a + I_{exc}. \tag{7.35}$$

No entanto, na grande maioria das máquinas pequenas, médias e grandes, o consumo para a auto-excitação não vai além de 5% (menor que 1% nas máquinas de grande potência). Por esse motivo é comum confundir-se I_c com I_a na solução dos problemas menos precisos.

Existem casos em que além do enrolamento principal auto-excitado em derivação, pode existir mais um enrolamento secundário no eixo direto, auto-excitado em série com a armadura (Fig. 7.24). Esse tipo misto de auto-excitação é denominado *composto*. A denominação em inglês, compound, também é muito divulgada. O enrolamento principal (*CD*) não é obrigatoriamente ligado ao ponto *F*, mas pode ser também religado no ponto *E*.

Se a excitação principal no eixo direto for exclusivamente em série com a armadura, teremos a excitação em série pura, ou simplesmente excitação em série (Fig. 7.25).

Motores e geradores de tensão contínua   **417**

7.19 CARACTERÍSTICA EXTERNA DOS MOTORES C.C.

Denominaremos característica externa dos motores C.C. à correspondência entre freqüência de rotação n e conjugado desenvolvido C_{des}, para uma tensão de armadura V_a constante. Como a corrente I_a é muito mais fácil de ser medida que o conjugado, muitas vezes, na prática, apresenta-se a característica externa $n = f(I_a)$, visto que o conjugado se relaciona com a corrente pela expressão (7.22). Para cada modalidade de excitação teremos um aspecto da curva $C = f(n)$.

7.19.1 MOTORES COM EXCITAÇÃO INDEPENDENTE E EXCITADOS EM DERIVAÇÃO

Se a tensão de armadura V_a imposta ao motor e a resistência R_{exc} do circuito de excitação principal forem mantidas constantes, as excitações independente e em derivação se confundirão para os motores C.C. e a característica por eles apresentada será a da Fig. 7.26. A justificativa dessa forma de curva é simples: se o motor fosse ideal ($R_a = \Delta\phi = 0$) teríamos uma freqüência de rotação constante, pois, para qualquer I_a, teríamos $V_a = E_0$, e, de acordo com a (7.16), teríamos

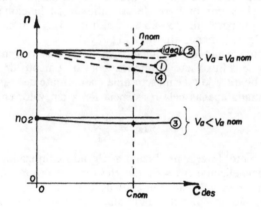

Figura 7.26 Característica externa $n = f(C_{des})$ para motores C.C. auto-excitados. As curvas ② e ③ são para motores de excitação em derivação. A curva ④ é para motor de excitação composta aditiva

$$n = \frac{E_0}{Z\phi_0 \, p/a} = k. \quad (7.36)$$

Porém, para as máquinas reais, vamos escrever novamente a expressão (7.26).

$$V_a = E + R_a I_a.$$

Substituindo E por $k_1 n\phi$, dada por (7.15), e I_a por $C_{des}/k\phi$, dada por (7.22), teremos

$$V_a = k_1 n\phi + R_a C_{des}/k_2\phi$$

donde, resolvendo para n

$$n = \frac{V_a}{k_1 \phi} - \frac{R_a}{k_1 k_2 \phi^2} C_{des}. \qquad (7.37)$$

Para $C_{des} = 0$, teremos $I_a = 0$ e, conseqüentemente, $\phi = \phi_0$ e $V_a = V_0 = E_0$, logo, o primeiro termo de (7.37) é igual à freqüência de rotação em vazio n_0, e a expressão (7.37) pode ser reescrita como

$$n = n_0 - \frac{k}{\phi^2} C_{des}. \qquad (7.38)$$

Em uma máquina com circuito magnético linear onde o fluxo não diminuísse devido ao efeito desmagnetizante indireto da reação de armadura, teríamos pela expressão (7.37) a regulação (diferença $n_0 - n$) aumentando proporcionalmente com o conjugado, e a característica externa seria a reta ① da Fig. 7.26. Como na realidade a maioria das máquinas têm o fluxo diminuído em carga, e de uma maneira não proporcional à corrente e ao conjugado, conclui-se pela (7.37) que a diferença $n_0 - n$ não aumenta proporcionalmente com a carga. Pelo contrário, para altas correntes e grandes conjugados desenvolvidos ela chega a mudar de inclinação (curva ② da Fig. 7.26), o que não é desejável por motivos de estabilidade de funcionamento.

É fácil notar que para uma tensão V_a menor que $V_{a\,nom}$ teremos por (7.36) uma freqüência de rotação n_{02} menor que n_0 (Fig. 7.26).

Quanto ao andamento de conjugado em função de corrente I_a, seria uma reta [expressão (7.22)] se o fluxo não diminuísse com o aumento de I_a. Quando o motor estiver com rotor bloqueado a f.e.m. será nula e a corrente de regime permanente nessa condição será limitada apenas pela resistência R_a, a um valor em geral muito elevado

$$I_{acc} = \frac{V_a}{R_a}. \qquad (7.39)$$

Essa alta corrente deveria produzir um elevado conjugado, contudo nessa situação o efeito desmagnetizante $\Delta \phi$ seria tão elevado que o aumento de conjugado seria bastante limitado em relação ao aumento de corrente.

Por ser uma máquina de velocidade quase constante com o conjugado, o motor excitado em derivação, é utilizado de uma maneira geral em cargas de velocidade constante. A inversão de sentido de rotação de um motor tanto de excitação independente como auto-excitado, pode ser conseguida por inversão dos terminais da armadura, relativamente aos do enrolamento de excitação principal para que haja uma modificação da situação de $\vec{B}$ face à $\vec{I\ell}$ (Reveja 7.5.1 e 7.5.2 e procure resolver o exercício 11).

7.19.2 MOTORES COM EXCITAÇÃO COMPOSTA

Se o enrolamento excitado em série produzisse um acréscimo de fluxo em relação a ϕ_0, isto é, se sua f.m.m. fosse concordante com a do enrolamento principal, teríamos para a máquina de excitação composta uma característica externa análoga à anterior, apenas com uma inclinação maior, e isso é fácil comprovar no segundo termo da expressão (7.37). Esse tipo de enrolamento composto concordante denomina-se, na técnica de máquinas elétricas, *composto aditivo*. É um motor que apresenta regulação maior que os de excitação em derivação. O composto subtrativo (discordante) é indesejável na prática, visto que teria característica de velocidade ascendente com o conjugado, o que tornaria instável para muitos tipos de cargas mecânicas. Nos compostos aditivos, é claro que a inclinação da curva depende do grau de composição, ou seja, da relação f.m.m. série/f.m.m. derivação, mas, na grande maioria dos casos, esse grau é apenas o suficiente para anular o efeito desmagnetizante da reação de armadura e tornar a curva do motor suficientemente estável, mesmo para altos conjugados. A curva ④ da Fig. (7.26) é obtida com o mesmo motor da curva ②, acrescentando-se um enrolamento série com um apreciável grau de composição.

Exemplo 7.6. De uma bomba hidráulica centrífuga conhece-se a expressão do conjugado resistente em função da freqüência de rotação:

$$C_r = 0{,}040\,n^2,$$

onde para n em rps, C_r resulta em N × m. Calculemos a velocidade imposta à bomba, assim como a potência a ela fornecida por um motor de excitação composta, do qual são conhecidos os seguintes valores:

$N = 3\,000$ rpm, $P_{nom} = 30$ kW, regulação $(\mathcal{R}) = 7\%$, $V_{a\,nom} = 220$ V.

O grau de composição é tal que anula o efeito desmagnetizante da reação de armadura.

Solução

Se $\Delta\phi$ é nulo, a freqüência de rotação de um motor de fluxo constante é dada por

$$n = \frac{V_a}{k_1\phi} - \frac{R_a\,C_{des}}{k_1 k_2 \phi^2} = K' - K''\,C_{des}.$$

Conhecendo-se a queda relativa de velocidade em carga (7%) pode-se calcular a rotação em vazio, n_0.
Sendo

$$\mathcal{R} = \frac{n_0 - n}{n},\ \text{e,}\ n = \frac{3\,000}{60} = 50\ \text{rps.}$$

Resulta

$$n_0 = 0{,}07 \times 50 + 50 = 53{,}5\ \text{rps.}$$

Para $C_{des} = 0$, vem $n = n_0 = K' = 53{,}5$ rps.

Como não temos dados de conjugado de perdas, vamos confundir $C_{útil}$ com C_{des}

$$C_{des\,nom} = \frac{P_{nom}}{2\pi n_{nom}} = \frac{30\,000}{2\pi \times 50} = 95{,}4\ \text{N} \times \text{m.}$$

Substituindo na expressão de $n = f(C_{des})$, vem

$$50 = 53{,}5 - K''\,95{,}4.$$

Daí, resulta

$$K'' = 0{,}037\,\frac{\text{rpm}}{\text{N} \times \text{m}}.$$

Finalmente,

$$n = 53{,}5 - 0{,}037\,C_{des}.$$

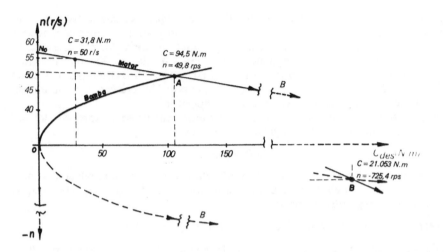

Figura 7.27 Solução gráfica do Exemplo 7.6

Nos pontos de funcionamento (A e B na Fig. 7.27), temos o conjugado e a velocidade da bomba iguais ao conjugado e à velocidade do motor, ou seja,

$$(53{,}5 - 0{,}037C)^2 = \frac{C}{0{,}040} = n^2.$$

Após alguma elaboração, resulta

$$C^2 - 2{,}11 \times 10^4 C + 209 \times 10^4 = 0.$$

As duas soluções dessa equação do segundo grau são

$$C' = 21\,053 \text{ N} \times \text{m},$$
$$C'' = 99{,}5 \text{ N} \times \text{m}.$$

A primeira solução não é prática, pois corresponde a uma rotação negativa, conforme o cálculo

$$n = 53{,}5 - 0{,}037 \times 21\,053 = -725{,}4 \text{ rps}.$$

Nessas condições a máquina não seria motor, mas sim "freio", pois não houve inversão no sentido de atuação do conjugado motor C_{des}, mas sim uma passagem a conjugado resistente, com inversão da rotação. O mesmo acontece com o conjugado resistente da bomba, que passaria a motor hidráulico (turbina) e a energia por ele fornecida será dissipada por efeito Joule na armadura da máquina de C.C. Note que não é um funcionamento como "gerador", que seria obtido com um acréscimo de rotação além de n_0 (sem sua inversão) e pela passagem do conjugado motor C_{des} a conjugado resistente com inversão no seu sentido de atuação. Adotando $C = C'' = 99{,}5 \text{ N} \times \text{m}$, teremos

$$n = 53{,}5 - 0{,}037 \times 99{,}5 = 49{,}8 \text{ rps}.$$

Logo,

$$P_{mec} = \Omega C_{des} = 2\pi \times 49,8 \times 99,5 = 31\,134\,\text{W}$$

o que representa uma potência próxima da nominal do motor.

7.19.3 MOTORES COM EXCITAÇÃO SÉRIE

Se o único enrolamento de excitação no eixo direto fosse ligado em série com a armadura, teríamos, para um motor considerado sem perdas, uma freqüência de rotação infinita quando o motor estivesse em vazio, pois, nessa situação, embora com V_a aplicada ($E_0 = V_a$), a corrente absorvida seria nula e o fluxo ϕ_0 também [veja (7.36)].

Como o motor real tem perdas, e estas crescem mais que proporcionalmente com a velocidade, o motor apresentará, em vazio, uma corrente I_a não-nula, para desenvolver um conjugado igual ao das perdas internas. Assim sendo, o fluxo por pólo não será nulo e, conseqüentemente, apresentará velocidade finita, embora muito elevada. Essa velocidade limite depende das perdas e, conseqüentemente, do tamanho do motor. Nos motores grandes a velocidade máxima de segurança está muito abaixo dessa "velocidade de disparo".

Quando o motor estiver com rotor bloqueado, a corrente será limitada por R_a [expressão (7.39)] a um valor muito elevado. Se não houver saturação, o fluxo por pólo será proporcional à corrente e o conjugado será proporcional ao quadrado da corrente [veja a expressão (7.22)]. Na realidade o conjugado do motor série com rotor bloqueado é bem mais elevado que o do motor composto, mas fica muito abaixo da correspondência com o quadrado da corrente, devido ao aparecimento do efeito $\Delta\phi$. Dentro dessas suposições, isto é, um motor com $R_a \neq 0$, mas sem perda mecânica ($n_0 \rightarrow \infty$) podemos deduzir a forma aproximada da curva conjugado-velocidade.

Se a estrutura magnética estiver operando linearmente (o que é aproximadamente válido para pequenos trechos da curva e não para largas faixas da corrente), teremos

$$\phi = K I_a. \tag{7.40}$$

Logo, conclui-se,

$$E = k_1 n \phi = K' n I_a, \tag{7.41}$$

$$C_{des} = k_2 \phi I_a = K'' I_a^2. \tag{7.42}$$

Por outro lado, pela expressão (7.26) resulta

$$V_a = E + R_a I_a = (K' n + R_a) I_a \tag{7.43}$$

Substituindo I_a, dada pela expressão (7.43), na (7.42), teremos

$$C_{des} = \frac{K'' V_a^2}{(R_a + K' n)^2} = \frac{k_1 V_a^2}{(k_2 + n)^2}. \tag{7.44}$$

O conjugado desenvolvido varia, dentro dessas hipóteses simplificadoras, com o quadrado da tensão de armadura. Contudo na realidade existem as limitações para n_0 e para $C_{(n=0)}$ acima citadas. Uma curva aproximada está apresentada na Fig. 7.28.

Por aí se nota que o motor série, ao contrário do motor de excitação em derivação, tem uma velocidade essencialmente variável com o conjugado, ou seja, tem uma elevadíssima regulação. Esse fato torna-o recomendável para cargas variáveis, pois a um aumento de conjugado resistente o motor corresponde um aumento de conjugado

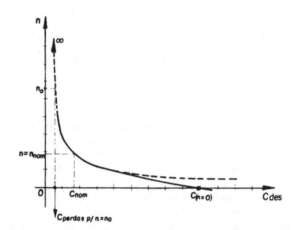

Figura 7.28 Característica externa de motor auto-excitado em série

motor e uma diminuição de velocidade. Um motor em derivação aumentaria seu conjugado motor e, praticamente, manteria a velocidade, resultando em um grande aumento de potência, coisa que não ocorre com o motor série. Este se comporta de um modo semelhante a um conjunto motor/caixa de engrenagens, como é utilizada em veículos com motor de combustão interna, nos quais se procura manter o motor em velocidade e potência constantes, e, através da "caixa de mudanças", multiplica-se o conjugado motor com divisão de velocidade nas rodas, em todas as ocasiões em que o conjugado resistente aumenta (rampas).

Devido a esse fato, acrescido do grande poder de aceleração (grande conjugado de partida) o motor série é preferido para aplicações em tração elétrica (locomotivas, ônibus elétricos), bem como elevação e transportes industriais (guindastes, carrinhos transportadores, alguns tipos de pontes rolantes, etc.).

7.20 MÉTODOS DE AJUSTE DE VELOCIDADE NOS MOTORES DE C.C.

Seja um motor de excitação independente. Tomemos a expressão (7.17) e substituamos a f.e.m. em carga, por $V_a - R_a I_a$. A freqüência de rotação do motor será dada por

$$n = \frac{E}{Z\phi_{res}\, p/a} = \frac{V_a - R_a I_a}{Z\phi_{res}\, p/a}. \qquad (7.45)$$

Como $R_a I_a$ é pequena em face de V_a, e o fluxo resultante é também muito próximo de ϕ_0 que é ditado pela corrente de excitação principal, podemos, para os propósitos deste parágrafo, reescrever a expressão (7.45) como

$$n \cong \frac{V_a}{Z\phi_0\, p/a}. \qquad (7.46)$$

Assim sendo, para variar n podemos manter a corrente de excitação (manter ϕ_0) e variar a tensão aplicada à armadura. Teremos velocidade aproximadamente proporcional à V_a para cada corrente de excitação. O modo clássico de se conseguir a tensão ajustável V_a era através de um sistema eletromecânico composto de um motor síncrono ou assíncrono acionando um gerador C.C., cuja excitação podia ser ajustada (sistema Ward-Leonard). Hoje, nos processos mais correntes, utilizam-se fontes eletrônicas com diodos de silício ou retificadores controlados. A Fig. 7.29(a) mostra o primeiro caso, isto é, uma fonte retificadora trifásica retificando uma tensão obtida de um transformador regulável, que pode ser do tipo regulador de indução (veja a Seç. 6.21).

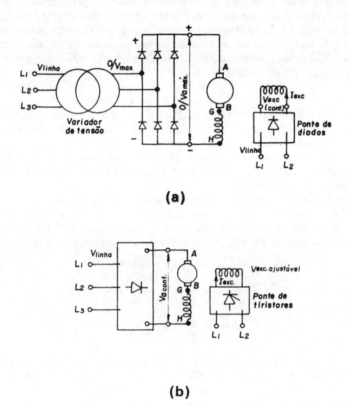

Figura 7.29 Ajuste de velocidade de motor C.C. de excitação independente, (a) pela tensão de armadura, (b) pela corrente de excitação. *Nota.* A ponte de diodos da Fig. (a) pode ser substituída por tiristores, dispensando o variador de tensão

Outro método consiste em se manter V_a constante e variar o fluxo ϕ_0 [Fig. 7.29(b)]. A velocidade variará hiperbolicamente com o fluxo. Se a estrutura magnética for considerada linear ($\phi_0 = KI_{exc}$), o que é razoável em faixas estreitas de variação, a velocidade variará de maneira inversamente proporcional à corrente de excitação para cada tensão V_a.

No primeiro método, consegue-se, na prática, uma variação desde velocidades nulas até a nominal, porém, no segundo, as maiores faixas conseguidas são de 1:3 ou 1:4, pois a excessiva diminuição de excitação pode provocar problemas devidos à deformação de $B(\theta)$ (confronto entre $\mathscr{F}_p$ e $\mathscr{F}_a$) com possíveis conseqüências danosas.

No primeiro método, se a máquina absorver corrente I_a constante, a potência será proporcional à tensão e, conseqüentemente, à freqüência de rotação, ao passo que o conjugado será constante [expressão (7.22)]. No entanto, no segundo método, para I_a constante, a potência será constante e independente da velocidade, ao passo que o conjugado será crescente com a excitação e decrescente com a velocidade.

Por esse motivo o primeiro método é, de maneira geral, aplicado nos acionamentos industriais que exigem conjugado constante e potência proporcional, sendo o segundo método preferido nos acionamentos com potência constante e conjugado inversamente proporcional à velocidade (como sugestão, procure resolver os exercícios 8 e 9).

As variações transitórias de velocidade serão analisadas posteriormente.

Exemplo 7.7. Vamos discutir, para o caso do exemplo 7.3, o problema da variação brusca da corrente de excitação.

Solução

Quando se diminui a corrente de excitação, o fluxo por pólo diminui e a velocidade deve aumentar [expressão (7.45)]. Vamos supor que, a partir das condições nominais, ocorra uma diminuição naquela corrente de tal ordem que o fluxo fique dividido por 1,2, mas que essa diminuição seja efetuada rapidamente, de modo que o motor **ainda não tenha tido tempo de acelerar para atingir a nova situação que será de velocidade da ordem de 20% maior.**

Com essa diminuição de fluxo, sem ainda ocorrer alteração na velocidade, teremos uma diminuição brusca na f.e.m. que fica dividida por 1,2. Assim sendo, se fizermos a aproximação de modo que o circuito de armadura seja puramente resistivo, a corrente I_a crescerá imediatamente de 38,2 A para seu novo valor, dado por

$$I'_a = \frac{V_a - E/1{,}2}{R_a} = \frac{115 - \dfrac{101{,}6}{1{,}2}}{0{,}35} = 86{,}6 \text{ A},$$

$$\frac{I'_a}{I_a} = \frac{86{,}6}{38{,}2} = 2{,}27.$$

Na Seç. 7.23 será melhor examinado o fato do motor C.C. ser mais lento na variação de velocidade do que na variação de corrente de armadura. Isso está relacionado ao fato de a constante de tempo do circuito elétrico da armadura ser normalmente bem menor que a constante de tempo mecânica do rotor mais a carga mecânica.

Nota-se, pelo cálculo acima, que uma redução relativamente pequena na corrente de excitação produziu um grande acréscimo na corrente de armadura. Dessa maneira o conjugado desenvolvido (se não considerarmos o efeito desmagnetizante de reação de armadura) seria aumentado para

$$C'_{des} = K \phi' I'_a = K \frac{\phi}{1{,}2} 2{,}27 I_a = K (1{,}9 \phi I_a) = 1{,}89 \, C_{des}.$$

Esse aumento de conjugado acelera o rotor que irá atingir uma nova velocidade ditada pelo novo fluxo. À medida que o rotor acelera, a f.e.m. aumenta e a corrente vai decrescendo para o novo valor de regime.

Os efeitos de um elevado aumento transitório da corrente de armadura nas fortes reduções de excitação pode ser desastroso, pois o confronto entre a f.m.m. principal, que já se encontra reduzida, com a f.m.m. de reação de armadura bastante aumentada, resulta em uma deformação inaceitável da distribuição resultante de densidade de fluxo (veja a Seç. 7.7) e das tensões entre lâminas, podendo provocar centelhamento também fora da região das escovas, o que pode levar à tendência de se estabelecer um arco elétrico entre os porta-escovas. Se a variação de corrente de excitação fosse feita lenta e continuamente, ou em pequenos degraus, o motor iria gradativamente se acomodando nas novas velocidades, sem esse surto pronunciado de corrente de armadura.

7.21 MÉTODOS DE PARTIDA DOS MOTORES C.C.

Vamos designar por *partida* o processo transitório de aceleração de um motor, por seus próprios meios, desde a velocidade inicial nula até uma velocidade final de regime.

Já tivemos oportunidade de verificar, em 7.19.1, que a corrente de regime com o rotor bloqueado dos motores C.C. é elevada, e limitada apenas pela resistência de armadura [expressão (7.39)]. Essa corrente deve ocorrer toda vez que se conectar a armadura diretamente à linha, com o rotor estacionário, ou seja, deve ocorrer no instante inicial da partida se supusermos a armadura puramente resistiva.

Essa corrente muito elevada, principalmente nas grandes máquinas, pode provocar problemas não somente no dimensionamento da linha de alimentação, nas fontes, e também no próprio motor, principalmente no seu comutador e em suas escovas.

Com a finalidade de limitá-la pode-se fazer a partida com tensão reduzida, utilizando-se uma fonte de tensão ajustável como o caso da Fig. 7.29. Porém, nos motores ligados à linha de tensão constante, o método mais comum é acrescentar-se uma resistência R_p denominada resistência de partida, ou reostato de partida (Fig. 7.30). Esse método é utilizado tanto em motores de excitação independente como em auto-excitados.

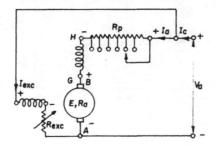

Figura 7.30 Aplicação de uma "resistência de partida" para redução da corrente inicial em um motor auto-excitado em derivação

Essas resistências são dimensionadas, nos casos mais comuns, para produzir uma corrente inicial de partida da ordem de uma a duas vezes a corrente nominal do motor:

$$I_{acc} = \frac{V_a}{R_a + R_p} \qquad (7.47)$$

À medida que a velocidade do motor for aumentando vamos curto-circuitando a resistência R_p até anulá-la completamente. Na seção destinada aos transitórios das máquinas C.C. voltaremos ao problema da partida.

7.22 CARACTERÍSTICAS EXTERNAS DOS GERADORES C.C.

Entendemos por característica externa dos geradores C.C. a relação *tensão de armadura/corrente de carga*, para velocidade constante e resistência do circuito de excitação também mantida constante. Vamos confundir a corrente de carga I_c com I_a nos casos onde haja auto-excitação em derivação, visto que, na maioria dos casos, I_{exc} não vai além de algumas unidades percentuais de I_a.

7.22.1 GERADORES COM EXCITAÇÃO INDEPENDENTE

Nessa modalidade de gerador a tensão de saída é menor que a f.e.m. induzida em vazio devido a dois motivos somente, ou seja, a queda na resistência de armadura ($R_a I_a$) e a queda de f.e.m. devido ao efeito desmagnetizante indireto da reação de armadura [$\Delta E(I_a)$].

$$V_a = E_0 - \Delta E(I_a) - R_a I_a = E - R_a I_a. \quad (7.48)$$

Como $\Delta E(I_a)$ é um efeito não-linear, a curva $V_a = f(I_a)$ tem uma inclinação mais acentuada para grandes valores de I_a e é praticamente reta para pequenos valores (curva ① da Fig. 7.31). A característica do gerador ideal seria uma reta paralela ao eixo da corrente.

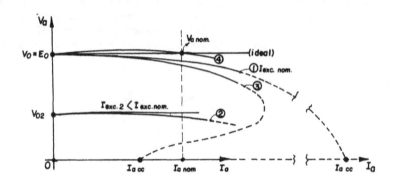

Figura 7.31 Curvas características externas de geradores C.C. Curvas ① e ② excitação independente; curva ③ auto-excitação em derivação; curva ④ auto-excitação composta, aditiva, normal

A corrente de curto-circuito permanente I_{acc}, é limitada pela resistência de armadura, pois toda a f.e.m. induzida nessa condição será aplicada à R_a, ou seja,

$$I_{acc} = \frac{E_0 - \Delta E(I_{acc})}{R_a} = \frac{E}{R_a}. \quad (7.49)$$

Para outras correntes de excitação, mantida a velocidade, teremos outras características externas como a da curva ② da Fig. 7.31.

7.22.2 GERADORES COM AUTO-EXCITAÇÃO EM DERIVAÇÃO

O problema do início de excitação desses geradores (auto-escorvamento) será visto em 7.23.2. Por ora, vamos nos ater às características em regime.

Nesses geradores, além da queda de tensão $R_a I_a$ e da queda da f.e.m. $\Delta E(I_a)$, temos mais um fato que faz a tensão nos terminais em carga ser menor que a do gerador independentemente excitado. E a queda de f.e.m. devido à queda de corrente de excitação principal: $\Delta E (I_{exc})$. É fácil notar, pela Fig. 7.32, que o gerador não estando ligado à linha infinita, mas alimentando uma carga independente, a tensão V_a diminui de vazio para carga e conseqüentemente a corrente I_{exc}, mantida por V_a, também diminuirá; logo, teremos

$$V_a = E_0 - \Delta E (I_a) - \Delta E (I_{exc}) - R_a I_a = E - R_a I_a \qquad (7.50)$$

onde E é a f.e.m. induzida na condição de carga I_a.

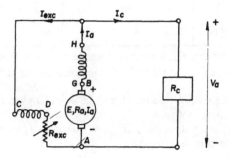

Figura 7.32 Circuito equivalente, em regime permanente, de um gerador C.C. auto-excitado, em derivação, alimentando uma carga isolada da linha

O valor de $\Delta E (I_{exc})$ para uma certa diminuição de I_{exc} também não é proporcional, mas pode ser conhecido através da curva de magnetização e esse fato será melhor apreciado no exemplo 7.8.

A curva característica externa (curva ③ da Fig. 7.31) é aproximadamente uma curva típica de gerador auto-excitado em derivação. Note-se que o andamento na parte final (grandes valores de I_a) é bem diferente do gerador com excitação independente. E mais uma vez devido ao fato de I_{exc} ser ditado por V_a. Quando V_a começa a se tornar pequeno, os decréscimos em I_{exc} e, conseqüentemente, os valores de $\Delta E(I_{exc})$, começam a ser muito grandes, a tal ponto que, na condição de curto-circuito nos terminais, a corrente I_{exc} se anula e a corrente I_{acc} é mantida apenas pela f.e.m. remanente (E_r). E nessa situação o fluxo resultante é tão reduzido que não há efeito de saturação e nem efeito indireto desmagnetizante da reação de armadura. A corrente I_{acc} será dada por

$$I_{acc} = \frac{E_r}{R_a}. \qquad (7.51)$$

Daí, o pequeno valor I_{acc} que o gerador de excitação, em derivação, consegue manter em regime permanente (curva ③ da Fig. 7.31). Após a solução do exemplo 7.8, a forma total dessa curva ficará melhor esclarecida.

Exemplo 7.8. Um dínamo auto-excitado, em derivação de 400 V, 45 kW, tem as seguintes curvas, à velocidade nominal:

a) saturação em vazio (curva de magnetização)

$I_{exc}(A)$	0,0	0,2	0,4	0,6	0,8	1,0	1,2	1,4	1,5
$E(V)$	10	147	278	374	425	457	485	512	523

b) característica externa

$I_a(A)$	0,0	20	30	40	50	70	80	100
$V(V)$	450	440	433	426	416	393	379	346

Sabe-se que a resistência R_a, à temperatura de regime é 0,3Ω e a do enrolamento de excitação, em derivação R_{enr}, é 300 Ω. Vamos resolver as duas questões propostas a seguir.

a) Traçar a curva de reação da armadura: $\Delta E = f(I_a)$ para o dínamo funcionando inicialmente em vazio com 450 V.

b) Calcular um "reostato de excitação" para que, com I_a entre 0 e 100 A, possamos manter a tensão nos terminais em 450 V.

Solução

a) O circuito equivalente é o da Fig. 7.32. É um problema típico de solução gráfica, elaborado sobre as curvas dadas. A Fig. 7.33 apresenta o traçado das curvas apresentadas anteriormente sob forma de tabela.

O ponto de funcionamento em vazio é $V_0 = E_0 = 450$ V e $I_{exc} = 0,95$ A, sendo portanto necessária uma resistência total do circuito de excitação R_{exc} de $450/0,95 = 473 \Omega$ que será mantida durante todo o traçado da curva de reação da armadura.

Com $I_a = 100$ A, na curva C.E., temos $V_a = 346$ V.

Devido à queda de tensão nos terminais (de $V_0 = 450$ V para $V_a = 346$ V) a corrente de excitação caiu de $I_{exc_0} = 0,95$ A, para

$$I_{exc} = \frac{V_a}{R_{exc}} = \frac{346}{473} = 0,73 \text{ A},$$

o que faz a f.e.m. reduzir de $E_0 = 450$ V para $E'_0 = 413$ V (veja a Fig. 7.33, curva C.M.). A diferença $450 - 413 = 37$ V é o valor de $\Delta E(I_{exc})$.

Lembrando que

vem
$$V_a = E - R_a I_a = [E_0 - \Delta E(I_{exc}) - \Delta E(I_a)] - R_a I_a,$$

$$V_a = E'_0 - \Delta E(I_a) - R_a I_a.$$

Logo
$$\Delta E(I_a) = E'_0 - V_a - R_a I_a.$$

Como I_a nessa situação é: $I_c + I_{exc} = 100 + 0,73$, teremos

$$\Delta E(100,73) = 413 - 346 - 0,3(100,73) \cong 37 \text{ V}.$$

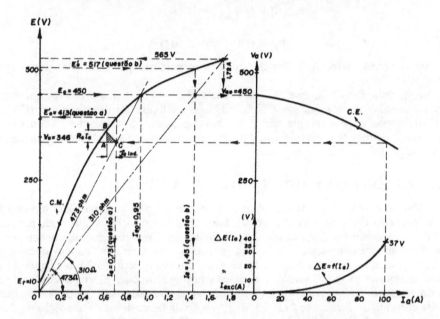

Figura 7.33 Curvas de magnetização e característica externa para solução do exemplo 7.8

Esse é o efeito desmagnetizante da reação da armadura para 100 A

Repetindo-se o processo para mais alguns pontos, por exemplo, 80 A, 60 A, etc. pode-se traçar a curva $\Delta E = f(I_a)$ que se vê na própria Fig. 7.33, onde se nota o seu esperado caráter acentuadamente não-linear.

b) Para $I_a = 0$, temos $V_a = V_0 = 450$ V e a corrente de excitação, em vazio, $I_{exc\,0} = 0,95$ A. A resistência total do circuito de excitação é

$$R_{exc} = \frac{450}{0,95} = 473 \,\Omega.$$

A resistência total do circuito de excitação principal é a soma

$$R_{exc} = R_{enr} + R_r.$$

Logo, a resistência do reostato de excitação R_r será, desprezando-se R_a, $R_r = 473 - 300 = 173 \,\Omega$.

Para $I_c = 100$ A, supondo que $\Delta E(I_a)$ dependa apenas de I_a, teremos

$$\Delta E(I_a) + R_a I_a = 37 + 0,3(100 + 0,73) \cong 67 \text{ V}.$$

Portanto

$$E'_0 = 450 + 67 = 517 \text{ V}.$$

Para produzir $E'_0 = 517$ V, na curva C.M, temos $I_{exc} = 1,45$ A. Essa corrente deve ser mantida pela $V_a = 450$ V. Logo, a resistência total do circuito de excitação deverá ser

$$R_{exc} = \frac{450}{1,45} = 310 \, \Omega;$$

donde

$$R_r = 310 - 300 = 10 \, \Omega.$$

Assim sendo, o reostato tem de ser uma resistência ajustável, pelo menos entre 173 e 10 Ω.

Vê-se, pela Fig. 7.33, que essa resistência $R_{exc} = 310 \, \Omega$ iria produzir, em vazio, uma $E_0 = 565$ V e uma $I_{exc\,0} = 1,72$ A; ainda nessa figura foi desenhado o triângulo ABC (triângulo de Potier) que tem o mesmo significado do Exemplo 7.4, ou seja, o cateto vertical mede $R_a I_a$ e o horizontal mede o efeito desmagnetizante indireto da reação do induzido ($\mathscr{F}_{a\,ind}$).

7.22.3 GERADOR COM AUTO-EXCITAÇÃO COMPOSTA

Além do enrolamento de excitação principal, esses geradores possuem um enrolamento excitado em série, com N_s espiras, também no eixo direto, e que pode produzir f.m.m. concordante ou discordante do principal. Logo, essa f.m.m. pode produzir um acréscimo ou um decréscimo de fluxo e, portanto, um acréscimo ou um decréscimo de f.e.m. induzida na armadura. A tensão nos terminais será, então, a resultante de todos os efeitos: a) f.e.m. devido à excitação principal inicial, E_0; b) queda de f.e.m. devido ao efeito desmagnetizante indireto, $\Delta E(I_a)$; c) alteração da f.e.m. devido à alteração da corrente de excitação, $\Delta E(I_{exc})$; d) alteração da f.e.m. devido à alteração do fluxo pelo enrolamento série, $\Delta E(N_s I_a)$; e) queda de tensão na resistência de armadura, $R_a I_a$. Assim,

$$V_a = E_0 - \Delta E(I_a) - R_a I_a \pm \Delta E(I_{exc}) \pm \Delta E(N_s I_a). \quad (7.52)$$

Os sinais + e −, precedendo o termo $\Delta E(I_{exc})$, são explicados pelo seguinte fato: se a tensão V_a com carga for maior que E_0, teremos um acréscimo de I_{exc} em relação ao valor da corrente de excitação em vazio e, conseqüentemente, um acréscimo de f.e.m. em relação a E_0. Se V_a resultar menor que E_0, teremos um decréscimo de I_{exc} e de f.e.m.

O gerador auto-excitado composto, com um grau de composição tal que resulte, com corrente de armadura nominal, uma tensão $V_{a\,nom}$ igual E_0, é denominado *composto normal*. É claro que, nesse caso, teremos um enrolamento série concordante com o principal, isto é, um composto aditivo, e, sendo $V_{a\,nom} = E_0$, não haverá alteração de I_{exc} de vazio para carga, logo,

$$\Delta E(I_{exc}) = 0.$$

Conseqüentemente, em (7.52), teremos

$$\Delta E(I_a) + R_a I_a = \Delta E(N_s I_a). \quad (7.53)$$

Ou seja, o enrolamento série do gerador composto normal é projetado de modo a ser suficiente para anular o efeito desmagnetizante indireto e a queda na resistência de armadura. A característica externa para esse gerador é a curva ④ da Fig. 7.31. Se não fosse o efeito não-linear $\Delta E(I_a)$, menos acentuado para baixas correntes e mais acentuados para altas correntes, a curva seria perfeitamente retilínea e, em todos os pontos, teríamos $E_0 = V_{a\,nom}$.

Motores e geradores de tensão contínua

Os compostos aditivos insuficientes para produzir $V_a = E_0$ são denominados hipocompostos, e os que produzem $V_a > E_0$ são os hipercompostos. Os compostos subtrativos são os que produzem V_a bem menor que E_0 (com uma diferença mais acentuada que no gerador auto excitado em derivação). São pouco utilizados, a não ser em casos muito especiais onde se exige uma característica de queda muito acentuada e baixa corrente de curto-circuito, como, por exemplo, alguns geradores C.C. para soldas elétricas a arco.

Procure resolver o exercício 12, sobre o tema inversão de polaridade e de sentido de rotação nos dínamos auto-excitados compostos.

7.22.4 GERADOR AUTO-EXCITADO EM SÉRIE

Essa modalidade de auto-excitação é muito pouco utilizada em geradores. Com o que já conhecemos sobre as características externas e curvas de magnetização de geradores C.C. podemos concluir a característica externa dos geradores excitados em série, por isso deixamos como exercício para o leitor (veja enunciado no final do capítulo, como exercício 13). O problema do início da auto-excitação em série (auto-escorvamento) é análogo ao caso da auto-excitação em derivação que será focalizado na Seç. 7.23.

7.23 OPERAÇÃO DINÂMICA – ALGUNS FENÔMENOS TRANSITÓRIOS NAS MÁQUINAS C.C.

Vamos examinar alguns casos de operação dinâmica das máquinas de C.C. que servirão como elementos básicos para os estudos de associações de máquinas, ou de máquinas e outros elementos, utilizados em sistemas de comando e controle nos acionamentos eletromecânicos. Os problemas envolvendo controle com malha fechada e os casos não-lineares podem ser vistos nas obras especializadas (17). Devido ao grande emprego dos motores C.C. em acionamentos controlados, o conhecimento do comportamento transitório dessas máquinas é, do ponto de vista industrial, o mais importante dentre as três categorias principais de máquinas elétricas.

Até agora, no regime permanente, embora o circuito da armadura possua uma indutância L_a, ela não necessitou ser considerada. Isso se prende ao fato de a máquina de C.C., vista dos terminais da armadura, apresentar, em regime permanente, uma corrente contínua constante. Internamente ao induzido, há uma renovação contínua de elementos (bobinas) que, durante a comutação, passam de uma a outra derivação, de tal modo que, para a maioria dos efeitos práticos, as derivações se apresentam com uma quantidade constante de condutores sempre na mesma posição no espaço, isto é, sempre com seu eixo de simetria alinhado com o eixo quadratura e, portanto, com L_a constante. Os enrolamentos que porventura existam em série com o induzido, por exemplo, interpolos, também são de natureza indutiva, de modo que trataremos L_a como a indutância da associação série desses enrolamentos. Quando há variações de intensidade da corrente de armadura, o termo $L_a \, di_a(t)/dt$ existe, e dependendo da taxa de variação de i_a no tempo, o seu valor necessita ser considerado.

Não somente a indutância L_{exc}, mas, em geral, também a constante de tempo do circuito de excitação principal, das máquinas excitadas independentemente e em derivação, são muito maiores que a indutância L_a e a constante de tempo elétrica τ_a do circuito de armadura. Essas constantes de tempo são:

$$\tau_{exc} = \frac{L_{exc}}{R_{exc}}, \tag{7.54}$$

$$\tau_a = \frac{L_a}{R_a}. \tag{7.55}$$

A constante de tempo mecânica (veja o Cap. 3) da máquina de C.C. é, de um modo geral, em particular nas grandes máquinas, bem maior que a constante de tempo τ_a.

$$\tau_m = \frac{J}{D}, \tag{7.56}$$

onde J é o momento de inércia dinâmico próprio do rotor da máquina, acrescido do momento de inércia da carga devidamente corrigido quando houver uma transmissão mecânica entre motor e carga, com relação de velocidade diferente da unidade. D representa a parte ativa da carga, do tipo viscoso.

7.23.1 VARIAÇÃO DE TENSÃO DE EXCITAÇÃO DE UM DÍNAMO

Tomemos um gerador inicialmente girando em vazio, a velocidade constante, suposto com estrutura magnética linear, ou seja, com fluxo proporcional à corrente de excitação e com indutância L_{exc} constante e independente da corrente. Vamos analisar a variação da tensão de armadura V_a para uma variação degrau da tensão de excitação.

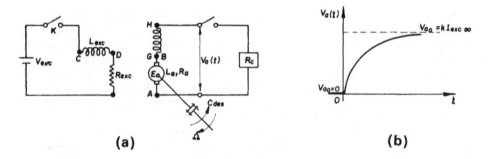

Figura 7.34 Excitação degrau de um gerador C.C. do tipo independentemente excitado. (a) Circuito (b) Andamento no tempo da tensão de armadura

A equação diferencial das tensões para o circuito de excitação será

$$v_{exc}(t) = R_{exc}\, i_{exc}(t) + L_{exc}\, \frac{di_{exc}(t)}{dt}. \tag{7.57}$$

A transformada segundo Laplace, para condições iniciais nulas [chave K da Fig. 7.34(a) inicialmente aberta e ligada para $t = 0$], será

$$V_{exc}(s) = R_{exc}\, I_{exc}(s) + sL_{exc}\, I_{exc}(s). \tag{7.58}$$

Cuja função de transferência é

$$\frac{I_{exc}(s)}{V_{exc}(s)} = \frac{1}{R_{exc} + sL_{exc}} = \frac{1}{R_{exc}(1 + s\tau_{exc})}. \tag{7.59}$$

Por outro lado, em vazio, a f.e.m. deve ser igual a V_a,

$$v_a(t) = e_a(t). \qquad (7.59a)$$

Para velocidade constante, a f.e.m. dependerá apenas do fluxo por pólo. Logo,

$$v_a(t) = e_a(t) = K\phi(t) = K_i i_{exc}(t). \qquad (7.60)$$

Transformando, vem

$$V_a(s) = K_i I_{exc}(s). \qquad (7.61)$$

As expressões (7.58) e (7.59a) são as equações elétricas que intervêm neste problema. A expressão (7.60) é a equação eletromecânica (veja o Cap. 3). Como a velocidade é mantida constante, não houve necessidade de considerar nenhuma equação mecânica na solução.

A função de transferência final obtém-se das expressões (7.59) e (7.61):

$$\frac{V_a(s)}{V_{exc}(s)} = \frac{K_i}{(R_{exc} + sL_{exc})} = \frac{K_i}{R_{exc}(1 + s\tau_{exc})}. \qquad (7.62)$$

Para um degrau de amplitude V_{exc}, temos a transformada $V_{exc}(s) = V_{exc}/s$ (tabela do Apêndice 2) e, conseqüentemente,

$$V_a(s) = \frac{K_i V_{exc}}{R_{exc}} \cdot \frac{1}{s(1 + s\tau_{exc})}. \qquad (7.63)$$

A resposta, no tempo da tensão de armadura, será, portanto, uma exponencial cujo valor final, em regime permanente, será

$$V_{a\,f} = K_i \frac{V_{exc}}{R_{exc}} = K_i I_{exc\,\circ}. \qquad (7.64)$$

Para isso basta fazer o limite da expressão (7.63), multiplicada por s, para $s \to 0$ (veja o Teorema do Valor Final no Apêndice 2).

A Fig. 7.34(b) representa o andamento de $v_a(t)$, uma exponencial crescente, cuja equação pode ser obtida antitransformando-se a expressão (7.63), ou seja,

$$v_a(t) = V_{a\,f}(1 - e^{-t/\tau_{exc}}). \qquad (7.65)$$

O resultado é inteiramente análogo ao da corrente em um circuito RL, excitado com tensão degrau, ou ao da velocidade angular em um sistema mecânico JD, excitado por um conjugado degrau (veja o exemplo 3.1).

A resposta em freqüência também será análoga à da corrente no circuito RL. Basta para isso substituir s por $j\omega$ na (7.62):

$$\frac{\dot{V}_a}{\dot{V}_{exc}} = \frac{K_i}{R_{exc}} \cdot \frac{1}{1 + j\omega\tau_{exc}}. \qquad (7.65a)$$

Com freqüência bem abaixo de $\omega = 1/\tau_{exc}$, a resposta em freqüência e, portanto, o ganho em tensão, V_a/V_{exc}, será aproximadamente constante e igual a K_i/R_{exc}, e a defasagem aproximadamente nula.

O caso analisado é o do dínamo em vazio, ou suposto sem resistência R_a. Para um dínamo com carga resistiva e com pequena queda interna de tensão, a resposta em carga, é praticamente a mesma de vazio. Por outro lado, com estrutura magnética considerada linear, o efeito $\Delta\phi$ não existirá e se considerarmos L_a muito pequena, o andamento da corrente de armadura terá a mesma forma de $v_a(t)$, ou seja, será ditado pelos parâmetros do circuito de excitação. É interessante notar que se às variações de corrente de excitação correspondem variações análogas e ampliadas na corrente de armadura, isso sugere a utilização do dínamo como um amplificador de potência (ele será melhor examinado, posteriormente).

7.23.2 AUTO-ESCORVAMENTO DOS DÍNAMOS AUTO-EXCITADOS – RESISTÊNCIA CRÍTICA – IMPORTÂNCIA DO FENÔMENO DE SATURAÇÃO

Entendemos por *auto-escorvamento* o início e desenvolvimento do processo transitório de auto-excitação de um dínamo auto-excitado. Suponhamos um dínamo recém--construído cujas partes da estrutura não tenham sido submetidas a nenhuma magnetização e não possuam nenhuma indução remanente. Se o seu eixo for acionado, não aparecerá tensão nos terminais e, conseqüentemente, não haverá corrente de excitação no enrolamento de excitação principal, quer seja o dínamo do tipo série ou do tipo derivação. Teremos então de *escorvar* a máquina por meio de uma fonte C.C. auxiliar (por exemplo, uma bateria). Por meio dessa fonte faz-se uma rápida injeção de corrente no enrolamento de excitação, que resulte em uma tensão nos terminais de armadura, suficiente para provocar uma corrente de excitação e continuar o processo por auto--excitação. Porém, se o gerador já possuísse um pequeno fluxo remanente, ao ser acionado ele apresentaria uma f.e.m. remanente E_r, suficiente para o auto-escorvamento. Vejamos, através da curva de magnetização da Fig. 7.35(a), o desenvolvimento do processo.

Tomemos um dínamo suposto com R_a desprezível, e que possua uma pequena f.e.m. remanente. Com a chave K [esquema elétrico da Fig. 7.35(a)] ainda aberta, ajustemos, no circuito de excitação, um reostato que resulte em uma resistência total de excitação, R_{exc}, igual àquela que provocará uma tensão em vazio $V_a = E_0$ e uma corrente de auto-excitação $I_{exc\,0}$ [ponto E_0 da Fig. 7.35(a)]. Se o circuito de excitação fosse desprovido de indutância, ao se fechar a chave K se estabeleceria imediatamente uma corrente $I_{exc\,1}$ na resistência R_{exc}. Essa corrente de excitação provocaria a f.e.m. E_1, que produziria $I_{exc\,2}$, que resultaria em E_2, e assim, sucessivamente, até que se atingisse o ponto de $V_a = E_0$, que é um ponto estável de funcionamento em vazio.

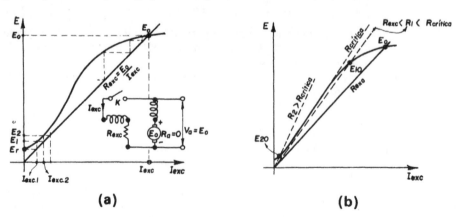

(a)   (b)

Figura 7.35 (a) Demonstração gráfica do auto-escorvamento com f.e.m. remanente, (b) localização gráfica da resistência crítica

Esse auto-escorvamento por degraus de corrente de excitação não ocorre na realidade, pois ao se aplicar $V_a = E_r$ no circuito de excitação, a corrente começaria a crescer mais ou menos lentamente, dependendo da relação entre L_{exc} e R_{exc} (estamos desprezando R_a e L_a) e concomitantemente começaria a aumentar o fluxo e a f.e.m. dentro da correspondência da curva de magnetização. Portanto, o processo, além de consumir um certo tempo, não é descontínuo.

Se a partir do ponto E_0 [Fig. 7.35(b)], fizermos um acréscimo relativamente grande de resistência no circuito de excitação (resistência R_1) podemos fazer o dínamo funcionar em vazio no ponto E_{10}, que corresponde a uma f.e.m. não muito menor que E_0. Se a partir de E_{10} fizermos um acréscimo relativamente pequeno de resistência (resistência R_2) o novo ponto em vazio será E_{20}, que corresponde a uma f.e.m. muito menor que E_{10}. Costuma-se dizer que o primeiro valor de resistência é menor que o crítico, e o segundo, maior que o crítico. Nos dínamos ideais, sem fluxo remanente e com o primeiro trecho da curva de magnetização rigorosamente retilíneo, existiria nesse intervalo de resistências $R_2 - R_1$, um valor cuja reta coincidiria com a curva de magnetização [Fig. 7.35(b)]. Não seria definido o ponto em vazio e o funcionamento seria instável (no parágrafo destinado a laboratório voltaremos a este assunto). Esse valor seria a *resistência crítica* do dínamo ideal. Nos dínamos reais, não existe uma resistência crítica bem definida como se pode notar na Fig. 7.35(b), mas apenas uma estreita faixa de valores, onde pequenas variações de resistência produzem grandes variações de tensão de armadura.

A participação do fenômeno de saturação da curva de magnetização é importante no processo de estabilização do ponto de funcionamento em vazio dos dínamos auto-excitados. Se a curva de magnetização fosse retilínea, seria evidente que não teríamos pontos de cruzamento com as retas de resistência de circuito de excitação a não ser para $E = 0$.

7.23.3 VARIAÇÃO NA TENSÃO DE ARMADURA DE UM MOTOR C.C. — ACELERAÇÃO DO MOTOR DE EXCITAÇÃO INDEPENDENTE

São muito freqüentes os processos industriais de comando e controle de velocidade de motores C.C. por variação da tensão de armadura.

Tomemos um motor no qual se possa supor estrutura magnética linear. Vamos manter o fluxo constante mantendo-se a corrente de excitação, que será suprida por uma fonte independente, e nessas condições vamos examinar como reage a corrente e a velocidade angular mediante a aplicação de uma tensão degrau na armadura.

Poderíamos supor o caso em que o rotor se encontre girando com uma velocidade angular Ω_0, ditada por uma tensão de armadura V_{a0}, e que, a partir dessa situação, se dê um acréscimo de tensão nos terminais da armadura, para se conseguir uma velocidade $\Omega > \Omega_0$. Vamos, porém, analisar uma situação a partir do estado de repouso ($\Omega_0 = 0$ e $V_{a0} = 0$) para que coincida com o caso da partida de um motor.

A chave K do circuito da Fig. 7.36(a) é fechada no instante $t = 0$ e aplica à armadura uma tensão contínua de intensidade V_a. A equação das tensões, para o circuito de armadura, será

$$v_a(t) = e(t) + R_a i_a(t) + L_a \frac{di_a(t)}{dt}. \qquad (7.66)$$

Como a corrente de excitação é constante não há necessidade da equação para o circuito de excitação. A expressão (7.66) será, portanto, a equação elétrica que intervém na solução desse sistema eletromecânico.

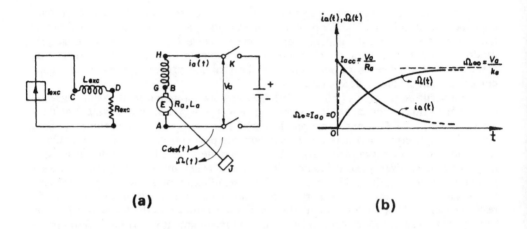

Figura 7.36 Aplicação de uma tensão degrau à armadura de um motor C.C. com corrente de excitação constante. (a) Circuito, (b) andamento da velocidade e da corrente de armadura no tempo

À medida que se inicia a circulação de corrente na armadura, manifesta-se o conjugado, que, de acordo com a (7.22), será

$$c_{des}(t) = k_e i_a(t). \tag{7.67}$$

Se o eixo e o acoplamento forem considerados rígidos e se a carga mecânica, incluindo perdas mecânicas, for do tipo viscoso, a equação diferencial do movimento, provocado pelo aparecimento do conjugado, será, de acordo com a expressão (3.7),

$$c_{des}(t) = J\frac{d\Omega(t)}{dt} + D\Omega(t). \tag{7.68}$$

Esta é a equação mecânica envolvida na solução do problema.

Com o aparecimento da velocidade, teremos a f.e.m. que se opõe a V_a. De acordo com a expressão (7.14), teremos

$$e_a(t) = k_e \Omega(t). \tag{7.69}$$

A expressão (7.67), juntamente com a (7.69) formam as duas equações eletromecânicas que intervêm no presente caso.

Na prática, são freqüentes os casos em que as partidas são feitas sem carga ativa, ou seja, apenas com suas inércias, e, depois de acelerado, aplica-se à carga ativa. Se, além disso, desprezarmos as perdas, todo o conjugado desenvolvido será aplicado no elemento reativo e a expressão (7.68) fica apenas

$$c_{des}(t) = \frac{Jd\Omega(t)}{dt}. \tag{7.70}$$

Se L_a for desprezado, o que também é razoável, a expressão (7.66) torna-se

$$v_a(t) = e_a(t) + R_a i_a(t). \tag{7.71}$$

Transformando (7.71), (7.70), (7.69) e (7.67), para condições iniciais nulas, teremos

$$V_a(s) = E_a(s) + R_a I_a(s), \tag{7.72}$$
$$C_{des}(s) = s J\Omega(s), \tag{7.73}$$
$$E_a(s) = k_e \Omega(s), \tag{7.74}$$
$$C_{des}(s) = k_e I_a(s). \tag{7.75}$$

Substituindo (7.74) em (7.72) e (7.75) em (7.73), teremos

$$V_a(s) = k_e \Omega(s) + R_a I_a(s), \tag{7.76}$$
$$I_a(s) = \frac{J}{k_e} s\Omega(s). \tag{7.77}$$

Substituindo (7.77) em (7.76), eliminando a corrente, teremos a função de transferência velocidade/tensão de armadura:

$$\frac{\Omega(s)}{V_a(s)} = \frac{1}{k_e + s R_a J / k_e} = \frac{1}{k_e(1 + s R_a J / k_e^2)}. \tag{7.78}$$

Vamos definir a constante de tempo eletromecânica da máquina C.C., onde entram grandezas elétricas e mecânicas:

$$\tau_{em} = \frac{R_a J}{k_e^2}. \tag{7.79}$$

Substituindo τ_{em} na expressão (7.78) e lembrando que $V_a(s) = V_a/s$ para uma tensão de excitação degrau de amplitude V_a, teremos

$$\Omega(s) = \frac{V_a}{k_e} \frac{1}{s(1 + s\tau_{em})}. \tag{7.80}$$

O resultado é formalmente análogo ao de 7.23.1. O valor final da velocidade de regime, para $t = \infty$, será

$$\Omega\infty = \frac{V_a}{k_e}. \tag{7.81}$$

Sabemos que a velocidade angular é a relação entre a f.e.m. e a constante k_e, mas, como supusemos a máquina sem perdas e sem carga ativa, é claro que a corrente final da aceleração seja nula, o que acarreta $R_a I_a = 0$ e, portanto, $V_a = E_0 = K_e \Omega\infty$. A solução para $\Omega(t)$ é conseguida antitransformando-se a expressão (7.80), que fornece

$$\Omega(t) = \Omega\infty(1 - e^{-t/\tau_{em}}), \tag{7.82}$$

cuja representação está na Fig. 7.36(b). Para os efeitos práticos pode-se dizer que o tempo para se atingir a velocidade de regime é da ordem de quatro a cinco constantes de tempo τ_{em}. A aceleração angular $\gamma(t)$ pode ser encontrada por derivação da velocidade angular.

A solução para a corrente pode ser conseguida eliminando-se $\Omega(s)$ nas expressões (7.77) e (7.76), e teremos a função de transferência corrente/tensão de armadura, ou seja,

$$\frac{I_a(s)}{V_a(s)} = \frac{1}{R_a + k_e^2/sJ} = \frac{1}{R_a(1 + k_e^2/sR_aJ)} = \frac{1}{R_a(1 + 1/s\tau_{em})}. \tag{7.83}$$

Substituindo $V_a(s)$, teremos

$$I_a(s) = \frac{V_a}{R_a} \frac{1}{s(1 + 1/s\tau_{em})}.$$

Rearranjando essa expressão segundo o par n? 7 da tabela de transformadas do Apêndice 2, teremos

$$I_a(s) = \frac{V_a}{R_a} \frac{\tau_{em}}{(1 + s\tau_{em})}. \tag{7.84}$$

O valor final da corrente de partida, $\lim_{s \to 0} s \cdot I_a(s)$, será nulo, fato aliás, já esperado pela justificativa apresentada anteriormente. O valor inicial da corrente de partida, $\lim_{s \to \infty} s \cdot I_a(s)$, será

$$I_{acc} = \frac{V_a}{R_a}. \tag{7.85}$$

Esse valor já foi apresentado e discutido em 7.19.1.

A corrente $i_a(t)$ será uma exponencial decrescente apresentada na Fig. 7.36(b) e obtida, por antitransformação, de (7.84), ou seja,

$$i_a(t) = \frac{V_a}{R_a} e^{-t/\tau_{em}} = I_{acc} e^{-t/\tau_{em}}. \tag{7.86}$$

O fato de a corrente I_{acc} estabelecer-se de imediato, após a aplicação de V_a, é conseqüência de termos desprezado L_a. Na realidade a corrente inicia com valor nulo em $t = 0$, mas, nos casos comuns, devido L_a ser pequeno, ela cresce rapidamente segundo a linha pontilhada da Fig. 7.36(b), em um intervalo de tempo tão pequeno, face à constante de tempo τ_{em}, que pode ser perfeitamente desprezado na solução deste problema.

Exemplo 7.9. Aplicando a tensão de excitação nominal, constante, a um motor C.C. e ligando-se o induzido a uma linha de tensão constante, vamos calcular a energia perdida por efeito Joule na armadura durante o processo de aceleração do motor que apresenta os seguintes valores nominais: 30 kW; 1800 rpm; 440 V. A resistência de armadura é de 0,2 Ω. O momento de inércia dinâmico do rotor é de 2 kgm². A carga mecânica apresenta um momento de inércia igual a 8 kgm² e é acoplada ao eixo do motor por meio de um redutor cuja redução é de 1:4 e cujo momento de inércia pode ser desprezado. A partida é feita com pequena carga mecânica ativa de modo que, juntamente com as perdas mecânicas do motor, podem ser desprezadas.

Solução. O processo de partida, de acordo com a (7.82), deve durar, para todos os efeitos práticos, quatro a cinco constantes de tempo, porém, com maior rigor, a duração deve ser infinita. Logo, a energia perdida por efeito Joule na armadura será

$$E_J = \int_0^\infty R_a i_a^2(t) dt, \tag{7.87}$$

onde $i_a(t)$ é dada pela (7.86) que, substituída em (7.87), fornece

$$E_J = \int_0^\infty \frac{V_a^2}{R_a} e^{-2t/\tau_{em}} dt = \frac{V_a^2}{R_a} \frac{\tau_{em}}{2}.$$

Motores e geradores de tensão contínua 439

Substituindo τ_{cm} dada pela (7.79)

$$E_J = V_a^2 \frac{J}{2k_c^2}.$$

Porém, conforme a expressão (7.81), V_a/k_c é a velocidade de regime sem carga ativa (motor em vazio), logo,

$$E_J = \frac{J\Omega_\infty^2}{2}. \qquad (7.89)$$

O resultado é, de certa forma, surpreendente, isto é, em uma partida feita apenas com carga reativa, a energia perdida por efeito Joule, no circuito da armadura, durante o processo, é igual à energia cinética armazenada, nas massas rotativas, no final da aceleração, ou seja,

$$E_J = E_{cin}. \qquad (7.90)$$

O processo comum de se dar a partida, com um reostato em série com a armadura, apenas altera a localização dessa perda, mas não muda o seu valor. Uma demonstração análoga pode ser feita também para as máquinas síncronas e assíncronas, e chega-se a resultado análogo. Para os valores numéricos do problema, teremos momento de inércia visto do eixo do motor:

$$J = J_{motor} + J_{carga}\left(\frac{n_{carga}}{n_{motor}}\right)^2,$$

$$J = 2 + 8 \times \left(\frac{1}{4}\right)^2 = 2{,}5 \text{ kgm}^2,$$

$$\Omega = 2\pi \frac{1\,800}{60} = 188{,}5 \text{ rad/s}$$

$$E_J = E_{cin} = \frac{2{,}5(60\pi)^2}{2} = 44\,413 \text{ J}.$$

Procure resolver o exercício 14.

7.23.4 ACELERAÇÃO DO MOTOR C.C. POR APLICAÇÃO DE TENSÃO DE EXCITAÇÃO EM DEGRAU

No parágrafo anterior conservávamos a corrente de excitação constante e aplicávamos uma tensão degrau na armadura. Se agora, no motor C.C. com o circuito de excitação inicialmente aberto, fizermos a alimentação da armadura com uma corrente I_a, aproximadamente constante, por uma fonte de corrente, como mostra a Fig. 7.37, teremos um conjugado desenvolvido nulo devido à inexistência de fluxo. Ao se fechar a chave K deverá se iniciar o aparecimento de um fluxo por pólo, o qual admitiremos proporcional à corrente de excitação e, conseqüentemente, um conjugado desenvolvido, que iniciará a aceleração.

Sendo

$$\phi(t) = K_\phi i_{exc}(t),$$

de acordo com a expressão (7.22), para I_a constante, teremos

$$c_{des}(t) = K_C \phi(t) = K_C K_\phi i_{exc}(t) = K i_{exc}(t), \qquad (7.91)$$

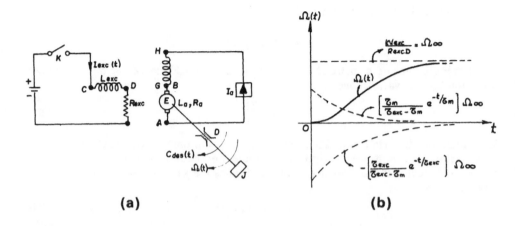

Figura 7.37 Aplicação de uma tensão degrau no circuito de excitação de um motor C.C. com corrente de armadura constante. (a) Circuito, (b) andamento da velocidade do tempo

que é a equação eletromecânica do caso em questão.

Para uma carga de natureza viscosa, teremos

$$Ki_{exc}(t) = J\frac{d\Omega(t)}{dt} + D\Omega(t). \tag{7.92}$$

Transformando, segundo Laplace, para condições iniciais nulas, teremos

$$I_{exc}(s) = \frac{1}{K}[sJ\Omega(s) + D\Omega(s)]. \tag{7.93}$$

A função de transferência velocidade angular/corrente de excitação, será

$$\frac{\Omega(s)}{I_{exc}(s)} = \frac{K}{D + sJ} = \frac{K}{D}\frac{1}{1 + s\tau_m}. \tag{7.94}$$

A equação elétrica de tensões, no circuito de armadura, não é necessária. A equação do circuito de excitação, já transformada, será

$$V_{exc}(s) = R_{exc}I_{exc}(s) + sL_{exc}I_{exc}(s). \tag{7.95}$$

A função de transferência corrente/tensão de excitação, será

$$\frac{I_{exc}(s)}{V_{exc}(s)} = \frac{1}{R_{exc} + sL_{exc}} = \frac{1}{R_{exc}(1 + s\tau_{exc})}. \tag{7.96}$$

A função de transferência velocidade/tensão de excitação, será o produto das funções de transferências parciais (7.94) e (7.96):

$$\frac{\Omega(s)}{V_{exc}(s)} = \frac{K}{R_{exc}D}\frac{1}{(1 + s\tau_m)(1 + s\tau_{exc})}. \tag{7.97}$$

Para tensão de excitação degrau, teremos

$$\Omega(s) = \frac{KV_{exc}}{R_{exc}D} \frac{1}{s(1 + s\tau_m)(1 + s\tau_{exc})}. \qquad (7.98)$$

O valor final da velocidade será

$$\Omega_\infty = \frac{KV_{exc}}{R_{exc}D} = \frac{KI_{exc}}{D} = \frac{C_{des\,\infty}}{D}. \qquad (7.99)$$

Era de se esperar que o valor de regime da velocidade fosse a relação entre o conjugado de regime e o coeficiente de atrito viscoso, pois, após terminada a aceleração, anula-se o conjugado reativo de inércia e todo o conjugado desenvolvido é igual ao conjugado resistente ativo.

A resposta no tempo será a soma de duas exponenciais e uma constante. Antitransformando a expressão (7.98), utilizando o par n.º 11 da tabela do Apêndice 2, obtemos

$$\Omega(t) = \Omega_\infty \left[\frac{\tau_m}{\tau_{exc} - \tau_m} e^{-t/\tau_m} - \frac{\tau_{exc}}{\tau_{exc} - \tau_m} e^{-t/\tau_m} + 1 \right]. \qquad (7.100)$$

O gráfico de $\Omega(t)$ está na Fig. 7.37(b). É interessante notar que, no caso de aplicação de V_a degrau, com I_{exc} constante, a aceleração inicial (taxa de variação de $\Omega(t)$ para $t = 0$) era diferente de zero, coisa que não ocorre para o degrau de V_{exc} com I_a constante. Procure resolver o exercício 15.

Podemos analisar também o deslocamento angular. Sendo o deslocamento a integral da velocidade, teremos, para o caso de $\theta_0 = 0$,

$$\theta(t) = \int \Omega(t)\, dt,$$
$$\theta(s) = \frac{1}{s}\Omega(s). \qquad (7.101)$$

A função de transferência, deslocamento angular/tensão de excitação, pode ser obtida substituindo-se a expressão (7.101) na (7.97). O deslocamento, para um degrau V_{exc}, será

$$\theta(s) = \frac{KV_{exc}}{R_{exc}D} \frac{1}{s^2(1 + s\tau_m)(1 + s\tau_{exc})}. \qquad (7.102)$$

A antitransformação pode ser feita expandindo-se em frações parciais (Apêndice 2), e com o auxílio da tabela, após alguma elaboração, chega-se a

$$\theta(t) = \frac{KV_{exc}}{R_{exc}D} \left[\frac{-\tau_m^2}{\tau_{exc} - \tau_m} e^{-t/\tau_m} + \frac{\tau_{exc}^2}{\tau_{exc} - \tau_m} e^{-t/\tau_{exc}} + t - (\tau_{exc} + \tau_m) \right]. \qquad (7.103)$$

Como se vê, para $t = 0$, temos $\theta_0 = 0$, e, para t crescente, o deslocamento cresce continuamente.

É interessante a solução do problema deste parágrafo para uma excitação impulsiva $V_{exc}(\delta)$. Se para a excitação degrau a velocidade tende para um valor de regime não-nulo e o deslocamento é continuamente crescente, para a excitação impulsiva de amplitude V_{exc}, teremos uma velocidade que inicialmente cresce e, em seguida, decresce, tendendo a zero, e um deslocamento limitado a um valor finito. Procure resolver o exercício 16.

7.23.5 GERADOR DE C.C. COMO AMPLIFICADOR ELETROMECÂNICO

Em 7.23.1, foi citada a utilização de um dínamo como amplificador de sinal aplicado no seu circuito de excitação. Os dínamos, em geral, apresentam grande constante de tempo τ_{exc} e sua resposta em freqüência é bastante atenuada para freqüências altas. Vimos, ainda, pela expressão (7.65a), que para $\omega \ll 1/\tau_{exc}$, e em particular para tensão V_{exc} contínua ($\omega = 0$), o ganho em tensão era uma constante e igual a K/R_{exc}, onde K seria a constante de proporcionalidade entre o fluxo e a corrente de excitação para o dínamo operando na faixa linear.

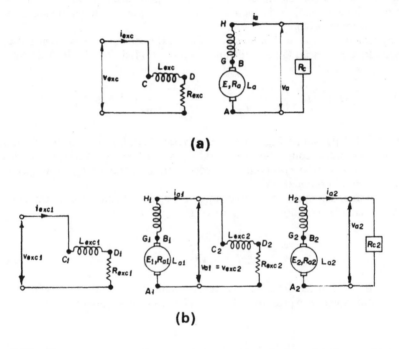

Figura 7.38 Dínamo como amplificador. (a) Uma unidade isolada. (b) Duas unidades ligadas em cascata

Tomemos o dínamo em carga, da Fig. 7.38(a). A equação transformada do circuito de excitação é

$$V_{exc}(s) = R_{exc} I_{exc}(s) + sL_{exc} I_{exc}(s). \tag{7.104}$$

Para o circuito da carga, considerada resistiva, temos

$$V_a(s) = R_c I_a(s). \tag{7.105}$$

Logo,

$$\frac{V_a(s)}{V_{exc}(s)} = \frac{R_c}{(R_{exc} + sL_{exc})} \cdot \frac{I_a(s)}{I_{exc}(s)} = \frac{R_c}{R_{exc}} \cdot \frac{1}{(1 + s\tau_{exc})} \cdot \frac{I_a(s)}{I_{exc}(s)} \tag{7.106}$$

Para o circuito magnético linear,

$$E(s) = K_i I_{exc}(s). \qquad (7.107)$$

Por outro lado, para o circuito da armadura, desprezando L_a, temos

$$E(s) = (R_a + R_c) I_a(s). \qquad (7.108)$$

Pelas expressões (7.107) e (7.108), concluímos:

$$\text{Ganho em corrente} = \frac{I_a(s)}{I_{exc}(s)} = \frac{K_i}{R_a + R_c}. \qquad (7.109)$$

Portanto, dentro daquelas hipóteses simplificadoras, o ganho do dínamo, em corrente, é uma constante igual a $K_i/(R_a + R_c)$. Substituindo a expressão (7.109) em (7.106), vem

$$\text{Ganho em tensão} = \frac{V_a(s)}{V_{exc}(s)} = \frac{R_c K_i}{(R_a + R_c) R_{exc}} \frac{1}{1 + s\tau_{exc}}. \qquad (7.110)$$

De acordo com o exposto em 7.23.1, o ganho em tensão do dínamo, em carga para freqüências $\omega \ll 1/\tau_{exc}$, será o ganho de tensão em vazio multiplicado por $R_c/R_a + R_c$.

$$g = \frac{V_a}{V_{exc}} = \frac{R_c K_i}{(R_a + R_c) R_{exc}} \qquad (7.111)$$

Para se aumentar o ganho dos dínamos, usa-se a ligação em cascata como a da Fig. 7.38(b). O inconveniente é que a velocidade de resposta é ainda pior. Para esse caso, o ganho será o produto dos ganhos parciais, ou seja,

$$\frac{V_{a2}(s)}{V_{a1}(s)} = g_2 \frac{1}{1 + s\tau_{exc2}},$$

$$\frac{V_{a1}(s)}{V_{exc1}(s)} = g_1 \frac{1}{1 + s\tau_{exc1}}.$$

Donde

$$\frac{V_{a2}(s)}{V_{exc1}(s)} = g_2 g_1 \frac{1}{(1 + s\tau_{exc2})} \frac{1}{(1 + s\tau_{exc1})}. \qquad (7.112)$$

E, conseqüentemente, o ganho global em tensão, para ω pequena, será

$$g = g_1 g_2. \qquad (7.113)$$

O ganho em potência, ou seja, a relação entre potência de saída na armadura e de entrada na excitação, nos dínamos normais, não vai além de 30 a 50. Com a ligação em cascata o ganho torna-se bastante elevado, mas a velocidade de resposta fica bastante prejudicada. Foram desenvolvidos dispositivos especiais, como os dínamos amplificadores com realimentação, também chamados *do tipo sintonizado*, e os dínamos amplificadores de dois estágios também denominados *de campos cruzados*, por utilizarem escovas no eixo quadratura.

Esses dínamos especiais apresentam ganho relativamente elevado (de 1 000 ou mais) sem prejudicar a velocidade de resposta, isto é, apresentando uma constante de tempo próxima daquela de um único dínamo.

7.24 MÁQUINA DE C.C. SEGUNDO A TEORIA DOS DOIS EIXOS

A máquina C.C. é sem dúvida a mais intuitiva para ser estudada segundo a teoria de dois eixos (direto e quadratura), visto possuir distribuições de f.m.m. e de B estacionárias, tanto as produzidas pelo indutor como as produzidas pelo induzido. Embora o assunto seja típico das disciplinas de máquinas elétricas, na Seç. 5.17, fomos levados a fazer uma introdução ao estudo da máquina síncrona segundo os eixos direto e quadratura para podermos focalizar o problema das máquinas síncronas de pólos salientes. Aqui, porém, como focalizamos apenas as máquinas C.C. simples, isto é, com escovas na posição normal, podemos prescindir do estudo da máquina C.C. segundo os dois eixos. Porém, para a análise das máquinas C.C. com escovas fora da posição normal e para o desenvolvimento da teoria generalizada das máquinas elétricas rotativas, o equacionamento segundo os dois eixos é uma necessidade. Aos interessados sugerimos as referências (34). Em 7.26.3 voltaremos a esse caso.

7.25 MOTOR DE COMUTADOR SOB TENSÃO ALTERNATIVA – MOTORES UNIVERSAIS

Os motores com comutador, que funcionam com C.A., constituem uma categoria de máquinas elétricas especiais cujo estudo é bastante extenso. Podem ser monofásicos e polifásicos (27). Vamos apenas focalizar sucintamente o monofásico pelo fato de sua construção ser análoga à do motor de C.C. São denominados na teoria de máquinas elétricas de *motores universais*, pois, embora com comportamentos diferentes em C.A. e C.C., podem funcionar com os dois tipos de tensão.

Os motores universais são quase sempre auto-excitados em série e construídos para potência fracionária (mais comumente até 0,5 kW) e altas freqüências de rotação. São comuns freqüências de rotação de 8 000 rpm, ou mais, em plena carga, e, sendo excitados em série, as velocidades em vazio (disparo) são bem maiores. A quase totalidade dos aparelhos eletrodomésticos de pequena potência que exigem bom conjugado de partida (liquidificadores, batedeiras, polidoras) é equipada com motores universais. Industrialmente sua aplicação é bastante limitada, em geral, a pequenos acionamentos de comando.

A justificativa do funcionamento em C.A. é que o enrolamento de excitação principal, no eixo direto, é excitado com a mesma corrente de armadura. A corrente I_a é alternativa. Imaginemos o motor girando em carga, em um certo sentido, desenvolvendo um conjugado médio no mesmo sentido da velocidade, durante o tempo correspondente ao meio-ciclo positivo da corrente. Embora o conjugado desenvolvido durante esse meio-período não seja constante, ele apresenta um valor médio não-nulo, dado pela expressão (7.114). No caso de estrutura magnética linear, o conjugado será proporcional ao quadrado da corrente, como no motor C.C. série. Logo, se a corrente for senoidal, teremos para o valor médio:

$$C_{m\acute{e}dio} = \frac{1}{T} \int_0^T K I_{a\,max}^2 \operatorname{sen}^2 \omega t \, dt = \frac{K I_{a\,max}^2}{2} = K I_a^2. \quad (7.114)$$

Como se vê o resultado é formalmente análogo ao caso da força nos eletroímãs. No meio-ciclo negativo da corrente $i_a(t)$, há uma inversão no sentido de magnetização das peças polares, mas inverte-se também o sentido da corrente nos condutores da armadura e o sentido do conjugado não se altera, repetindo o valor médio dado pela (7.114). É claro que a tensão $v_a(t)$, sendo alternativa, é aplicada à impedância dos enrolamentos e não apenas à resistência, produzindo maiores quedas de tensão no enrolamento

Motores e geradores de tensão contínua **445**

de excitação série. Portanto, para valores iguais de V_a contínua e alternativa, não somente a velocidade será menor em C.A., mas, também, a corrente de rotor bloqueado e o conjugado de partida.

7.26 MÁQUINA DE C.C. COMO ELEMENTO DE COMANDO E CONTROLE

É certamente a máquina mais versátil para a utilização tanto em simples comando como em controle automático, seja como gerador ou como motor. Além do que já foi focalizado, podemos ainda lembrar o que segue.

7.26.1 GERADOR TACOMÉTRICO DE C.C.

É um tipo de tacômetro eletromecânico bastante utilizado nas técnicas de comando e controle. Veja o exposto em 3.8.2 e no exemplo 7.2.

7.26.2 MOTORES PILOTOS DE C.C.

Como motores piloto designaremos, de uma maneira geral, os motores (comumente de potência fracionária) utilizados nos estágios finais de um sistema de controle ou de um simples comando. É o elemento que aplica um conjugado para produzir um deslocamento ou uma velocidade angular a fim de alterar uma posição. Por exemplo, se a intenção é manter a tensão de saída de um potenciômetro em um determinado valor, independentemente da carga ou das variações da tensão de entrada, podemos acioná-los por meio de um servomotor (motor piloto). Esse pequeno motor pode ser comandado manualmente, por meio de um operador que lê a tensão de saída em um voltômetro, ou, automaticamente, por meio de um sistema de controle projetado para cumprir essa finalidade.

7.26.3 GERADORES AMPLIFICADORES ESPECIAIS

No final de 7.23.5, citamos os amplificadores rotativos do tipo sintonizado. Estes foram mais conhecidos pelas suas marcas patenteadas: "Regulex", quando do tipo de excitação principal em derivação, e "Rototrol", quando do tipo de excitação principal em série. Citaremos também os de campos cruzados que foram mais conhecidos pelos nomes de *metadínamos* e pela marca "Amplidyne".

Essas máquinas C.C. amplificadoras já foram muito utilizadas em controle de motores elétricos. Atualmente elas são quase que exclusivamente encontradas nas instalações mais antigas. Do ponto de vista tecnológico essas máquinas apresentam mais um sentido histórico do que um valor prático. Na nossa vida profissional, em grande parte dedicada à construção de máquinas elétricas especiais, raras vezes fomos levados à necessidade de projetar tais tipos de geradores, devido ao fato de terem sido progressivamente substituídos por equipamentos eletrônicos de menor custo e melhor desempenho. No entanto não deixam de apresentar um interesse didático, principalmente o segundo tipo, no que diz respeito à aplicação da teoria dos dois eixos.

O amplificador rotativo do tipo sintonizado é assim chamado por funcionar com a resistência do circuito de excitação principal ajustada ("sintonizada") no valor igual à resistência crítica (veja 7.23.2). Se o gerador possuir o primeiro trecho da curva de agnetização perfeitamente retilíneo, o ponto de funcionamento ficará à deriva sobre curva de magnetização e qualquer f.m.m., tão pequena quanto se queira, produzida or um pequeno enrolamento (chamado enrolamento piloto ou de controle) externa- ente excitado, pode deslocar o ponto de funcionamento para os extremos da curva de magnetização, produzindo uma tensão diferente de zero nos terminais da armadura. Isso significaria amplificação (ganho) infinita em relação ao enrolamento de controle, pois toda a f.m.m. seria fornecida pela tensão de armadura, ou seja, pela realimentação. Como o ganho infinito não é desejável, na prática ajusta-se a resistência de excitação principal em um valor ligeiramente maior que a crítica, para que seja necessário um certo valor de f.m.m., junto ao enrolamento de controle, a fim de conseguir o deslocamento da tensão de armadura. Com isso consegue-se um ganho finito e relativamente alto.

O tipo de campos cruzados recebe esse nome porque possui o pequeno enrolamento de controle no eixo direto, produzindo um fluxo no eixo direto ϕ_d e uma f.e.m. no par de escovas que estão dispostas na posição normal. Se esse par de escovas for curto-circuitado, embora a f.e.m. seja pequena, aparecerá uma grande corrente I_a que provocará uma grande f.m.m. de reação de armadura agindo segundo o eixo quadratura. Se a construção da máquina for tal que possibilite o fechamento do circuito magnético (com baixa relutância) no eixo quadratura, teremos um fluxo intenso segundo esse eixo (ϕ_q) e a conseqüente indução de intensa f.e.m. Se uma f.e.m. produzida por ϕ_d é coletada por um par de escovas no eixo direto, a f.e.m. produzida por ϕ_q, logicamente, poderá ser coletada por um par de escovas colocado em quadratura com o primeiro. Essa tensão que aparece nos terminais dessas escovas pode ser utilizada na carga e a potência disponível é bastante ampliada em relação à injetada no enrolamento de controle. Essa colocação de escovas no eixo quadratura traz sérios problemas de comutação, a não ser que sejam tomadas providências adicionais, que tornam difícil a construção desse tipo de máquina. O estágio de excitação no eixo direto é chamado de primeiro estágio da amplificação, e a conseqüente auto-excitação no eixo quadratura é o segundo estágio da amplificação. Aos interessados em mais pormenores sugeridos as referências (29) e (5).

7.27 SUGESTÕES E QUESTÕES PARA LABORATÓRIO

A máquina C.C. é talvez a que melhor se presta à criatividade, em um laboratório de máquinas elétricas. Se trabalharmos com máquinas comuns será necessária uma certa variedade de modelos, para realizar as várias experiências, principalmente quanto às modalidades de excitação. Porém, utilizando a máquina C.C. do módulo de laboratório descrito em 5.27.1, teremos todos os modos de excitação na mesma máquina, além de se poder proceder medidas de conjugado através de reação na carcaça, tanto funcionando como motor ou como gerador.

7.27.1 CURVA DE MAGNETIZAÇÃO DA MÁQUINA DE C.C. — OBSERVAÇÕES DA RESISTÊNCIA CRÍTICA

Não vamos nos estender neste particular, pois o levantamento da curva $E = f(I_{exc})$ é, em tudo, análogo ao da curva da máquina síncrona apresentada em 5.27.2. A escolha dos instrumentos de medida adequados, e coerentes com os valores das máquinas a medir, deve ser tarefa do realizador dos ensaios.

Seja a máquina C.C. um motor ou um gerador, ela será acionada como um gerador em vazio, excitado por fonte independente, preferivelmente na velocidade nominal. Anota-se $V_0 = E_0$ para cada I_{exc}. Se não for possível a velocidade nominal, pode-se fazer todo o levantamento em outra velocidade e corrigir os valores de $V_0 = E_0$, visto que, para cada I_{exc}, temos $E_0 = k_e \Omega$. É interessante levar as medidas até o ponto em que o fenômeno da saturação já esteja bem evidenciado.

Para observação da resistência crítica basta proceder exatamente como foi exposto no final de 7.23.2, isto é, com a máquina auto-excitada em derivação, funcionando como gerador em vazio, vai se alterando lentamente o reostato de excitação até se conseguir aquele valor onde a tensão de armadura torna-se, de certo modo, "indecisa", ou seja, com pequenas variações $\pm \Delta R_{exc}$, a tensão V_0 executa amplas variações, mas muito lentamente. Nessa situação pode-se medir o valor da resistência ôhmica externa (do reostato) e da interna (enrolamento de excitação em derivação) e a resistência crítica deve ser aproximadamente a soma desses valores.

Nota. O motor para o acionamento mais conveniente, nesse ensaio, é um motor síncrono, visto que, possuindo velocidade constante, dispensa a medida da freqüência de rotação em cada ponto da curva.

7.27.2 DETERMINAÇÃO PRÁTICA DOS EIXOS DIRETOS OU DAS POSIÇÕES NORMAIS DAS ESCOVAS

Já se sabe que nas máquinas normais e de construção convencional, as posições normais de funcionamento dos pares de escovas são alinhados com os eixos diretos, quer seja se 2, 4 ou mais pólos. Porém, praticamente, devido a pequenas assimetrias construtivas, nem sempre o eixo direto magnético coincide com o geométrico, ou seja, com a linha central das peças polares localizadas por exame visual. Além disso, não é fácil, por meio de medidas mecânicas, localizar essa linha.

Por esse motivo desenvolveram-se métodos de detectar os eixos diretos reais, magnéticos, que devem corresponder à posição das escovas. Desses métodos o mais simples, embora possa não ser o melhor, é o da f.e.m. induzida entre escovas com o rotor parado.

Os fundamentos do método são os seguintes: afirmamos no final do Cap. 4 e justificamos no início deste capítulo que as máquinas C.C. normais, com escovas na posição normal, comportam-se, tanto com o rotor girando quanto parado, como dois enrolamentos em quadratura no espaço, com mútua indutância nula entre eles, sendo o enrolamento do indutor alinhado segundo o eixo direto e o do induzido, segundo o eixo quadratura.

Vimos também que, embora com mútua indutância nula, havia f.e.m. não-nula induzida por movimento do enrolamento induzido, cuja resultante entre escovas era, em vazio,

$$E_0 = Zn\phi_0 \frac{p}{a}.$$

Concluímos, também em 7.23.1, que, se variarmos a corrente de excitação no tempo, teremos o fluxo por pólo variável e, conseqüentemente, a f.e.m. será variável no tempo. E, se a estrutura magnética for considerada linear, teremos

$$e_0(t) = Zn \frac{p}{a} \phi_0(t) = Ki_{exc}(t). \tag{7.115}$$

Contudo, se mantivermos o rotor parado, e variarmos a corrente de excitação, só será possível obter f.e.m. variacional entre as escovas:

$$e_r(t) = M \frac{di_{exc}(t)}{dt}. \tag{7.116}$$

Com as escovas na posição normal a mútua M é nula; logo, $e_r(t) = 0$. Com escovas fora do eixo direto $M \neq 0$ e $e_r(t) \neq 0$.

Praticamente a verificação pode ser executada mantendo-se um voltômetro ligado às escovas, e produzindo-se pulsos de pequena intensidade de corrente no enrolamento de excitação principal (por exemplo, por meio de uma bateria, uma resistência R_{exc} e uma chave, onde são dados rápidos toques). Se as escovas estiverem fora da posição normal, observam-se ligeiros deslocamentos no ponteiro do voltômetro. Os porta-escovas são então ajustados, até que não sejam observados mais deslocamentos.

7.27.3 INFLUÊNCIA DA POSIÇÃO DAS ESCOVAS EM FUNCIONAMENTO

Com a máquina C.C. funcionando em vazio, excitada independentemente e acionada como gerador, desloque a posição das escovas (a partir da posição normal) para a direita e para a esquerda. O que acontecerá? Acompanhe através de um voltômetro ligado aos terminais das escovas. A comutação continuará perfeita? Depois disso faça a máquina funcionar como motor C.C., mantenha a corrente de excitação no valor nominal e faça os mesmos deslocamentos de escovas. O que acontecerá? Acompanhe por meio de um tacômetro aplicado ao eixo do motor e justifique o ocorrido.

Nota. A maioria das máquinas C.C. industriais permite (através de um travamento por meio de parafuso) o deslocamento das escovas. Em particular, a máquina C.C. do módulo de laboratório, anteriormente descrito, é construída prevendo essa possibilidade.

7.27.4 OBSERVAÇÃO DAS FORMAS DE DISTRIBUIÇÃO DE B NO ESPAÇO

No parágrafo 3.10.1 foi apresentada a maneira de se observar a distribuição de densidade de fluxo no entreferro de um gerador C.C. em vazio, através da bobina exploratriz localizada na armadura. O dínamo do módulo de laboratório, descrito anteriormente, possui essa bobina acessível por meio de dois anéis e escovas. Além dessa distribuição podemos também observar a de $B_a(\theta)$, isto é, a densidade de fluxo provocada pelo enrolamento pseudo-estacionário da armadura que é também uma distribuição estacionária no espaço. Basta para isso acionar o gerador C.C. com corrente de excitação principal nula e injetar uma corrente I_a na armadura por meio de uma fonte de baixa tensão. Pode-se fazer observação com os interpolos em série ou suprimindo-se os interpolos, curto-circuitando seus terminais. Nesse caso, deve-se tomar o devido cuidado, principalmente com o valor da corrente I_a, para não se produzir faiscamento excessivo no comutador. A observação é análoga à anterior, por meio da bobina exploratriz, e se tudo for normal, deve-se obter um aspecto próximo do da Fig. 7.9. Pode-se também observar B_{res} em carga e o aspecto deve lembrar o da Fig. 7.11.

7.27.5 CURVAS CARACTERÍSTICAS EXTERNAS DOS MOTORES C.C.

Se a curva a ser traçada for $n = f(I_a)$, o ensaio será simples. Bastará acoplar a máquina C.C. a ser ensaiada, como motor, a uma outra máquina C.C. que deverá funcionar como gerador ao qual se aplicará uma resistência de carga nos terminais de sua armadura. O gerador que servirá de carga mecânica ao motor C.C. pode também ser o alternador do módulo, alimentando uma resistência de carga trifásica. Em ambos os casos a variação da carga no motor pode ser obtida através da corrente de excitação da própria resistência de carga do gerador. Para cada ajuste de carga anota-se a freqüência de rotação e a corrente, conservando-se V_a. Recomenda-se o máximo cuidado nas conexões do circuito de excitação do motor C.C. e não deixar de adicionar um relé de máxima corrente em série com a armadura, pois uma falha no circuito de excitação faria a corrente I_a chegar a valores perigosos com tendência a disparo do rotor, com conseqüências desastrosas.

Se se desejar as curvas $n = f(C)$ então o gerador que serve como carga mecânica deve ter a carcaça oscilante e dinamômetro para permitir a medida do conjugado oferecido no eixo do motor, que será o conjugado útil (veja em 5.27.1).

O motor C.C., permitindo ligações tanto como independentemente, excitado, em derivação, ou composta, podem ser levantadas as curvas da Fig. 7.26. Não recomendamos o levantamento da curva característica do motor com excitação série, durante a aula, devido a maior possibilidade de ocorrência de disparo se houver falhas na carga mecânica.

7.27.6 VARIAÇÃO DE VELOCIDADE DO MOTOR C.C. POR VARIAÇÃO DE V_a e I_{exc}

Para maior simplicidade pode-se deixar o motor C.C. em vazio (desacoplado da carga).

a) Mantendo-se I_{exc} constante e variando-se V_a por meio de uma fonte de C.C. de tensão ajustável qual será o aspecto de $n = f(V_a)$? O motor do módulo descrito permite com segurança variação de V_a desde 0 até 1,5 vezes a nominal.

b) Mantendo-se V_a constante e variando-se I_{exc}, qual seria o aspecto da curva $n = f(I_{exc})$, se a estrutura magnética fosse ideal (linear)? E como será para a estrutura magnética real?

Pode-se chegar seguramente a valores de I_{exc} até 1,5 ou duas vezes maior que o valor da corrente que produz velocidade nominal desde que por pouco tempo. Porém, para o motor em questão, convém limitar os valores inferiores a, no mínimo, 50^0/$_0$ daquele valor nominal. Por que essa limitação? É somente por questão de velocidade máxima atingida, ou também devido a outros problemas?

7.27.7 CURVA CARACTERÍSTICA EXTERNA DE GERADORES C.C.

A partir do exposto em 7.22.1, 7.22.2, 7.22.3 e 7.22.4, planeje a experiência com esquemas elétricos, instrumentos adequados, material necessário, e faça o levantamento das curvas da Fig. 7.31 e comprove praticamente a previsão da curva do exercício 13.

7.27.8 INVERSÃO DE VELOCIDADE E DE POLARIDADE

Realize praticamente as soluções dos exercícios 11 e 12 da Seç. 7.28.

7.28 EXERCÍCIOS

1. Mostre, através do seguimento do enrolamento da Fig. 7.4, que, com as escovas no E.Q., teremos a) a f.m.m. $\mathscr{F}_a$ estará no E.D.; b) a f.e.m. de movimento resultante nos terminais será nula; c) o conjugado desenvolvido será nulo.
2. O aparecimento de I_a deformou e deslocou a distribuição $B(\theta)$ fazendo com que a linha neutra não coincidisse mais com a E.Q. Se a máquina não possuísse interpolos que fizesse B anular-se novamente no E.Q. qual seria uma maneira para fazer com que a comutação voltasse a ocorrer numa região de B quase nulo? Justifique.
3. Uma máquina C.C. com interpolos suficientes para produzir nos condutores comutados, uma f.e.m. mocional igual e contrária à f.e.m. de auto-indução (devida à inversão da corrente) mas que não está apresentando boa comutação (faiscamento),

pode ser melhorada com um pequeno deslocamento das escovas? Por quê? Em que sentido deve ser o deslocamento?

4. Um enrolamento de induzido tetrapolar, ondulado simples, apresenta vinte e cinco ranhuras, cinqüenta bobinas, duas bobinas para cada ranhura, passo da bobina: 1 a 7, passo de comutador ligeiramente menor que o duplo passo polar. Quantas lâminas pode ter o comutador? Procure desenhar o esquema planificado desse enrolamento.

5. Um motor de C.C. excitado em derivação (*shunt*) possui resistência de armadura $R_a = 0,12\,\Omega$. A resistência do circuito de excitação é $R_{exc} = 100\,\Omega$. Quando em carga, alimentado sob 110 V absorve 60 A e gira a 1 800 rpm. Se a tensão aplicada for reduzida para 100 V e o conjugado resistente oferecido ao seu eixo for mantido constante, qual será sua nova freqüência de rotação? Suponha magnetização linear.

6. É dada a tabela de magnetização de um dínamo de 3 kW, 110 V, 1 500 rpm, levantada para $N = 1\,500$ rpm:

$E(V)$	26	45	61	75	89	100	109	112	115
$I_{exc}(A)$	5	10	14	18	22	26	30	32	34

A resistência de armadura é $R_a = 0,25\,\Omega$ e do enrolamento de excitação: $R_{enr} = 0,25\,\Omega$. Como o enrolamento de excitação principal é de alta corrente e baixa resistência, ele pode ser ligado em série com a armadura. Assim sendo, trace a característica $N = f(I_a)$ da máquina funcionando como motor série alimentado por fonte C.C. de 110 V. Desprezar os efeitos da reação de armadura.

7. Um motor série aciona a bomba hidráulica análoga à do exemplo 7.6, cuja equação é $C = 0,060\,n^2$. O motor série apresenta os seguintes valores nominais: 10 kW, 3 000 rpm, 220 V. O conjugado no eixo bloqueado é de $130\,N \times m$. Calcule a velocidade imposta à bomba bem como a potência fornecida no eixo (4).

A solução é mais ou menos trabalhosa levando a uma equação biquadrada com quatro soluções, porém os resultados são interessantes.

8. Demonstre que um motor de excitação independente, mantida a I_{exc} constante, e aplicando-se uma tensão de armadura ajustável, é indicado para acionar um tambor enrolador de cabo de aço com raio constante para levantamento de carga. A carga tem sempre o mesmo peso, mas a velocidade pode ser ajustada. Suponha rendimento igual a 100%. Mostre que I_a se mantém constante e a potência varia proporcionalmente, tanto no lado mecânico como no elétrico.

9. Como no caso anterior, demonstre agora que se a carga mecânica do motor for um carretel enrolador de chapa (bobinadeira), cujo diâmetro vai aumentando com o tempo, mas cuja velocidade tangencial e força tangencial aplicadas à chapa devem ser mantidas constantes, o método de variação indicado é aquele por variação da corrente de excitação, mantendo-se V_a e I_a.

10. Discuta o comportamento, no que tange à velocidade, ao conjugado, à potência mecânica na carga e à potência elétrica absorvida, de um motor excitado em série e outro com excitação em derivação. Suponha que ambos acionem um veículo nos três casos seguintes: a) em nível, b) rampa suave, c) rampa acentuada. Admita que os dois motores sejam dimensionados para dar potência nominal no caso b). Desprezar resistência de armadura e outras perdas.

11. Mostrar como se pode inverter o sentido de rotação de um motor série; de um motor composto; e de um motor de excitação independente. Discutir o problema

Motores e geradores de tensão contínua **451**

de diminuição de corrente de excitação e sua interrupção no motor de excitação independente.
12. Um dínamo de excitação composta está com as ligações adequadas para funcionamento aditivo. A máquina é parada e as ligações do enrolamento em derivação são invertidas, bem como o sentido de rotação. a) A máquina se escorvará? b) Se se escorvar, a polaridade da armadura será a mesma? c) Os interpolos continuarão com sentido apropriado? d) O *compound* continua "aditivo"? Justifique.
13. Procure deduzir e depois desenhar uma curva característica externa típica de gerador C.C. auto-excitado em série. Suponha que a máquina já tenha sido magnetizada e apresente f.e.m. remanente E_{0r}.
14. Pela analogia formal das expressões (7.86) e (7.82) com a corrente e a tensão nos terminais de um capacitor de um circuito R, C série, faça a analogia do sistema eletromecânico do parágrafo 7.23.3 com esse circuito, determinando as relações da resistência R e a capacitância C do circuito com a resistência R_a da armadura, a constante k_e, e o momento de inércia J. Procure também a correspondência entre: constante de tempo, corrente inicial, energia armazenada do circuito R-C com a do sistema eletromecânico bem como a igualdade da energia perdida por efeito Joule com a energia armazenada no capacitor.
15. Demonstre matematicamente e justifique fisicamente que é nula a aceleração, imediatamente após a aplicação do degrau V_{exc} ($t = 0$) no circuito de excitação, com I_a constante.
16. Qual o deslocamento angular do rotor de um motor C.C. até parar completamente, quando se aplica uma tensão de excitação impulsiva de amplitude V_{exc}, e a corrente de armadura é constante. Mostre que $\Omega(s)$ para V_{exc} degrau, é idêntica a $\theta(s)$ para V_{exc} impulsiva.

APÊNDICES

Certamente a melhor maneira do estudante aprender o que se segue não está em livros de Conversão Eletromecânica de Energia. Acreditamos que a maior parte dos estudantes já traga esses conhecimentos. Acontece, porém, que, muitas vezes, as disciplinas de Conversão são lecionadas quase concomitantemente com outras disciplinas básicas, de modo que essa revisão é interessante. O que se segue é um resumo, exposto de maneira puramente operacional, e é um mínimo necessário ao andamento deste curso. Acreditamos que uma pormenorização não seria feita por nós de uma maneira tão adequada como a das obras especializadas. Portanto, um tratamento mais geral desses processos da matemática aplicada à Eletricidade e à Mecânica pode ser visto em livros como os que citamos no final destes apêndices.

APÊNDICE 1

SOLUÇÃO DO REGIME SENOIDAL PERMANENTE PELO MÉTODO DOS COMPLEXOS

Tal método é também chamado *dos fasores*, ou *da transformação fasorial*.

a) *Resposta transitória e permanente para as excitações senoidais*

Imaginemos, por exemplo, um circuito de parâmetros concentrados R, L série, excitado por uma tensão alternativa senoidal. Ou, ainda, um sistema mecânico r, m (resistência de atrito viscoso e massa constante) excitado por uma força mecânica alternativa senoidal. O funcionamento do primeiro é regido pela segunda lei de Kirchhoff (ou lei de Kirchhoff das tensões) e o segundo, pela segunda lei de Newton, correspondente à segunda lei de Kirchhoff, por isso, às vezes, é chamada, na Eletromecânica, de *lei de Kirchhoff mecânica*.

$$v(t) = V_{max} \operatorname{sen} \omega t = Ri(t) + L \frac{di(t)}{dt}, \qquad (A1.1)$$

ou,

$$f(t) = F_{max} \operatorname{sen} \omega t = ru(t) + m \frac{du(t)}{dt} \qquad (A1.2)$$

(representamos na segunda equação a velocidade por $u(t)$, para evitar confusão de símbolos).

Solução do regime senoidal permanente pelo método dos complexos 453

A solução completa dessas equações diferenciais, para a excitação senoidal (pode ser vista na Seç. 2.18) comporta duas parcelas, ou seja, uma transitória, que tende a desaparecer com o tempo, e outra permanente, senoidal, que continua enquanto houver a exitação, ou seja,

$$i(t) = \frac{V_{max}}{\sqrt{R^2 + (\omega L)^2}} [\text{sen}(\omega t - \varphi) + e^{-tR/L} \text{sen } \varphi], \qquad (A1.3)$$

ou

$$u(t) = \frac{F_{max}}{\sqrt{r^2 + (\omega m)^2}} [\text{sen}(\omega t - \varphi) + e^{-tr/m} \text{sen } \varphi], \qquad (A1.4)$$

onde

$$Z_e = \sqrt{R^2 + (\omega L)^2}; \ I_{max} = \frac{V_{max}}{Z_e}; \ \varphi = \text{tg}^{-1} \frac{\omega L}{R}, \qquad (A1.5)$$

que são, respectivamente, a impedância elétrica do circuito R, L série, em regime senoidal; o valor máximo ou a amplitude da corrente, e o ângulo de fase, em atraso, entre a corrente e a tensão. A freqüência angular da corrente e da tensão é ω, sendo ωL a reatância elétrica indutiva do circuito R, L série. Para a equação mecânica existe uma correspondência formal de nomes e expressões, ou seja,

$$Z_m = \sqrt{r^2 + (\omega m)^2}; \ U_{max} = \frac{F_{max}}{Z_m}; \ \varphi = \text{tg}^{-1} \frac{\omega m}{r}, \qquad (A1.6)$$

que são, respectivamente, a impedância mecânica do sistema r, m; a amplitude da velocidade, e o ângulo de fase entre a velocidade e a força. O produto $\omega \cdot m$ é a reatância mecânica de inércia.

É justamente a parcela senoidal no tempo, de (A1.3) ou de (A1.4), que caracteriza a corrente ou a velocidade do regime senoidal permanente, isto é, para uma excitação de freqüência angular ω constante, temos uma resposta de amplitude constante e defasada um ângulo φ em relação à excitação, ângulo esse que depende da natureza e dos valores dos parâmetros.

A solução desse regime com as variáveis $v(t)$ e $i(t)$ em função do tempo, envolvem relações trigonométricas por demais trabalhosas. Porém, para uma freqüência dada à parte, a resolução desses problemas, restringindo-se às relações de amplitudes (módulos) e fases das variáveis, satisfaz plenamente. É para a solução desses tipos de problemas, de grande interesse na prática, que se aplica o método dos complexos ou dos fasores, e se estende não somente aos casos puramente senoidais, mas também aos casos não senoidais que podem ser traduzidos por séries de senos ou co-senos (veja o parágrafo 2.17.2)

b) *Fasores*

Vamos examinar o caso de uma tensão e uma corrente elétricas. O que será exposto vale, formalmente, também para outros casos, como o dos sistemas mecânicos. A tensão e a corrente podem ser senoidais ou co-senoidais. Tomemos, por exemplo,

$$v(t) = V_{max} \cos(\omega t + \theta_1), \qquad (A1.7)$$
$$i(t) = I_{max} \cos(\omega t + \theta_2), \qquad (A1.8)$$
$$\varphi = \theta_2 - \theta_1. \qquad (A1.9)$$

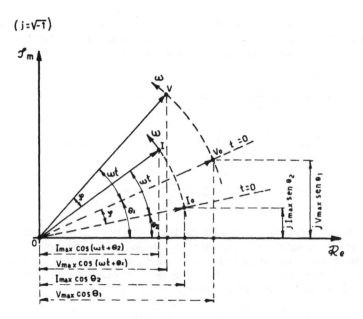

Figura A1.1

No plano complexo, caracterizado pelos eixos real (R_e) e imaginário (I_m), representemos para um instante t, dois segmentos orientados $\overline{OV}$ e $\overline{OI}$ (Fig. A1.1). O primeiro com um comprimento proporcional a V_{max} (volt) e o segundo proporcional a I_{max} (ampère). Nota-se que, a cada instante, a tensão $v(t)$ e a corrente $i(t)$ são representadas pela projeção de $\overline{OV}$ e $\overline{OI}$ sobre o eixo horizontal (R_e).

Lembremos a fórmula de Euler para o complexo da forma exponencial $e^{j\alpha(t)}$

$$e^{j\alpha(t)} = \cos \alpha(t) + j \operatorname{sen} \alpha(t). \tag{A1.10}$$

Sendo $\cos \alpha(t)$ a parte real do complexo de (A1.10) conclui-se que a tensão e a corrente, dadas por (A1.7) e (A1.8), podem ser interpretadas como as partes reais dos complexos $e^{j(\omega t + \theta_1)}$ e $e^{j(\omega t + \theta_2)}$.

Representando por R_e um operador que toma a parte real do complexo, teremos

$$v(t) = V_{max} \, R_e \, e^{j(\omega t + \theta_1)},$$
$$i(t) = I_{max} \, R_e \, e^{j(\omega t + \theta_2)}.$$

Não é difícil provar que o operador R_e é comutável em relação às operações de soma, multiplicação por uma constante real, derivação e integração relativa a uma variável real, como o tempo, por exemplo. Assim sendo,

$$v(t) = R_e \left\{ V_{max} \, e^{j(\omega t + \theta_1)} \right\},$$
$$i(t) = R_e \left\{ I_{max} \, e^{j(\omega t + \theta_2)} \right\}, \tag{A1.11}$$

ou

$$v(t) = R_e \left\{ V_{max} \, e^{j\theta_1} \, e^{j\omega t} \right\},$$
$$i(t) = R_e \left\{ I_{max} \, e^{j\theta_2} \, e^{j\omega t} \right\}. \tag{A1.12}$$

Os termos $V_{max}\,e^{j\theta_1}$, $I_{max}\,e^{j\theta_2}$, que simbolizaremos por $\dot{V}$ e $\dot{I}$, são os fasores, ou transformadas fasoriais, da tensão e da corrente senoidais. São complexos na forma exponencial que apresentam, na forma cartesiana, as partes reais

$$V_{max}\cos\theta_1 \text{ e } I_{max}\cos\theta_2,$$

e as imaginárias

$$jV_{max}\,\text{sen}\,\theta_1 \text{ e } jI_{max}\,\text{sen}\,\theta_2.$$

Esses complexos estão representados por $\overline{OV_0}$ e $\overline{OI_0}$, na Fig. A1.1.

Nota-se que os fasores $\dot{V}$ e $\dot{I}$ contêm, para uma dada freqüência $f = \omega/2\pi$, todas as informações necessárias para caracterizar o regime senoidal permanente, ou seja, as amplitudes V_{max}, I_{max} e seus ângulos de fase θ_1 e θ_2. A diferença de fase, ou defasagem, entre a resposta e a excitação é $\theta_2 - \theta_1 = \varphi$. Introduzindo-se os fasores em (A1.12), vem

$$\begin{aligned} v(t) &= R_e\{\dot{V}e^{j\omega t}\}, \\ i(t) &= R_e\{\dot{I}\,e^{j\omega t}\}. \end{aligned} \quad\quad (A1.13)$$

O complexo função de tempo, $e^{j\omega t}=\cos\omega t + j\,\text{sen}\,\omega t$, comum nas expressões da tensão e da corrente, significa apenas que os segmentos representativos de V e I ($\overline{OV_0}$ e $\overline{OI_0}$, para $t = 0$) são girantes, com velocidade angular ω, e serão representados pelos vetores girantes $\overline{OV}$ e $\overline{OI}$ para $t > 0$. Para os nossos objetivos isso não apresenta interesse e os cálculos são feitos para os fasores fixos no plano complexo na posição θ_1 e θ_2.

É mais interessante, principalmente nos cálculos de potência, considerar os fasores com o módulo dado pelo valor eficaz da senóide, em vez do valor máximo. É o que faremos:

$$\begin{aligned} \dot{V} &= \frac{V_{max}}{\sqrt{2}}e^{j\theta_1} = Ve^{j\theta_1}, \\ \dot{I} &= \frac{I_{max}}{\sqrt{2}}e^{j\theta_2} = Ie^{j\theta_2}. \end{aligned} \quad\quad (A1.14)$$

Os complexos, na forma polar, costumam também ser apresentados e manipulados na notação de Kennelly, ou seja,

$$\begin{aligned} \dot{V} &= V\,|\underline{\theta_1}\,, \\ \dot{I} &= I\,|\underline{\theta_2}\,, \end{aligned}$$

onde V e I são os módulos da tensão e da corrente complexas, em valor eficaz; θ_1 e θ_2 são os argumentos ou ângulos de fase dos fasores, e $\varphi = \theta_1 - \theta_2$ é o ângulo de fase entre os fasores $\dot{V}$ e $\dot{I}$.

c) *Transformação de uma equação — impedância complexa*

Vamos agora apresentar um exemplo de transformação de equação de rede em regime senoidal permanente e o respectivo diagrama de fasores. Poderíamos também tomar, como exemplo, uma equação de nó, mas achamos desnecessário.

Tomemos, inicialmente, um caso simples de circuito R, L, C, ao qual se aplica uma tensão $v(t)$. O processo é válido também para um sistema mecânico de translação r, m, c — coeficiente de atrito viscoso, massa e compliância de mola —, ou de rotação D, J, d — coeficiente de atrito viscoso, momento de inércia dinâmico e compliância de torsão (veja o Cap. 3). Apliquemos a segunda lei de Kirchhoff na Fig. A1.2(a), a qual apresenta as variáveis v e i em função de tempo:

$$v(t) = Ri(t) + L\frac{di(t)}{dt} + \frac{1}{C}\int i(t)\,dt, \qquad (A1.15)$$

$$v(t) = v_R(t) + v_L(t) + v_C(t).$$

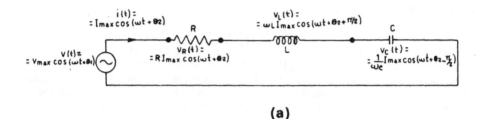

(a)

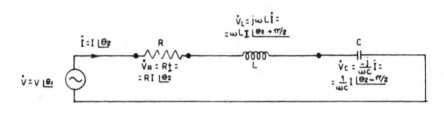

(b)

Figura A1.2

No regime senoidal permanente, as variáveis no tempo podem ser substituídas por expressões do tipo de (A1.13), já considerando $\dot{V}$ e $\dot{I}$ definidos com valores eficazes, ou seja,

$$R_e\{\sqrt{2}\,\dot{V}e^{j\omega t}\} = R\,R_e\{\sqrt{2}\,\dot{I}e^{j\omega t}\} + L\frac{d}{dt}R_e\{\sqrt{2}\,\dot{I}\,e^{j\omega t}\} + \frac{1}{C}\int R_e\{\sqrt{2}\,\dot{I}e^{j\omega t}\}\,dt.$$

Lembrando a já referida comutabilidade de R_e, essa expressão pode ser escrita como

$$R_e\{\dot{V}e^{j\omega t}\} = R_e\{R\dot{I}e^{j\omega t}\} + R_e\left\{L\dot{I}\frac{de^{j\omega t}}{dt}\right\} + R_e\left\{\frac{\dot{I}}{C}\int e^{j\omega t}\,dt\right\}.$$

Para que a parte real do complexo, função de tempo, do primeiro membro seja igual à parte real resultante do segundo membro, é condição necessária e suficiente que os complexos sejam iguais. Efetuando a derivação e a integração resulta

$$\dot{V}e^{j\omega t} = R\dot{I}e^{j\omega t} + j\omega L\dot{I}\,e^{j\omega t} + \frac{1}{j\omega C}\dot{I}e^{j\omega t}.$$

Cancelando o fator comum $e^{j\omega t}$, vem

$$\dot{V} = R\dot{I} + j\omega L\dot{I} - j\frac{1}{\omega C}\dot{I},$$
$$\dot{V} = \dot{V}_R + \dot{V}_L + \dot{V}_C, \qquad (A1.16)$$

a equação deixa de ser função do tempo e passa a ser uma relação de módulos e ângulos de fase. A Fig. A1.2(b) apresenta as tensões e correntes complexas para aplicação das equações (A1.16). As reatâncias, indutiva e capacitiva, para a freqüência ω, são definidas como

$$\omega L = X_L; \frac{1}{\omega C} = X_C.$$

A impedância complexa é definida, na forma cartesiana, como

$$\dot{Z} = \frac{\dot{V}}{\dot{I}} = R + j\omega L - \frac{j}{\omega C} = R + j\left(\omega L - \frac{1}{\omega C}\right). \tag{A1.17}$$

O módulo da corrente complexa é dado por

$$I = |\dot{I}| = \left|\frac{\dot{V}}{\dot{Z}}\right| = \frac{V}{\sqrt{R^2 + (\omega L - 1/\omega C)^2}}. \tag{A1.18}$$

A defasagem φ entre $\dot{I}$ e $\dot{V}$ é a diferença entre os argumentos θ_2 e θ_1, e, pelas expressões (A1.17) e (A1.18), conclui-se que vale

$$\varphi = \text{arc tg} \frac{(\omega L - 1/\omega C)}{R}, \tag{A1.19}$$

que é também o ângulo da impedância complexa $\dot{Z} = |\dot{Z}| \underline{|\varphi}$.

O sinal de φ, isto é, o fato do fasor da corrente estar avançado ($\theta_2 > \theta_1$) ou atrasado ($\theta_2 < \theta_1$), em relação ao fasor da tensão, depende dos valores de ωL e $1/\omega C$.

O módulo da impedância complexa, ou, simplesmente, impedância do circuito R, L, C, é

$$Z = |\dot{Z}| = \sqrt{R^2 + (\omega L - 1/\omega C)^2} \tag{A1.20}$$

Voltando à equação (A1.15), concluímos, como regra prática, que para transformá-la na (A1.16) basta substituir $v(t)$ e $i(t)$ por $\dot{V}$ e $\dot{I}$, e substituir $di(t)/dt$ e $\int i(t)\,dt$ por $j\omega \dot{I}$ e $-j\dot{I}/\omega$. No domínio do tempo, a tensão nos terminais da indutância $v_L(t) = L\,di(t)/dt$ é uma senoidal adiantada $\pi/2$ da senoidal da corrente, pois a operação de derivação adianta e multiplica por ω a amplitude da variável. O fasor V_L, dessa tensão na indutância, resultou de uma multiplicação de $L\dot{I}$ por $j\omega$, cuja representação no plano complexo deve ser um segmento com ângulo aumentado $\pi/2$ no sentido concordante com ω. [Figs. A1.1 e A1.3(b)]. Com respeito à tensão nos terminais da capacitância, que resultou de uma operação de integração da corrente no tempo, aconteceu um atraso de $\pi/2$ do fasor dessa tensão em relação à corrente complexa I, e uma divisão por ω. A tensão na resistência, resultado da multiplicação da corrente por uma constante real, é um fasor em fase com o da corrente.

Com respeito à manipulação dos parâmetros resistivos e reativos e das variáveis transformadas (tensão e corrente complexas) para fins de aplicação das leis de Ohm e Kirchhoff, o tratamento, com a utilização dos fasores, torna-se formalmente análogo àquele dos circuitos resistivos [Fig. A1.2(b)].

d) *Diagrama de Fasores*

Finalizando, apresentamos na Fig. A1.2(b) o processo gráfico da solução do regime senoidal permanente, chamado diagrama fasorial. Ele vale mais como elemento elucidativo e de visão global do que para efeitos quantitativos. Vamos apresentá-lo para o circuito da Fig. A1.3(a), onde as tensões e correntes já estão indicadas com seus módulos em valores eficazes.

Segunda lei de Kirchhoff, no ramo R_1, L, C:

$$\dot{V} = R_1 \dot{I}_1 + j\omega L \dot{I}_1 - \frac{j\dot{I}_1}{\omega C}.$$

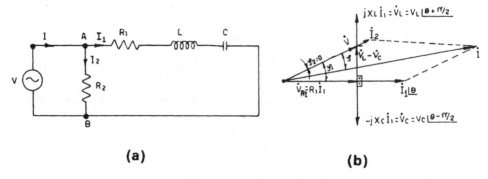

(a)　　　　　　　　　　　(b)

Figura A1.3

Segunda lei de Kirchhoff, no ramo de R_2:

$$\dot{V} = R_2 \dot{I}_2, \ \text{tg } \delta_2 = 0$$

Primeira lei de Kirchhoff, no nó A:

$$\dot{I} = \dot{I}_1 + \dot{I}_2.$$

A partir dessas equações constrói-se o diagrama da Fig. A1.3(b). É claro que, para finalidades quantitativas, deve-se adotar uma escala de tensões (volt/milímetro) e uma de correntes (ampère/milímetro). As aplicações numéricas sobre o tema exposto estão feitas nos outros capítulos deste livro.

SUGESTÕES PARA CONSULTA

Orisini, L. Q. – "As Redes em Regime Permanente Senoidal". *Circuitos Elétricos*, Cap. 8. Editora Edgard Blücher Ltda., São Paulo, 1971.

Skilling, H.H. – "Algebra Compleja", *Circuitos em Engineria Electrica*, Cap. 3. Companhia Editorial Continental, S.A., México, 1963.

Kurosch, A.G. – "Números complexos", *Curso de Álgebra Superior*, Cap. IV. Editorial MIR, Moscou, 1958.

APÊNDICE 2

APLICAÇÕES DA TRANSFORMAÇÃO DE LAPLACE — TIPOS DE EXCITAÇÃO DOS SISTEMAS ELETROMECÂNICOS

a) *Introdução — Definições*

Utilizamos o método dos fasores apresentado no apêndice anterior para resolver problemas relativos ao regime permanente senoidal. Conseguíamos, assim, uma solução particular, ou a resposta forçada, permanente, do sistema físico quando excitado por uma função de excitação senoidal ou co-senoidal, sem levar em consideração as condições iniciais e a resposta transitória que pode acontecer após a aplicação da excitação. A solução nos fornecia as relações de módulo e fase das variáveis senoidais.

A solução dos sistemas físicos com a transformação e a antitransformação de Laplace fornece a solução geral no domínio do tempo, para os vários tipos usuais de funções de excitação, além da senoidal. A transformação de Laplace, além de tornar mais simples a solução dos sistemas de equações diferenciais lineares, relativamente a outros métodos de solução, introduz automaticamente as condições iniciais do sistema. Possibilita ainda uma uniformização no tratamento e na interpretação das funções de transferência transformadas, permitindo construções gráficas expeditas como os diagramas de pólos e zeros no plano s (1). (As citações deste apêndice referem-se às obras sugeridas no final do mesmo).

Como no apêndice anterior, vamos fazer uma apresentação resumida, de um ponto de vista aplicativo, principalmente com vistas à solução das equações diferenciais que aparecem nos conversores e sistemas eletromecânicos em geral. Se necessário, o leitor interessado pode buscar mais informações recorrendo às obras especializadas sugeridas no final deste apêndice.

A transformação de Laplace para uma função de tempo $f(t)$ é uma transformação matemática do gênero das transformações integrais, que gera uma função $F(s)$, definida como

$$F(s) = \int_{0-}^{+\infty} e^{-st} f(t) \, dt, \qquad (A2.1)$$

onde s é uma variável complexa, $s = \sigma + j\omega$; $f(t)$ é uma função da variável real t, definida para $t \geq 0_-$, podendo conter em qualquer intervalo finito: $0_- \leq a \leq t \leq b$, um número finito de descontinuidades finitas e de máximos e mínimos, tal que $\int_{0-}^{b} |f(t)| e^{-\sigma t} dt < \infty$ para σ real. Isso implica numa tendência para zero do produto de $f(t)$ por

$e^{-\sigma t}$, quando $t \to \infty$. Para cada $f(t)$ deve existir um valor mínimo σ_0, da parte real da variável complexa $s = s_0$, chamada abcissa de convergência, para o qual a integral (A2.1) ainda seja convergente.

Quanto aos extremos de integração da integral (A2.1) vale uma observação em relação ao extremo inferior. Alguns autores consideram 0_+, outros 0, e outros 0_-. As notações 0_+ ou 0_- designam o entorno, como vizinhança infinitesimal, à direita ou à esquerda do ponto $t = 0$ (instante inicial quando t designar o tempo). As três maneiras levam a soluções corretas desde que se considere devidamente as funções de excitação e as condições iniciais do sistema físico. Na nossa exposição consideramos as condições iniciais existentes imediatamente antes da aplicação da excitação nos sistemas, ou seja, para t tendendo a zero pela esquerda. Por exemplo: $v(0_-)$, $i(0_-)$, $q(0_-)$. Vamos considerar o extremo inferior como 0_-, o que garante também possíveis descontinuidades finitas na função de excitação em $t = 0$ (1). Costuma-se designar a transformada de Laplace da função $f(t)$, por $\mathscr{L}[f(t)]$, isto é,

$$F(s) = \mathscr{L}[f(t)].$$

Se, dada uma função $F(s)$, for possível obter uma única $f(t)$, esta será a antitransformada (transformação inversa), ou seja,

$$f(t) = \mathscr{L}^{-1}[F(s)].$$

A transformação inversa é obtida por uma integração no plano complexo. Matematicamente é também um problema mais complexo. Aos interessados sugerimos a referência (2). Existem, porém, extensas tabelas já preparadas que nos fornecem as transformadas, e as antitransformadas para $t > 0$, dos casos em que há correspondência unívoca $f(t) \rightleftarrows F(s)$. A tabela apresentada no final deste apêndice é um resumo dos casos mais freqüentes e mais importantes para nossos objetivos. Muitas $F(s)$ mais complicadas podem ser desdobradas em outras mais simples e já tabeladas, utilizando as propriedades e métodos que serão lembrados mais à frente.

b) *Transformação de uma equação — propriedades*

Com a mesma objetividade da exposição do Apêndice 1, vamos prosseguir com uma aplicação direta. Tomemos o circuito R, L, C série da Fig. A1.2(a), no qual a aplicação da lei de Kirchhoff resulta na seguinte equação íntegro-diferencial, em função do tempo, para $t > 0$:

$$v(t) = Ri(t) + L\frac{di(t)}{dt} + \frac{1}{C}\int_{-\infty}^{t} i(t)\, dt,$$

ou, tomando o sistema mecânico de translação m, r, c, resulta

$$f(t) = ru(t) + m\frac{du(t)}{dt} + \frac{1}{C}\int_{-\infty}^{t} u(t)\, dt. \qquad (A2.2)$$

A fim de resolver as equações de (A2.2) para a corrente $i(t)$, ou para a velocidade $u(t)$, vamos introduzir as observações, à medida do necessário.

As duas equações terão soluções formais idênticas. Tomemos a primeira delas e transformemos segundo Laplace:

$$\mathscr{L}[v(t)] = \mathscr{L}\left[Ri(t) + L\frac{di(t)}{dt} + \frac{1}{C}\int_{-\infty}^{t} i(t)\,dt\right]. \qquad (A2.3)$$

b1) Para R, L e $1/C$ constantes reais, a transformação de Laplace, sendo uma transformação linear, goza da seguinte propriedade:

$$\mathscr{L}[v(t)] = R\,\mathscr{L}[i(t)] + L\,\mathscr{L}\left[\frac{di(t)}{dt}\right] + \frac{1}{C}\mathscr{L}\left[\int_{-\infty}^{t} i(t)\,dt\right]. \qquad (A2.4)$$

b2) Iniciemos pela função incógnita $i(t)$. A sua transformação será designada por $I(s)$. Assim

$$R\,\mathscr{L}[i(t)] = RI(s). \qquad (A2.5)$$

b3) No segundo termo do segundo membro temos a transformação da derivada $di(t)/dt$. Dadas uma função $f(t)$, sua derivada e sua transformada segundo Laplace $F(s)$, a transformada de $df(t)/dt$ pode ser encontrada aplicando-se a definição da transformação. Assim,

$$\mathscr{L}\left[\frac{df(t)}{dt}\right] = \int_{0-}^{\infty} e^{-st}\left[\frac{df(t)}{dt}\right]dt.$$

Utilizando a integração por partes, temos

$$\mathscr{L}\left[\frac{df(t)}{dt}\right] = f(t)\,e^{-st}\Big|_{0-}^{\infty} + \int_{0-}^{\infty} se^{-st} f(t)\,dt = -f(0_-) + sF(s).$$

Assim, a transformada do termo $L\,di(t)/dt$ será

$$L\,\mathscr{L}\left[\frac{di(t)}{dt}\right] = sLI(s) - Li(0_-), \qquad (A2.6)$$

onde $i(0_-)$ é a corrente inicial, i_0, no indutor, para t tendendo a zero pela esquerda.

b4) O terceiro termo de (A2.4) é a transformação da integral. Não vamos nos estender em demonstrações. Essa demonstração é conduzida de maneira semelhante à anterior e chega-se ao seguinte resultado: dada uma função $f(t)$, sua transformada $F(s)$, e sua integral $\int_{-\infty}^{t} f(t)\,dt$, teremos para a transformada da integral:

$$\mathscr{L}\left[\int_{-\infty}^{t} f(t)\,dt\right] = \frac{F(s)}{s} + \frac{1}{s}\int_{-\infty}^{0-} f(t)\,dt.$$

Assim

$$\frac{1}{C}\mathscr{L}\left[\int_{-\infty}^{t} i(t)\,dt\right] = \frac{I(s)}{sC} + \frac{1}{sC}\int_{-\infty}^{0-} i(t)\,dt = \frac{I(s)}{sC} + \frac{q(0_-)}{sC}, \qquad (A2.7)$$

onde $q(0_-)$ é a carga inicial, q_0, para $t = 0_-$, pois a integral de $i(t)$ de $-\infty$ até 0_- compreende toda a carga acumulada no capacitor, no seu passado, até o instante 0_-. A relação q_0/C é a tensão inicial v_0 no capacitor. Num sistema mecânico r, m, c, a tensão v_0

corresponderia à força elástica inicial f_{e1_0}, e q_0 ao deslocamento elástico x_0 acumulado no elemento elástico de compliância c, até o instante da aplicação da força de excitação $f(t)$. À i_0 corresponderia uma velocidade inicial da massa m (veja o Cap. 3).

b5) Finalmente, teremos

$$\mathscr{L}[v(t)] = \left[R + sL + \frac{1}{sC}\right]I(s) + \frac{q_0}{sC} - Li_0,$$

resolvendo para $I(s)$ e designando $\mathscr{L}[v(t)]$ por $V(s)$, teremos

$$I(s) = \frac{V(s) - q_0/sC + Li_0}{R + sL + 1/sC}. \tag{A2.8}$$

No caso de condições iniciais nulas ($q_0 = i_0 = 0$), teremos

$$I(s) = \frac{V(s)}{R + sL + 1/sC} = \frac{V(s)}{Z(s)}, \tag{A2.9}$$

onde $Z(s)$ é chamada *impedância generalizada* do circuito R, L, C série. Se $i(t)$ for considerada a variável de saída, $v(t)$ a variável de entrada e $I(s)$ e $V(s)$ as suas transformadas, teremos a função de transferência $G(s)$, que, nesse caso, coincide com a admitância generalizada de entrada do circuito, ou seja,

$$G(s) = \frac{I(s)}{V(s)} = Y(s) = 1/Z(s). \tag{A2.10}$$

Note-se a semelhança formal entre as transformadas e a impedância generalizada com os fasores e a impedância complexa, utilizadas no tratamento do regime senoidal permanente apresentado no apêndice anterior. Se fizermos s imaginário puro e igual a $j\omega$, teremos

$$G(j\omega) = \frac{\dot{I}}{\dot{V}} = \dot{Y} = \frac{1}{\dot{Z}},$$

com

$$\dot{Z} = R + j\omega L + \frac{1}{j\omega C}.$$

A justificativa dessa substituição para o regime permanente senoidal pode ser vista, pelo interessado, na sugestão (1). As mesmas observações valem para a velocidade, força de excitação e impedância mecânica do sistema r, m, c.

c) *Transformação das Funções de Excitação mais Importantes*

Voltamos agora à equação (A2.8). Duas coisas podem ocorrer, ou seja, ausência ou não de excitação externa.

c1) Se não tivermos excitação $v(t)$ (transformada $V(s) = 0$) e conservarmos apenas a condição inicial $v_0 = q_0/C$ (carga inicial q_0 no capacitor), curto-circuitando a fonte no instante $t = 0$, a equação (A2.8) fica

$$I(s) = -\frac{q_0/C}{s^2 L + sR + \frac{1}{C}} = -\frac{q_0}{LC} \frac{1}{s^2 + \frac{R}{L}s + \frac{1}{LC}}. \tag{A2.11}$$

A transformada inversa nos dá o comportamento do circuito R, L, C série, isto é, sem excitação externa. A antitransformação dessa equação depende das raízes de $1/(s^2 + sR/L + 1/LC)$ e é um caso semelhante àquele do acelerômetro resolvido para o deslocamento $\dot{x}$. A corrente $i(t)$ tenderá a zero para $t \to \infty$. Veja a nota 2 de 3.5.3, onde já se encontra a solução dessa equação característica, e se distinguem os casos de amortecimento crítico, sobreamortecido, e oscilatório amortecido, comportando definições análogas de coeficiente de amortecimento, freqüências naturais, etc. Esse caso do circuito R, L, C série, resolvido para a corrente e com a presença única de q_0/sC, confunde-se formalmente com o caso da aplicação de uma excitação degrau de amplitude V_0, como veremos mais adiante. Poderíamos ainda conservar apenas a condição i_0, sem excitação externa $V(s)$ e sem carga inicial q_0. Deixamos como exercício. Esse caso coincide com a aplicação de uma excitação impulsiva de amplitude i_0, como poderá ser percebido também mais adiante.

c2) Se tivermos uma excitação aplicada $v(t)$, para a qual existir a transformada $V(s)$, esta será substituída na (A2.8). Das funções de excitação de maior interesse para a análise dos sistemas elétricos, mecânicos e eletromecânicos, ressaltamos i) a função impulsiva unitária (função de Dirac), ii) a função degrau unitária (função de Heaviside), iii) a função seno, iv) a função co-seno, v) a função exponencial e vi) a função rampa (excitação linearmente crescente).

i) Função impulsiva

Se tivermos uma função tal que

$$f(t) = 0, \text{ para } t < 0,$$
$$f(t) = 1/T, \text{ para } 0 \leq t < T,$$
$$f(t) = 0, \text{ para } t > T.$$

Num intervalo finito T, teremos $f(t) \cdot T = 1$, ou seja, a área do "impulso" [hachurada na Fig. A2.1(a)] é igual a 1. Suponhamos que $f(t) \cdot T_i = 1$ para qualquer T_i, finito, menor que T. Se essa $f(t)$ satisfizer essa propriedade, ainda no limite, ou seja,

$$\lim_{T_i \to 0} \int_0^{T_i} f(t)\, dt = 1, \qquad (A2.12)$$

ela se constituirá na chamada função impulsiva de Dirac, simbolizada comumente por $\delta(t)$, cuja representação gráfica está na Fig. A2.1(b). E se ela é então definida apenas para a vizinhança à direita da origem, podemos estender os extremos de integração da (A2.12) para um intervalo maior, que contenha essa vizinhança, por exemplo, 0_- e ∞, e ainda teremos

$$\int_{0_-}^{\infty} \delta(t)\, dt = 1. \qquad (A2.13)$$

Façamos agora a transformação da função impulsiva $\delta(t)$, aplicando a definição

$$\mathscr{L}\left[\delta(t)\right] = \int_{0_-}^{\infty} e^{-st}\, \delta(t)\, dt.$$

Como $\delta(t)$ existe apenas num intervalo infinitesimal à direita de $t = 0$, onde justamente e^{-st} é igual a 1, teremos

$$\mathscr{L}[\delta(t)] = F(s) = \int_{0-}^{\infty} \delta(t)\, dt = 1. \qquad (A2.14)$$

Dada uma constante real K_0 pode-se estender a definição da função impulsiva para amplitude $K_0 \neq 1$, tal que

$$\int_{0-}^{\infty} K_0\, \delta(t)\, dt = K_0, \text{ logo, } \mathscr{L}[K_0\, \delta(t)] = K_0. \qquad (A2.15)$$

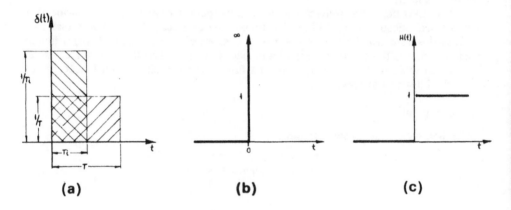

Figura A2.1

ii) Função degrau

A função degrau unitária de Heaviside é definida como uma $f(t)$, tal que

$$f(t) = 0, \text{ para } t < 0,$$
$$f(t) = 1, \text{ para } t > 0,$$

Embora $f(t)$ não seja definida na origem, existe a limitação de assumir valores finitos em $t = 0$. A representação gráfica dessa função está na Fig. A2.1(c). Ela é, comumente, designada por $H(t)$.

Aplicando-se a definição, conclui-se facilmente que a transformada de $H(t)$ é

$$\mathscr{L}[H(t)] = F(s) = \frac{1}{s}. \qquad (A2.16)$$

Aqui também podemos ter um degrau de amplitude $K_0 \neq 1$, com transformada

$$\mathscr{L}[K_0 H(t)] = F(s) = \frac{K_0}{s}. \qquad (A2.17)$$

Substituamos agora essas duas transformadas na (A2.8) com condições iniciais nulas. Teremos, para uma tensão $v(t)$ impulsiva de amplitude V_0, a seguinte $I(s)$:

$$I(s) = \frac{V_0}{R + sL + \dfrac{1}{sC}} = \frac{V_0}{L} \frac{s}{s^2 + \dfrac{R}{L}s + \dfrac{1}{LC}}. \qquad (A2.18)$$

Para uma tensão de excitação $v(t)$ degrau, de amplitude V_0, temos

$$I(s) = \frac{V_0}{L} \frac{1}{s^2 + \dfrac{R}{L}s + \dfrac{1}{LC}}. \qquad (A2.19)$$

Deixamos ao leitor o encargo de analisar as expressões (A2.18) e (A2.19), antitransformando-as e comparando-as com os casos já expostos em c1.

As excitações impulsiva e degrau são úteis para a análise de sistemas. É impossível conseguir, na prática, a correspondência perfeita entre o modelo matemático e as excitações reais. A imagem física da excitação função impulsiva corresponde aproximadamente, na prática, a um ligeiro "toque" no sistema. Por exemplo, ao fazer uma percussão ou um choque no corpo de massa m, do sistema mecânico r, m, c aplicamos uma força de curtíssima duração. A partir daí, ele fica abandonado ao seu comportamento natural, que poderá ser oscilatório amortecido, sobreamortecido ou criticamente amortecido. Ou, ainda, ao aplicar uma fonte de tensão V ao circuito R, L, C série, e, tão rapidamente quanto possível, curto-circuitar a fonte e abandonar o circuito à sua própria sorte, estamos fazendo sua aproximação prática da excitação impulsiva. A função impulsiva é uma excitação para a qual a resposta forçada do sistema é nula. Como ela tem uma duração teórica infinitesimal, ela "carrega" ou "arma" instantaneamente o sistema que, em seguida, se comportará livremente. Outras excitações, como a senoidal, por exemplo, provocam uma resposta permanente, enquanto ela estiver forçando o sistema. Uma tensão degrau (V_0), por sua vez, pode apresentar resposta forçada (em corrente) nula, ou não, como no caso do circuito R, L, C, em que ao se aplicar bruscamente uma tensão contínua V_0, a corrente final será nula (devido ao bloqueio do capacitor), ao passo que no circuito R, L, a corrente final será V/R (devido à inoperância da indutância no regime permanente de corrente contínua).

As transformadas das outras excitações, ou seja, seno, co-seno, exponencial e rampa podem ser encontradas com relativa facilidade, aplicando-se a definição da transformação de Laplace.

iii) Função seno

$$\mathscr{L}[\operatorname{sen}\omega t] = F(s) = \frac{\omega}{s^2 + \omega^2} \, ; \; \omega \text{ real.} \qquad (A2.20)$$

iv) Função co-seno

$$\mathscr{L}[\cos\omega t] = F(s) = \frac{s}{s^2 + \omega^2} \, ; \; \omega \text{ real.} \qquad (A2.21)$$

v) Função exponencial

$$\mathscr{L}[e^{at}] = F(s) = \frac{1}{s - a} \, ; \; a \text{ real ou complexa.} \qquad (A2.22)$$

vi) Função rampa

$$\mathscr{L}[t] = F(s) = \frac{1}{s^2}.$$ (A2.23)

Quanto a esta última, se a rampa não for "unitária", mas possuir uma inclinação K, constante real, a transformada será K/s^2. A substituição dessas $F(s)$ na equação transformada e posterior procura da inversa, pode ficar como exercício. Um exemplo de aplicação de tensão senoidal e a conseqüente resposta em corrente para o circuito R, L série (que serve formalmente também para os sistemas mecânicos r, m ou D, J) pode ser visto na Seç. 2.18.

d) *Expansão em frações parciais — Teoremas de maior interesse*

•Para finalizar, vamos apresentar a seguir, sem demonstração, alguns teoremas de particular interesse e o método da expansão em frações parciais, o qual é muito útil na procura da transformada inversa de uma fração de polinômios em s.

d1) *Expansão em frações parciais*

É comum ocorrer transformadas que após elaborações algébricas apresentam a forma de relação de polinômios com coeficientes reais, isto é,

$$F(s) = \frac{P(s)}{Q(s)},$$ (A2.24)

onde $Q(s)$ é um polinômio em s com grau mais elevado que o de $P(s)$. Se $Q(s)$ tivesse grau menor que $P(s)$, após efetuada a divisão teríamos um polinômio $A(s)$ sem resto, ou um polinômio $B(s)$ mais um resto $R(s)$ com grau menor que $Q(s)$, resultando na forma $B(s) + R(s)/Q(s)$.

É para o caso dessas funções racionais próprias $P(s)/Q(s)$, com grau de $Q(s)$ maior que o de $P(s)$, que vamos apresentar o método do desdobramento em frações parciais que torna a transformação inversa um problema simples, utilizando o que já foi exposto e a tabela apresentada no final deste apêndice. Suponhamos que os polinômios $P(s)$ e $Q(s)$, na forma fatorada, se apresentem como

$$F(s) = \frac{P(s)}{Q(s)} = \frac{(s + s_{z1})(s + s_{z2}) \ldots (s + s_{zm})}{(s + s_{p1})(s + s_{p2}) \ldots (s + s_{pn})}.$$ (A2.25)

As raízes de $P(s)$, $(s = -s_{z1}; s = -s_{z2}; \ldots; s = -s_{zm})$ são os valores de s que anulam $F(s)$. São os chamados "zeros" de $F(s)$. As raízes de $Q(s)$, que tornam $F(s)$ infinita ($s = -s_{p1}; s = -s_{p2}; \ldots; s = -s_{pn}$), são os chamados "pólos" de $F(s)$. Vamos distinguir dois casos: primeiro, $Q(s)$ tem apenas raízes simples ou, em outras palavras, $F(s)$ tem apenas fatores lineares não repetidos no denominador; segundo, $Q(s)$ tem raízes múltiplas de ordem p, ou seja, fatores lineares repetidos p vezes $[(s + s_{pk})^p]$ no denominador. Tomemos o exemplo

$$F(s) = \frac{(s + 1)(s + 2)^2}{5s(s + 3)(s^2 + 2s + 2)} = \frac{(s + 1)(s + 2)^2}{5s(s + 3)(s + 1 + j1)(s + 1 - j1)},$$ (A2.26)

$F(s)$ apresenta um zero simples em $s = -1$, e um zero de ordem 2 em $s = -2$, representados por um círculo no diagrama da Fig. A2.2. Apresenta um pólo na origem $s = 0$, um pólo simples em $s = -3$ e um par de pólos complexos conjugados em $s = -1 \pm j1$, representados por um x na Fig. A2.2.

Aplicações da transformação de Laplace — tipos de excitação dos sistemas eletromecânicos **467**

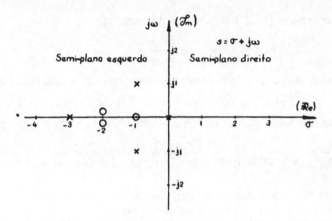

Figura A2.2 Diagrama de pólos e zeros para a expressão (A2.26), no plano $s = \sigma + j\omega$

Primeiro Caso. Raízes simples em $Q(s)$ — a expansão em frações parciais, para esse caso, é feita da seguinte maneira: a relação de polinômios é posta sob a forma de uma série de frações em número igual ao dos fatores do denominador:

$$F(s) = \frac{P(s)}{Q(s)} = \frac{P(s)}{(s+s_1)\ldots(s+s_r)\ldots(s+s_n)} = \frac{B_1}{s+s_1} + \ldots \frac{B_r}{s+s_r} + \\ + \ldots \frac{B_n}{s+s_n}, \quad \text{(A2.27)}$$

onde

$$B_r = (s+s_r)\frac{P(s)}{Q(s)}\bigg|_{s=-s_r} \quad \text{(A2.28)}$$

Tomemos, como exemplo,

$$F(s) = \frac{s+5}{(s+3)(s+2)(s+1)} = \frac{B_1}{s+3} + \frac{B_2}{s+2} + \frac{B_3}{s+1}. \quad \text{(A2.29)}$$

Aplicando a expressão (A2.28), temos

$$B_1 = \frac{s+5}{(s+2)(s+1)}\bigg|_{s=-3} = 1,$$

$$B_2 = \frac{s+5}{(s+3)(s+1)}\bigg|_{s=-2} = -3,$$

$$B_3 = \frac{s+5}{(s+3)(s+2)}\bigg|_{s=-1} = 2.$$

Voltando à expressão (A2.27) e substituindo, teremos

$$F(s) = \frac{1}{s+3} - \frac{3}{s+2} + \frac{2}{s+1},$$

cuja antitransformada é uma soma de exponenciais (veja a tabela no final deste apêndice).

$$\mathscr{L}^{-1}[F(s)] = f(t) = e^{-3t} - 3e^{-2t} + 2e^{-t}, \text{ para } t > 0.$$

Segundo Caso. Raízes múltiplas em $Q(s)$. — suponhamos a relação de polinômios

$$F(s) = \frac{P(s)}{Q(s)} = \frac{P(s)}{(s+a)^p (s+c)^q \ldots (s+s_1)(s+s_2) \ldots (s+s_r) \ldots (s+s_n)}, \quad (A2.30)$$

onde o grau de $P(s)$ é menor que o de $Q(s)$ que, por sua vez, é $p + q + \ldots + n$. Os pólos múltiplos de $F(s)$ são $a, c, \ldots,$ e os simples são $s_1, s_2, \ldots, s_n$.
A expansão em frações parciais para esse caso é feita da seguinte maneira:

$$F(s) = \frac{A_1}{(s+a)} + \frac{A_2}{(s+a)^2} + \ldots + \frac{A_p}{(s+a)^p} + \frac{C_1}{(s+c)} + \frac{C_2}{(s+c)^2} + \ldots$$
$$+ \frac{C_q}{(s+c)^q} + \frac{B_1}{(s+s_1)} + \frac{B_r}{(s+s_r)} + \ldots + \frac{B_n}{(s+s_n)}. \quad (A2.31)$$

Onde

$$A_p = (s+a)^p \left.\frac{P(s)}{Q(s)}\right|_{s=-a},$$

$$A_{p-1} = \frac{d}{ds}\left[(s+a)^p \frac{P(s)}{Q(s)}\right]_{s=-a}, \quad (A2.32)$$

$$A_{p-2} = \frac{1}{2!}\frac{d^2}{ds^2}\left[(s+a)^p \frac{P(s)}{Q(s)}\right]_{s=-a},$$

$$A_1 = \frac{1}{(p-1)!}\frac{d^{p-1}}{ds^{p-1}}\left[(s+a)^p \frac{P(s)}{Q(s)}\right]_{s=-a}.$$

O processo é análogo para os numeradores C. Para os B procede-se de maneira análoga ao primeiro caso. Tomemos como exemplo um caso semelhante ao já apresentado, ou seja,

$$F(s) = \frac{s+5}{(s+3)^2(s+1)} = \frac{A_1}{s+3} + \frac{A_2}{(s+3)^2} + \frac{B_1}{s+1}. \quad (A2.33)$$

Na expressão (A2.28), temos

$$B_1 = \left.\frac{s+5}{(s+3)^2}\right|_{s=-1} = 1.$$

Na expressão (A2.32), com $p = 2$, temos

$$A_2 = \frac{s+5}{s+1}\bigg|_{s=-3} = -1,$$

$$A_1 = \frac{d}{ds}\left[\frac{s+5}{s+1}\right]\bigg|_{s=-3} = -1.$$

Voltando à expressão (A2.33), temos

$$F(s) = -\frac{1}{s+3} - \frac{1}{(s+3)^2} + \frac{1}{(s+1)}.$$

Com a ajuda da tabela do final deste apêndice, onde se encontra a antitransformada genérica para $1/(s+a)^p$:

$$\mathscr{L}^{-1}\left[\frac{1}{(s+a)^p}\right] = \frac{1}{(p-1)!}\, t^{p-1}\, e^{-at}. \tag{A2.34}$$

Teremos, para $\mathscr{L}^{-1}[F(s)]$,

$$f(t) = -e^{-3t} - te^{-3t} + e^{-t} \quad \text{para } t > 0.$$

d2) *Teorema do valor final*

Se existirem os limites de $f(t)$ para $t \to \infty$, e do produto de s pela sua transformada $F(s)$ para $s \to 0$, verifica-se que

$$\lim_{s \to 0}\,[sF(s)] = \lim_{t \to \infty}\, f(t). \tag{A2.35}$$

Restrição. $F(s)$ não deve conter pólos na metade direita do plano s (Fig. A2.2) nem no eixo imaginário, excluída a origem.

Este teorema é útil na determinação de certos regimes permanentes. Aplique, por exemplo, num circuito R, L(análogo ao mecânico r, m) excitado por um degrau de tensão V, onde a corrente permanente será V/R, como foi afirmado em c2.

d3) *Teorema do valor inicial*

Se existirem os limites abaixo, para $f(t)$ e sua transformada $F(s)$, e se $df(t)/dt$ for transformável segundo Laplace, verifica-se que

$$\lim_{s \to \infty}\,[sF(s)] = \lim_{t \to 0_+}\, f(t) = f(0_+). \tag{A2.36}$$

d4) *Teorema da defasagem, ou da translação real*

$$\mathscr{L}\,[f(t-a)] = e^{-as}\,\mathscr{L}\,[f(t)] = e^{-as}\,F(s), \tag{A2.37}$$

para a real, com $f(t-a) = 0$ nos $t < a$.

d5) *Teorema da translação no campo complexo*

Para a constante real ou complexa, tem-se

$$\mathscr{L}\,[e^{-at}f(t)] = F(s+a). \tag{A2.38}$$

e) *Tabela de pares para transformação de Laplace*

	$F(s) = \mathscr{L}[f(t)]$	$f(t) = \mathscr{L}^{-1}[F(s)]$, para $t > 0$
1	K	$K\delta(t)$ — função impulsiva de intensidade K
2	$\dfrac{K}{s}$	$KH(t)$ — função degrau de amplitude K
3	$\dfrac{K}{s^2}$	Kt — função rampa de inclinação K
4	$\dfrac{1}{s^p}$	$\dfrac{t^{p-1}}{(p-1)!}$
5	$\dfrac{1}{(s+a)^p}$	$\dfrac{t^{p-1}}{(p-1)!} e^{-at}$
6	$\dfrac{1}{(1+s\tau)^2}$	$\dfrac{1}{\tau^2} t e^{-t/\tau}$
7	$\dfrac{\tau}{1+s\tau}$	$e^{-t/\tau}$
8	$\dfrac{1}{s(1+s\tau)}$	$1 - e^{-t/\tau}$
9	$\dfrac{1}{s(1+s\tau)^2}$	$1 - \dfrac{t+\tau}{\tau} e^{-t/\tau}$
10	$\dfrac{1}{(1+s\tau_1)(1+s\tau_2)}$	$\dfrac{1}{\tau_1 - \tau_2}(e^{-t/\tau_1} - e^{-t/\tau_2})$
11	$\dfrac{1}{s(1+s\tau_1)(1+s\tau_2)}$	$1 + \dfrac{1}{\tau_1 - \tau_2}(\tau_2 e^{-t/\tau_2} - \tau_1 e^{-t/\tau_1})$
12	$\dfrac{s}{s^2 + \omega^2}$	$\cos \omega t$
13	$\dfrac{\omega}{s^2 + \omega^2}$	$\operatorname{sen} \omega t$
14	$\dfrac{\omega}{(s+a)^2 + \omega^2}$	$e^{-at} \operatorname{sen} \omega t$
15	$\dfrac{s+a}{(s+a)^2 + \omega^2}$	$e^{-at} \cos \omega t$
16	$\dfrac{1}{(s^2 + \omega^2)(s + 1/\tau)}$	$\dfrac{1}{\omega} \cdot \dfrac{\operatorname{sen}(\omega t - \varphi) + e^{-t/\tau} \operatorname{sen} \varphi}{\sqrt{(1/\tau)^2 + \omega^2}}$, com $\varphi = \operatorname{tg}^{-1} \omega\tau$
17	Semelhante ao n.º 10, porém com τ_1 e τ_2 complexos conjugados, $\dfrac{1}{\left(1 + \dfrac{s}{a+jb}\right)\left(1 + \dfrac{s}{a-jb}\right)}$	$\dfrac{a^2 + b^2}{b} e^{-at} \operatorname{sen} bt$

SUGESTÕES PARA CONSULTA

(1) ORSINI, L. Q. − "Introdução à Transformação de Laplace". *Circuitos Elétricos*, Cap. 3 Editora Edgard Blücher Ltda., São Paulo, 1971.
(2) JAEGER, J. C. − *An Introduction to the Laplace Transformation with Engineering Applications*. Ed. Methuen & Co., Ltd., Londres, 2.ª edição, 1961.

REFERÊNCIAS

1) Cheng, D. K., "Analysis of Linear Systems", second Ed, Addison – Wesley Publishing Company, Inc., Massachusetts, 1966.
2) Gehmlich, D. K., Hammond, S. B., "Electromechanical Systems", McGraw-Hill Book Company, N. York, 1967.
3) Gourishankar, V., "Conversión de Energia Eletromecanica", Version Española de Aguilar G., Representaciones y Servicios de Enginería S.A., México, 1975.
4) Skilling, H. H., "Eletromechanics – A First Course in Eletromechanical Energy Conversion", John Wiley and Sons, Inc., N. York, 1962.
5) Fitzgerald, A. E.; Kingsley, C. Jr.; Kusko, A., "Electric Mechinery", Third Ed., International Student Edition – Kogakusha Co. Ltd., Tokio, 1971.
6) M.I.T., "Magnetic Circuits and Transformers", 12 the Ed., John Wiley and Sons, Inc., N. York, 1958.
7) "Electrical Steel Sheets" – Engineering Manual", United States Steel, Pittsburgh, Pa, U.S.A.
8) "Associação Brasileira de Normas Técnicas" (A.B.N.T.), PB-130, MB-216, TB-19, NB-119, etc., Rio de Janeiro.
9) "International Electrotechnical Comission" (I.E.C.), Recomendations for the Class. of Mat. for Insulation..., Rotating Electrical Machines, etc., Genève.
10) Skilling, H. H., "Circuitos en Ingenieria Electrica", Version Española de Martinez G. Compañia Editorial Continental, S.A., México, 1963.
11) "Standard Handbook for Electrical Engineers", Edictor-in-chief Knowlton, A. E., McGraw-Hill Book Company, U.S.A.
12) Say, M.G., "Design and Performance of A.C. Machines", Fourth Ed., Pitman Publishing Ltd., London, 1977.
13) Orsini, L. Q., "Eletrotécnica Fundamental", Escola Politécnica da Universidade de São Paulo, São Paulo, 1955.
14) Orsini, L. Q., "Circuitos Elétricos", Editora Edgard Blücher Ltda., São Paulo, 1971.
15) Seely, S., "Electromechanical Energy Convertion", International Student Edition – Kogakusha Co. Ltd., Tokio, 1962.
16) Robba, E. J., "Introdução aos Sistemas Elétricos de Potência", Editora Edgard Blücher, Ltda., São Paulo, 1973.
17) Castrucci, P. B. L., "Controle Automático – Teoria e Projeto", Editora Edgard Blücher Ltda., São Paulo, 1969.
18) Falcone, A. G., "Conversão Eletromecânica de Energia – Questões Teóricas e Práticas", Escola Politécnica da Universidade de São Paulo, São Paulo, 1970.
19) Parkers and Studler, "Permanent Magnets and their Application", London, 1962.
20) Halliday, D., Resnich R., "Física", trad. port. Cavallari, E., Afini, B., Ao Livro Técnico S.A., Rio de Janeiro, 1966.
21) Olson, H. F., "Elements of Acoustical Engineering", D. Van Nostrand, Inc., New York, 1962.

22) Nepomuceno, L. X., "Acústica Técnica", Editora Técnico-Gráfica Industrial Ltda., São Paulo, 1968.
23) Doebelin, E. O., "Measurement System: Application and Design", McGraw-Hill Book Co., New York, 1966.
24) Gross, E. T. B., Summers, C. M., "Approach to Experimental Electric Power Engineering Education", I. E. E. Trans. Powers Apparatus and Systems, Sept. Oct. 1972.
25) Jordão, R. G., "Máquinas Elétricas" – 1.ª Parte – Escola Politécnica da U.S.P., São Paulo, 1953.
26) Clayton, A. E., "The Performance and Design of Direct Current Machines", Ed. Sir Isaac Pitman & Sons Ltd., London, 1959.
27) Falcone, A. G.; Garcia, C. L., "Motor Schrage Resolve Problemas de Variação de Velocidade, Revista Engenheiro Moderno, Vol. III, n.º 9, junho 1967.
28) Falcone A. G. "A Sincronização do Motor Assíncrono Sincronizado", Revista Mundo Elétrico, Ano 9, n.º 110, novembro 1968.
29) Ellison, A. J., "Electromechanical Energy Conversion", George G. Harrap & Co. Ltd., London, 1965.
30) "O Motor Linear", Revista Mundo Elétrico, junho 1972.
31) Datta, S. K., "A Static Variable-Frequency Three – Phase Source Using the Cycloconverter Principle for the Speed Control of an Induction Motor", I.E.E.E. Transaction on Ind. App., Vol. I-A 8, n.º 5, sep/oct. 1972.
32) Kimbark, W. E., "Power System Stability – Synchronous Machines", Dover Publications Inc., New York, 1968.
33) Laithwaite, E. R.,"Induction Machines for Special Purposes", George Newnes Ltd., London, 1966.
34) Adkins, B., "Teoria General de las Máquinas Eléctricas", Traducido por Leon, L. A., Ediciones Urmo, Bilbao, España, 1967.

ÍNDICE

Acelerômetro:
  eletromecânico, 130-132
  mecânico, 128-130
Acoplamento magnético, 65-68
Alinhamento, princípio do, 119-122
Alternador, 268
Alto escorregamento, motor de, 359-361
Alto-falante magnético, 136-141
Amortecedor, enrolamento, 281-284
Amortecimento, coeficiente e fator de, 129-134
Ampère, lei de, 110-111
Amperômetro-eletrodinamométrico, 200-207
Amperômetro de ferro movel, 225 (Ex.º 1 e 2)
Amplidínamo ("amplidyne") 445
Amplificação, em maq. C.C., 431-437, 445-446
Analogias:
  elétricas, 103, 104
  eletromecânicas, 100-107
  mecânicas, 104-105
Ângulo:
  de conjugado, 271-272, 274, 278
  de potência, 278-281, 295
  elétrico (veja ângulo magnético)
  magnético, 229-231
Armadura:
  constante de tempo da, 431-432
  enrolamentos de (C.A), 246-259
  enrolamentos de (C.C.), 382-386, 407-411
  reação de, (maqs. síncronas), 264-266, 270-273, 277-279
  reação de, (maqs. de C.C.), 383-385, 387-389, 391-394, 412-413
  reatância de dispersão da, 264-266
Audiofreqüência, transformadores de, 76-82
Autotransformadores, 61-64
Balanço de conversão eletromecânica de energia, 171-172
Barramento infinito (veja Operação em barramento infinito)
Blocos, diagrama de, 1, 6, 130-131
Bobinas:
  de passo encurtado, 349-251
  de passo pleno, 236-237

Campo elétrico:
  conversores de, 214-219
  energia no, 166
  motor de, 215-218
Campo magnético:
  energia no, 164-165
  rotativo, 236-242
Campos girantes, teoria de, 236-242
Capacitor, motor de, 215-218
Cápsula:
  acelerométrica, 128-132
  de relutância, 126-128
  dinâmica, 123-125
Característica (veja também Curvas):
  de curto-circuito (máq. síncrona) 315-316
  de magnetização de máq. C.C., 412-414, 446-447
  de magnetização de maq. sinc., 313-314
  de saturação (veja caract. de magnetização de maq. sincr. e de C.C.)
Circuitos:
  acoplados magneticamente, 65-70
  elétricos, 100-104
  equivalentes aproximados, 72-78, 345
  equivalentes de máq. sinc., 264-266
  equivalentes de máq. assinc., 340-344
  equivalentes de transformador, 50-57, 71-78
  magnéticos, 24-27
Cobre, perdas no, 20, 167
Coeficiente:
  de acoplamento, 67
  de dispersão, 68
Compensação, enrolamento de, 398
Comutação:
  em máquinas de C.C., 378-388
  polos de, (veja interpolos)
Comutador, funcionamento do, 148-149, 379, 382--386
Conjugado:
  assíncrono, 303
  equações e relações básicas, 181
  de máquina de C.C., 399-400
  de máquina síncrona, 286, 296
  máximo de motor assíncrono, 346-347

máximo de motor síncrono, 286
de relutância, 193-197
Conservação de energia, princípio da, 171-172
Constante de tempo:
de armadura de máq. C.C., 431-432
de circuito de excitação, 431
eletromecânica, 437
mecânica, 107-110, 432
Conversor de freqüência, 336-338
Corrente de curto-circuito, 57-59
Corrente de início, 83-84
Corrente de partida, 425
Corrente magnetizante:
em máquinas assíncronas, 341
em máquinas síncronas, 313-314
em transformadores, 27-40
em vazio, 31-32
Curto circuito:
ensaio de máq. assínc. (rotor bloqueado), 372
ensaio de máq. sínc., 315-316
ensaio de transformador, 92-93
Curvas Características:
de geradores C.C., 426-431
de motores C.C., 417-420
Curvas de Conjugado:
de máq. assíncrona, 323-336
de motores C.C., 417-420
Curvas de magnetização:
de máq. de C.C., 412-414, 446-447
de máq. síncrona, 313-314
de transformador, 24-33
Curvas V, 319
Decibel, 82, 133, 161
Desmagnetizante:
efeito da reação de armadura em maq. C.C., 400-402
efeito da reação da armadura em maq. sínc., 270-273, 277-279
Diagrama fasorial (veja também Apêndice 1):
de máq. sinc. 271-289
de máq. assinc., 345
de transformadores, 50-54
Distribuição, fator de, 252-257
Dupla excitação, conjugado de, 199-206
Eixos elétricos, 362-372
Eixo direto, 290-294
Eixo quadratura, 290-294
Eletroimã:
de torsão, 222-223
de translação, 182-187
Enrolamento:
amortecedor, 281-284
de campo de máq. sincr., 229-231
de compensação, 398
distribuição, 246-257
fator de, 256
de máquinas C.A., 243-259
de máquinas C.C., 382-386, 407-411
de dupla camada, 248-249, 257
de passo encurtado, 249, 257
de passo inteiro, 247
trifásico, 247-249, 257

Ensaios (veja Laboratório)
Entreferro, tensão de, 295
Equações (veja também apêndices 1 e 2)
elétricas básicas, 99-107
eletromecânicas básicas, 100-115
mecânicas básicas, 99-107
de malha, 103
de nó, 103-104
Equipamento para Laboratório de Eletromecânica
(veja Laboratório)
Escorregamento:
absoluto e relativo, 325
definição, 326
Espraiamento nos entreferros, 225-226
Estabilidade:
estática e dinâmica, 286, 304
limite de (p/máq. sínc.), 286, 304
Excitatriz, 267, 415, 423
Extensômetro (veja sensores eletromecânicos)
Faraday, lei de, 41-42
Fatores de
amortecimento, 134
distribuição, 252-257
enrolamento, 257
encurtamento, 244-252
Ferro, perdas no, 15-16
Ferromagnéticos, materiais, 15-17, 24-33
Fluxo de dispersão e mútuos, 47-49
Fluxos Magnéticos:
nas máquinas assíncronas,
nas máquinas síncronas, 229-234, 262-264
nos transformadores, 47-49
Força eletro-motriz
dos transformadores, 40-43
mocional, 2, 115-119
variacional, 41-42, 115-119
Força magnéto-motriz, 24
Força mecânica, relações básicas, 181
Foucault, acoplamento de corrente parasita, 371
Freqüência:
natural com amortecimento, 130, 134
Funções de transferência e de excitação, 5 e Apêndice 2
Gaiola, rotor em, 210-212, 324-325
Ganho, 82, 132, 133, 433, 443
Gerador de C.C.:
auto-excitado, 415-416
composto, 416
derivação, 415-416
escorvamento de, 434-435
independentemente excitado, 415
série, 416
Geradores tacométricos:
tacômetro de C.A., 146-147
tacômetro de C.C., 148-151
tacômetro de indução, 151-152
Harmônicas, 30, 235
Histerese:
motor de, 309
perdas, 16
Impedância:
elétrica, 138-139

Índice

mecânica, 138-139
Indutâncias:
de dispersão, 49-50, 265
de magnetização, 36-40
mútua, 68-73
síncrona, 264-266
Interpolos, 388, 395-396
Laplace, transformação de, (Apêndice 2)
Laboratório, equipamentos e sugestões, 6,89, 157, 218, 310, 372, 446
Lei:
de Ampère, 110-111
de Faraday, 41-42
de Kirchhoff, 103, 106
de Laplace, 11-112
de Lenz, 41-42
de Newton, 103-106
Magnetização de núcleos, 27-40
Magnetostricção, 122
Máquina Assíncrona:
característica, (veja motores de indução)
princípio de funcionamento da, 209-212
Máquina de C.C.
características externas de geradores, 426-431
características externas de motores, 417-420
característica de magnetização, 412-414, 446-447
como amplificador, 431-437, 445-446
elementar, 148-149
enrolamento de armadura, 382-386, 407-411
f.m.m. de armadura (veja armadura, reação)
princípio da, 212-214
tipos de excitação de motores e geradores, 415-416
regulação da, 414-415
transitórios, da 421-443
Máquina síncrona:
análise dinâmica, 302-308
análise transitória, 301-308
ângulo de conjugado, 271-272, 274, 278
ângulo de potência, 278-281, 295
característica de curto-circuito, 276, 315-316
característica de magnetização, 313-314
circuito equivalente em regime permanente, 264--266
conjugado,
curto-circuito de, 276, 315-316
diagramas fasoriais, 271-289
estabilidade de, 286, 304
fluxos da, 262-264
f.m.m. da reação de armadura, 270-273, 277-279
princípio da, 207-209
reatância de eixo direto, 292
reatância do eixo de quadratura, 292
reatância síncrona, 264-266
reatância subtransitória, 306-308
reatância transitória, 306-308
relação de curto-circuito da, 322 (Ex.º 13)
regulação, 296-298
teoria da dupla reação, 290-292
Materiais magnéticos:
aço silício, 15-17, 24-33
características sob excitação C.A., 24-38
curva normal de magnetização, 27, 30, 32,

perdas no ferro, 15-16
propriedades dos, 15-17, 24-33
Miliamperímetro de bobina movel, 111-114
Microfone de capacitância, 141-14
Microfone de carvão, 154-155
Monofásico (veja motor de indução)
Motor de capacitância, 214-218
Motor de c.c.:
controle de velocidade, 421-425
composto, 416
derivação, 415-416
partida, 425
série, 416
Motor de indução:
difásico, 359-361
monofásico, princípio de funcionamento, 354-356
monofásico com capacitor de partida, 357-358
monofásico, fracionário, 355-362
monofásico (partida, métodos de), 357-358
campo distorcido ("Shaded pele"), 359
Motor de indução polifásico:
característica conjugado-velocidade, 327-332
circuitos equivalentes, 340-346
conjugado máximo, 346-347
controle de velocidade, 333-336
efeitos da resistência do rotor, 333, 347
em vazio, 340
fluxos do, 338, 339
magnetização de, 341
princípio do, 209-212
reatâncias, 339-340
rotor bobinado, 333, 347
rotor em gaiola, 210-212, 324-325
rotor em lâmina, 361-362
Motor plano assíncrono (linear), 371-372
Motor de histerese, 309
Motor piloto (veja servo-motores)
Motor de relutância, 195-197, 309
Motor síncrono:
de histerese, 309
de relutância, 195-197, 309
sincronização do, 305
Curvas V, 319
fator de potência, 280-282, 285-286
partida, 282-284
Motor universal, 444-445
Operação em barramento infinito:
de máquinas C.C., 403-404
de máquinas sinc. 266-268
Perdas:
Joule, 20, 167
por corrente de Foucault, 15
por histerese, 16
mecânicas, 168-170
no núcleo (ferro) 15-16, 168
suplementares, 20, 21
Permeabilidade magnética, 24-28
Permeância, 24, 26
Piezoeletricidade, 122
Polos salientes, máq. sincr. de, 290-295
Potência nominal, 23-24, 299
Potenciometro, 155-156

Por unidade (grandezas de transformadores e máquinas elétricas em valor p.u.), 57-59
Princípio:
  alinhamento 119-122
  mínima relutância, 119-122, 185-187
Quadratura, eixo de, 290-294
Reação de armadura (veja armadura)
Reatância de dispersão:
  da armadura, 265, 339
  dos transformadores, 49-50
Reatância de magnetização:
  de máq. sinc., 275
  de máq. assínc., 339-340
  de transformadores, 36-40
Reatância síncrona, 264-266
  síncrona saturada, 316
  subtransitória, 306-308
  transitória, 306-308
Regime permanente senoidal (Apêndice 1)
Regulação:
  de máq. C.C. 414-415
  de máq. síncrona, 296-298, 314
  de transformadores, 13-14
Reguladores de tensão do tipo indução, 63-64, 369-370
"Regulex", 445
Relação de curto-circuito, 322 (Ex.º 13)
Relutância:
  cápsula de, 126-128
  magnética, 24-26
  motor de, 195-197, 309
  princípio de mínima, 120-122, 185-187
Rendimento, 21-22, 170
Resistência de campo crítica, 434-435
Resposta em freqüência, 79-82, 125- 132
Respostas transitórias, 82-86, 133-135
Rotor em gaiola (veja gaiola)
"Rototrol", 445
Selsyn (veja sincro)
Sensores eletromecânicos:
  de deslocamento, 155-157
  extensométricos, 152-154
  "Strain Gage Type", 153-154
"Shaded pole" (veja motor de indução de campo distorcido)
Simples excitação, conjugado de, 193-194
Servo-motores, 359-362
Sincro:
  de controle, 365-369
  diferencial, 368-369
  motor e gerador, 365-368
  de potência, 362-364

receptor, 365-368
transformador, 365-369
transmissor, 365-368
Sistemas:
  de unidades (veja introdução deste livro)
  elétricos, 99-107
  eletromecânicos,
  mecânicos, 99-107
  lineares e não lineares, 5
Steinmetz, coeficiente de 17
"Strain-Gage" (veja sensores eletromecânicos)
Subtransitória, reatância, 306-308
Tacômetros de C.A., de C.C., de indução (veja geradores tacométricos)
Transdutores Eletromecânicos, 1
Transitórios:
  máquina c.c., 421-443
  máquina síncrona, 301-308
Transformador:
  de audio-freqüência, 76-82
  circuitos equivalentes, 50-57, 71-78
  componente de carga na corrente do primário, 44-46
  com freqüência variável, 76-80
  corrente de excitação do, 27-40
  em curto-circuito, 57-59
  em sistemas trifásicos, 86-89
  ensaio de, (veja laboratório)
  fluxos do, 47-49
  ideal, 59-60
  impedância de curto-circuito do, 57-59
  impedância de curto-circuito do, 57-59
  relação de transformação do, 42-46
  resposta em freqüência do, 79-82
  perdas, 14-20
  regulação, 13-14
  rendimento, 21-22
  tensão induzida, 40-43
  tipos construtivos, 9-13
  tipos de núcleo, 8-12
  utilização, 8
Transitórios:
  em sistemas mecânicos, 107-110, (apêndice 2)
Universal, motor, 444-445
Velocidade, controle:
  de motor de c.c., 421-425, 431-443
  de motor de indução, 333-336
Ward-leonard, 377-423
Wattômetro:
  conjugado do, 199-204
  eletrodinamométrico, 200-204